Naturkräfte.

Erster Band.

Die
Lehre vom Schall.

Gemeinfaßliche Darstellung

der

Akustik

von

R. Radau.

Zweite Auflage.

Mit 108 Holzschnitten.

München, 1875.
Druck und Verlag von R. Oldenbourg.

Inhalt.

I. Der Schall in der Natur.

Bedeutung des Schalls. — Geräusch und Klang. — Wind- und Wetterharfen. — Die Stimmen der Thiere. — Thiersprache. — Die Singvögel. — Insecten. — Reptile. — Fische. — Thierleben im Urwald.

Schall ist Bewegung, die in die Ferne wirkt. Ruhe ist Schweigen; jeder Ton, jedwedes Geräusch verkündigt eine Bewegung. So hat die Natur seit ewiger Zeit ihre unsichtbaren Telegraphen.

Ist nicht im Grunde jeder Schall ein Ruf, eine Aufforderung zum Hören? Wir denken ihn nicht ohne das Ohr, das er trifft, wie wir den Lichtstrahl nicht ohne das Auge denken, das ihn empfindet. Heißt er Stimme, Wort, Gesang, so ist er das engste Band, das Hauptmittel aller Wechselbeziehung lebender Wesen. Die Blinden, die hören und sprechen, sind ja den Taubstummen weit überlegen, die das Auge allein mit der Außenwelt verbindet. Empfindung, Bedürfniß, Verlangen, Alles drückt die Stimme vollständig und begreiflich aus. Die Stimme grüßt oder warnt, lockt, stößt zurück, reizt, besänftigt, fleht, schmeichelt, droht .... Von Menschenlippen kommend, sagt sie Alles, was der Geist erdenkt und die Seele fühlt. So ist sie die Incarnation des Gedankens, dem sie einen unsichtbaren Körper leiht. Wie die Götterbotin Iris, trägt sie die Leidenschaften von Geist zu Geist, weckt Glauben oder Zweifel, bringt Zorn oder Frieden. Was wäre die Menschheit, würden wir stumm geboren!

Den Schall in seinen verschiedenen Beziehungen zu betrachten, ist die Aufgabe dieses Buches. Wir sehen zuvörderst ab von der mechanischen Bedeutung der Erscheinungen, die wir darzustellen haben. Später finden wir dann, daß Alles sich befriedigend erklärt, wenn der Schall als ein Zittern der kleinsten Theile der tönenden Körper aufgefaßt wird; selbst die Grundgesetze der Musik lassen sich im Wesentlichen aus einer Reihe objectiver Thatsachen ableiten, welche durch directe Beobachtung festgestellt und mit Leichtigkeit auf die Vibrationstheorie zurückgeführt werden können. Die Aussicht auf theoretische Entwickelungen darf indessen den Leser nicht erschrecken: wir werden damit sehr sparsam sein, und uns im Allgemeinen darauf beschränken, die erhaltenen Resultate anzugeben, ohne auf die Einzelheiten der Untersuchungen einzugehen, aus denen dieselben gefolgert sind. So wird dies Buch allen denen zugänglich sein, die es der Mühe werth halten, in das Spiel der Erscheinungen, die uns umringen, einen tiefern Blick zu thun.

Die Empfindungen, welche das Ohr vermittelt, sind sehr mannigfaltiger Art. Gewöhnlich unterscheidet man zuvörderst zwischen Geräuschen und musikalischen Klängen. Diese Scheidung ist indessen keine strenge, denn es läßt sich zwischen Klang und Geräusch wohl kaum eine innere, eine Wesensverschiedenheit festhalten. Die Geräusche bestehen im Allgemeinen aus Tönen von sehr kurzer Dauer, aus Tonblitzen, die in raschem Wechsel unregelmäßig auf einander folgen und mehr oder weniger das Ohr beleidigen. Wenn wir nun aber andrerseits die musikalischen Klänge, oder, um der Definition nicht vorzugreifen, die in der Musik gebräuchlichen Klänge betrachten, so finden wir, daß dieselben häufig auch nur als stoßweise Noten, und außerdem in ganz dissonanten Verbindungen angewandt werden. Wo ist hier die Grenze zwischen Klang und Geräusch? Sie hängt lediglich von dem Eindruck ab, den uns ein Organ zuführt, dessen Empfindlichkeit den größten Verschiedenheiten unterworfen ist. Ein asiatischer Gesandter wohnte einst einer Vorstellung in der großen Oper bei. So lange die Musiker ihre Instrumente stimmten, gab er Zeichen des äußersten Wohlbehagens von sich: als aber die Ouverture begann, schwand sein Enthusiasmus, und er erklärte, daß er einen solchen Spektakel nicht weiter anhören wollte. Wie oft erinnert uns die Extravaganz moderner Orchestermusik an diesen Asiaten!

Der Unterschied zwischen Geräusch und Klang wird erst deutlich, wenn man sich den Extremen nähert; er besteht hauptsächlich in der Unregelmäßigkeit des Tonwechsels einerseits, in der Gleichförmigkeit des Tones andrerseits.

Das Rasseln eines Wagens auf dem Steinpflaster ist eine schnelle Folge sehr kurzer und verschiedenartiger Töne. Das Plätschern der Tropfen, die aus einer Dachrinne fallen, ist ein stoßweißes Explodiren kurzer, dissonanter Noten. Im Murmeln eines Baches, im Rauschen der Blätter, sind die Uebergänge schon weit sanfter, weniger schroff; in andern Geräuschen, wie z. B. im Heulen des Windes, der sich im Schornstein fängt, ändert sich der Ton continuirlich, steigt und fällt allmälig, aber ohne alle Regelmäßigkeit. Ein Geräusch, das rhythmisch geregelt ist, wie z. B. der Trommelschlag, nähert sich schon musikalischem Eindruck.

Das Geräusch wird besonders dann als solches empfunden, wenn die verschiedenartigen Schalleindrücke so rasch und unregelmäßig aufeinander folgen, daß es dem Ohr nicht gelingt, dieselben zu entwirren, während dagegen die Empfindung musikalischer Klänge zu Stande kommt, wenn die einzelnen Töne hinreichende Dauer besitzen, um selbstständige Eindrücke zu hinterlassen. Ganz ähnlich ist der Unterschied zwischen Gesang und Rede; im Sprechen werden die einzelnen Tonstufen nicht festgehalten, die Stimme schwankt beinahe regellos auf und nieder.

Mann nennt übrigens auch Geräusch ein confuses Gemisch von musikalischen Tönen, die das Ohr nicht in eine homogene Empfindung zu verschmelzen im Stande ist. Ein Geräusch bringt man also hervor, wenn man die flache Hand auf die Tasten eines Pianos stemmt, oder wenn mehrere Personen ganz unharmonisch durch einander singen. Es folgt aus allen diesen Beispielen, daß die Scheidung von Klang und Geräusch in vielen Fällen nur auf willkührlicher Uebereinkunft beruht, daß beide durch Zwischenstufen in einander übergehen und erst in ihren Extremen zum Gegensatz kommen. So nennt doch jeder den Schall, den gegen den Boden geschleuderten Hölzchen hervorbringen, ein Geräusch. Läßt man aber sieben gleich lange und gleich breite Brettchen aus hartem Holz, deren Dicken nach einem gewissen Gesetz abgestuft sind, der Reihe nach mit der flachen Seite auf die Diele fallen, so hört man deutlich die Tonleiter, obgleich die einzelnen Töne isolirt keinen musikalischen Eindruck machen. Die Strohfiedel, deren Holzstäbe mit Korkhämmern angeschlagen werden, klingt nicht unangenehm. Die Chinesen hängen Steine reihenweise an Drähten auf und schlagen dieselben mit einem Klöppel an; das Instrument heißt King.

Unter den im Orchester verwendeten Instrumenten dienen einige nur dazu, den Rhythmus durch taktmäßiges Geräusch zu unterstützen: dahin gehören Cymbeln, Castagnetten, Pauken u. s. w.

Die unbelebte Natur bringt nur Geräusch hervor. Das Rollen des Donners, das Brausen des Sturmes, das Rascheln der Blätter im Walde, das gefällige Plätschern des Quellbaches, die Stimme des Meeres, das Alles ist doch nur wirres Geräusch. Zu bemerken ist, daß die Erklärungen, welche verschiedene Physiker von der wahren Ursache des Donners gegeben haben, wesentlich von einander abweichen. Es muß hier das Getöse, welches das Einschlagen des Blitzes begleitet, von dem lang anhaltenden Rollen unterschieden werden. Das erstere entsteht ohne Zweifel durch die mechanische Erschütterung der Luft auf dem Wege, den der Funke durchläuft; das abwechselnd starke und schwache Rollen erklärt man dadurch, daß der Schall gleichzeitig von den verschiedenen Punkten der Zickzack-Bahn ausgeht, also aus sehr verschiedenen Entfernungen zum Ohre gelangt, und daß er außerdem zwischen Wolken und Erdboden Reflexionen erleidet. Die Fortpflanzung des Schalls durch die Wolken selbst mag wohl auch hierbei von Einfluß sein.

Das Spiel des Zufalls verleiht mitunter Naturgeräuschen einen ganz musikalischen Charakter. Die Memnonsäule, von der später noch die Rede sein wird, gab ehemals bei Sonnenaufgang einen lang anhaltenden Ton von sich. Die Fingalsgrotte, auf der Insel Staffa, ist ebenfalls durch ihr Tönen berühmt. Der Hintergrund dieser Höhle ist finster und abgeschlossen wie ein Domchor; prismatische Basaltsäulen stellen eine von der Zeit geschwärzte Orgel vor. Dringt man bis ans Ende der

Fig. 1. Memnon.

Grotte, so bemerkt man dicht über dem Wasserspiegel eine weite Oeffnung, aus welcher harmonische Klänge sich hören lassen, so oft die Wellen über den Rand gehen und Wasser in den Abgrund fällt.

Um dem Winde musikalische Effecte abzugewinnen bietet man ihm die Saiten einer Aeolsharfe dar. Athanasius Kircher scheint der Erste zu sein, der ein derartiges Instrument erwähnt. Man verfertigt dasselbe, indem man auf einem länglichen Holzrahmen einen dünnen Resonanzboden leimt und über zwei an den schmalen Enden aufgesetzte Stege sechs bis zehn gleichgestimmte Darmsaiten spannt.*) Vor einem halb offenen Fenster, oder in der Luke eines Thurmes aufgestellt, so daß die Zugluft schräg gegen die Saiten stößt, giebt die Windharfe abwechselnd die schönsten harmonischen Töne durch mehrere Octaven. Das Tönen der Wetterharfe oder Riesenharfe, als deren Erfinder der Probst Ventan zu Bürkli genannt wird, und die nichts weiter als ein langer, im Freien ausgespannter Eisendraht ist, mag wohl auf ähnlichen Ursachen beruhen, obgleich man auch behauptet, daß die Witterungsveränderungen dabei im Spiele sind. Das Summen der Telegraphendrähte ist eine verwickelte Erscheinung, bei der die Elektricität jedenfalls auch mitwirkt.

In der Thierwelt treffen wir unendliche Mannigfaltigkeit der Geräusche und sogar musikalisch klingende Töne an; die bilden die Sprache der Thiere.

Viele Thiere reden für einander vollkommen deutlich. Allerdings drücken sie nur Empfindungen, nicht Begriffe aus, ganz wie die Kinder im zartesten Alter. Sie unterhalten sich aber doch geläufig, plaudern, schwatzen mit einander. Die versammelten Störche halten Rath und lange Reden. „Der Heher", sagt Scheitlin, „lacht fast wie ein Mensch, und der Spottvogel nimmt Spott in seine Töne. Der Hahn unterhält sich mit seinen Hennen wie ein Sultan mit seinem Harem . . ."

Von G. E. Wetzel ist im Jahre 1800 in Wien ein Werkchen erschienen unter dem Titel: Neue, auf Vernunft

*) Der Rahmen, aus Tannenholz gefertigt, mag etwa 4 F. lang, oben 6, unten 4 Zoll breit und 5 Zoll hoch genommen werden. Die Saiten (sog. A-Saiten) dürfen nicht zu straff gespannt werden.

und Erfahrung gegründete Entdeckung über die Sprache der Thiere. Der Verfasser sagt, daß die Thiere die Fähigkeit besitzen, sich unter einander durch Töne verständlich zu machen, daß ihre Sprache sehr einfach und voll Wiederholungen sei; daß sie den Menschen verstehen und sich bestreben, ihm verständlich zu werden; daß wir ihre Sprache erlernen können. Er unterscheidet Buchstaben- und Silbentöne, die er bei ungefähr vierzig Thieren beobachtet hat. Es giebt auch eine Art Wörterbuch, das zwanzig Seiten füllt, und einige Uebersetzungen aus den Mundarten der Hunde, Katzen, Hühner u. s. w. Man findet hier auch eine, aus kurzen Tönen bestehende Verabredung mehrerer Füchse, aus der Gefangenschaft zu entweichen; jedenfalls war dem Zuhörer der Sinn dieser Unterhaltung wohl nicht gleich klar, denn die Flucht erfolgte wirklich.*)

Der Jesuit Athanas Kircher widmet den Thierstimmen eines der curiosesten Kapitel seiner Musurgie. Voran stellt er das Aï oder Faulthier. Seine Beschreibung ist von einer Abbildung begleitet, die ihm ein aus Brasilien heimgekehrter Provinzial seines Ordens mitgebracht, und die wir als Curiosität wiedergeben. Hienach erhebt das Aï seine Stimme nur bei Nacht; sein Schrei ist: Ha ha ha ha ha ..., und besteht aus sechs Noten, die eine auf- und absteigende Tonleiter bilden:

c d e f g a g f e d c.

*) Anhaltende Beobachtung könnte uns gewiß mit den verschiedenen Thiersprachen vertraut machen, oder gar in den Stand setzen, dieselben zu reden. Dupont de Nemours war dieser Ansicht; er hat versucht, das von Bettini (1614) aufgezeichnete Nachtigallenlied zu übersetzen, hat ein kurzes Wörterbuch der Rabensprache zusammengestellt, die Katzen- und die Hundesprache studirt u. s. w.

Fig. 2. Das Aï-Thier.

Diese Noten werden stoßweise, mit regelmäßigen Zwischenpausen hervorgebracht. Als die Spanier sich in Amerika niederließen, glaubten sie, daß in den Wäldern Leute wohnten, die des Nachts Stimmübungen anstellten. Kircher kann sich vor Verwunderung über das Faulthier nicht lassen. „Wäre die Musik in Amerika erfunden worden", sagt er, „so nähme ich keinen Anstand, zu erklären, daß sie von dem wundersamen Gesange dieses Thieres hergekommen."

Von allen Thieren sind ohne Zweifel die Vögel, was die Stimme anlangt, von der Natur am besten bedacht. Dem Papagei fehlt nichts zum deutlichen Hervorbringen menschlicher Laute. Doch ist die Nachahmung automatenhaft. Die wunderbare Fähigkeit, die uns am Papagei in Erstaunen setzt, bedingt keinen Vorrang, keine Ueberlegenheit über die anderen Thiere; indem er alles wiederholt, was er hört, beweist er blos seinen Unverstand.

Der Staar, die Amsel, die Elster, der Rabe und andere Vögel, die eine dicke und abgerundete Zunge haben, wie der Papagei, lernen auch mehr oder minder deutlich sprechen. Warum fehlt ihnen aber der Ausdruck des Verständnisses, an dem wir die Sprache des Menschen erkennen? Buffon meint, der wahre Grund hiervon liege in dem schnellen Wachsthum der Thiere während ihrer ersten Lebenszeit und in der kurzen Dauer ihres Zusammenlebens mit den Alten, die sich nur mit ihrer körperlichen Entwickelung befassen, ehe noch die tieferen Eindrücke zu Stande gekommen sind, aus denen allein sich der Verstand entwickeln kann.

Die Vögel, die eine gespaltene Zunge haben, können leichter pfeifen als sprechen. Wenn diese natürliche Anlage mit Tonsinn gepaart ist, so lernen sie bald Melodien nachpfeifen. Der Zeisig, der Hänfling, der Stieglitz, der Gimpel, sind durch ihre Gelehrigkeit bekannt. Der Papagei singt nur schwer, ahmt aber alle Geräusche und Schreie von anderen Thieren nach; er bellt und miaut ebenso gut als er spricht. Einige Singvögel, wie z. B. die Calanderlerche, der Weidenzeisig, und besonders die amerikanische Spottdrossel können alle Vogelstimmen aufs Treueste nachahmen. Audubon setzt die Spottdrossel gar über die Nachtigall. Dieser merkwürdige Vogel giebt den Gesang der Lerche, des Zeisigs, des Finken, das Gurgeln der Tauben, Hundegebell und Katzenmiau naturgetreu wieder. Sie spricht Worte, besonders melodische, mit Leichtigkeit nach. Sie kräht wie Raben, flötet wie die Nachtigall, schlägt wie die Wachtel; sie gestikulirt sogar dabei, als ob sie sich verstünde.

Der wahre Sänger des Waldes ist bei uns die Nachtigall. Sie verdunkelt alle andern Vögel durch die Mannigfaltigkeit ihrer Strophen und durch den leidenschaftlich gefühlvollen Ausdruck ihres Gesanges. Gewöhnlich präludirt sie zuerst leise, schüchtern, unentschieden; dann wird der Gesang allmälig lauter und lebhafter, und bald hört man die silberklaren Noten wie Raketen zum Himmel steigen. Das sind dann helle, schmetternde Schläge, auf die ein kaum hörbares Murmeln folgt, Triller, Läufe, schnell aber sicher ausgeführt; schmelzende Cadenzen, lang ausgehaltene Flötentöne, zärtliche Liebesseufzer, — — von Zeit zu Zeit eine effectvolle Pause, dann erhebt sich von neuem der süße Laut, der den Wald erfüllt und die Sehnsucht in des Hörers Busen weckt.

Fig. 3. Die Nachtigall.

Der Schlag der Nachtigall trägt ebenso weit als die menschliche Stimme; bei ruhiger Luft wohl eine Viertelmeile weit. Dazu kommt noch, daß sie sich hauptsächlich bei Nacht hören läßt, wenn Alles ringsum schweigt. Gewöhnlich singt nur das Männchen, doch hat man auch Weibchen dazu abgerichtet. In der Gefangenschaft singt die Nachtigall neun oder zehn Monate des Jahres hindurch, in der Freiheit beginnt sie erst gegen April und hört im Juni auf; dann wird die Stimme rauh, krächzend. Damit sie im Käfig singt, muß man sie hätscheln, mit grünem Laub umgeben; so bringt man es dahin, daß sich ihr Gesang verbessert und den der wilden Nachtigallen übertrifft. Der zahme Sprosser flicht in seinen Schlag Passagen aus dem Gesange anderer Vögel ein, die man ihm zugesellt.

Kircher beschreibt den Schlag der Nachtigall weitläufig in seiner Musurgie; er hat auch einen Versuch gemacht, diese Modulation, die er pigolismus, teretismus und glozismus nennt, aufzuschreiben. Er bediente sich dazu eines eigenthümlichen Metronoms: einer Saite, anderthalb Fuß lang, die so gespannt war, daß eine vollständige Schwingung einem Pulsschlag entsprach.

Barrington hat ebenfalls den Nachtigallenschlag zu notiren versucht, aber, wie er gesteht, ohne Erfolg. Er ließ die geschriebenen Noten von einem geschickten Flötenspieler wiedergeben, aber das klang gar nicht wie der natürliche Gesang. Die Schwierigkeit, meint er, liegt darin, daß es unmöglich ist, die Dauer der einzelnen Noten zu schätzen. Andere Beobachter haben bis fünfundzwanzig von der Nachtigall gesungene Zeilen gezählt. Die Stimme derselben geht übrigens gewöhnlich nicht über eine Octave hinaus; nur selten hört man Töne aufblitzen, die eine

Fig. 4. Das Huhn.

Fig. 5. Der Hahn.

Fig. 6. Der Kuckuck.

Fig. 7. Die Wachtel.

Octave höher liegen, und die durch eine augenblickliche Anstrengung hervorgebracht werden.

Kircher notirt auch den Hahnenschrei, das Gackern der Henne, die Eier legen will oder die Küchlein zusammenruft, den Schrei des Kuckucks und der Wachtel, wie in den beifolgenden Figuren zu sehen ist. Den Papagei, dem Kircher das griechische Wort χαῖρε (Guten Morgen!) zuschreibt, lassen wir aus.

Man kann sagen, daß der Gesang bei den meisten Vögeln ein Liebeslocken ist. Fast allein die Lerche singt vom Frühjahr bis zum Winter; allein auch scheint sie den ganzen Sommer hindurch ihre Triebe zu bewahren. Die Lerche singt in der blauen Luft; je höher sie steigt, desto mehr strengt sie ihre Stimme an; man hört sie noch, wenn sie fürs Auge im Azur verschwunden ist. Unendlicher Frohsinn liegt in diesem perlenden Lied.

Bei den Alten gehörte der Schwan auch zu den Singvögeln; doch erhob er seine Stimme nur im Angesichte des Todes. Diese Fabel hat lange Zeit Glauben gefunden; heute noch nennen wir Schwanengesang das letzte Aufflackern eines verlöschenden Genies. Die Stimme des Schwans ist indessen nur ein Dröhnen oder Schnarren. Allerdings behauptet Buffon, daß man im Schrei des wilden Schwans doch gewisse Modulationen unterscheidet, die aus schmetternden Trompetentönen bestehen.

Die Alten dachten wohl über Musik anders als wir. Sie fanden an dem Gesange der Cicade, Lurke oder Baumgrille großes Gefallen. Anakreon weiht ihr eine seiner Oden. Homer vergleicht die einschmeichelnde Beredsamkeit der trojanischen Greise mit dem Wettgesang der Cicaden. Uns ist es nicht möglich, in dem eintönigen Zirpen dieser Insecten etwas Musikalisches zu entdecken. Ihr Instrument besteht aus zwei harten Schuppen, die nur das Männchen besitzt, und die zwei kleine Höhlen der Bauchwand verdecken, in welchen zwei faltige Häutchen ausgespannt sind. Diese Häutchen geben einen Ton wie getrocknetes Pergament, und indem sie sich abwechselnd ausdehnen und zusammenziehen, entsteht das Geräusch, welches man Schwirren oder Zirpen nennt. Gewisse andere Theile dieses ziemlich complicirten Apparats scheinen dazu bestimmt zu sein, den Schall zu verstärken oder zu modificiren. Die gemeine Baumgrille ist in der Provence sehr häufig, man trifft sie zuweilen auch im nördlichen Frankreich. Wenn sie singt, bewegt sie den Hinterleib sehr schnell, wodurch die beiden Schuppendeckel die beiden Paukenhöhlen abwechselnd öffnen und schließen; die Cicade ist also im wahren Sinne des Wortes Bauchrednerin. Ihr Zirpen ist nichts weiter als ein scharfer, durchdringender, beständiger wiederholter Ton, der allmälig schwächer wird und in ein Zischen, wie st, ausgeht, das so klingt wie Luft, die aus einem Loche in einer Blase entweicht. Faßt man sie an, so schreit sie ganz anders, und viel lauter. Ahmt man ihr Zirpen nach, so lockt sie das herbei, und man kann sie dann leicht einfangen.

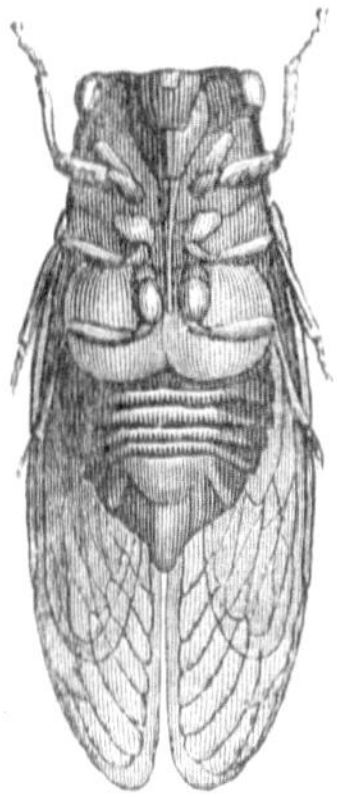

Fig. 8. Baumgrille.

In nördlichen Gegenden, wo die Baumgrille selten ist, verwechselt man mit ihr häufig die grüne Heuschrecke, die einer ganz andern Insectenclasse angehört. Bei allen Springern aus der Classe der Geradflügler (Feldgrillen, Grashüpfern, Heuschrecken) ruft das Männchen die Weibchen durch ein Gezirp, welches von dem Reiben der Deckflügel herrührt; die Art und Weise, wie das geschieht, ist indessen nach den einzelnen Familien verschieden. Die Feldgrille oder das Heimchen reibt seine von dicken und harten Aesten durchzogene Deckflügel gegen einander. Reisende erzählen, daß die Neger in Afrika diese Insecten in kleinen Käfigen aufziehen; ihr eintöniges Liebeslied schläfert die Zuhörer ein. Die Maulwurfsgrille giebt langgezogene, weniger durchdringende Töne von sich. Das Gezirp der Grashüpfer rührt von der Reibung der Spiegel her; es sind dies zwei durchsichtige geaderte Häutchen, welche an der Basis der Deckflügel sitzen und wie Cymbeln wirken. Das eintönige Zick-Zack der Grasheuschrecke läßt sich Abends und die ganze Nacht hindurch auf feuchten Wiesen hören; die Feldheuschrecke singt bei Tag in den Getreidefeldern. Die Zugheuschrecke, welche im Süden die Ernten verwüstet, giebt weniger wohlklingende, aber weit mannigfaltigere Töne von sich, als die vorhergenannten Arten. Sie hat auf den Beinen und auf der innern Seite der Flügeldecken stark hervortretende harte Adern, und die Beine fahren auf den Flügeln hin und her wie ein Bogen auf Violinsaiten. Gewöhnlich arbeiten beide Hinterfüße zugleich, bisweilen aber auch abwechselnd. Eine Art Trommel, über die ein dünnes Häutchen gespannt ist, befindet sich auf jeder Seite des Hinterleibs und scheint den Schall zu verstärken. Das Gezirp der Wanderheuschrecke ist eine Art Schnarren, das aber je nach den Abarten verschieden klingt. Man kann darin mehrere Töne unterscheiden, und es klingt anders, wenn die Heuschrecke ein Weibchen lockt oder einen Nebenbuhler herausfordert. Yersin hat das Gezirp dieser Thiere in Noten gebracht.

Die Hummel, auch Drohne genannt, bringt ein summendes Geräusch mit den Flügeln hervor, wovon vielleicht ihre Namen herkommen.*) Man bemerkt übrigens beim Fluge der Insecten Tonschwankungen, welche theilweise durch ein Verlangsamen oder eine Beschleunigung des Fluges sich erklären lassen. So fand Oppel, daß eine Stubenfliege, die sich an seinem Ohre niedersetzte, den Ton H gab, während sie beim Auffliegen das um eine Quart höhere e (330 einfache Schwingungen) hören ließ. Hr. Prof. Pisko hat aber auch bemerkt, daß, so oft ein Insect an seinem Ohre vorbeischoß, der Ton tiefer wurde, und erklärt dies durch den Einfluß der Bewegung der Tonquelle, wovon später.

Die Amphibien sind keineswegs alle stumm. Die Stimme eines jungen Krokodils klingt wie Katzengeschrei, die des alten ist ein Geschluchz oder ein Brüllen. Es täuscht zuweilen Vorübergehende durch ein Geschrei, das von einem Kinde zu kommen scheint. Der Stink und die Mopseidechse geben Nachtconcerte.

Die Schlangen können nur zischen. Die Klapperschlange allein hat noch ein besonderes Organ, um Töne hervorzubringen; sie trägt am Schwanzende eine Anzahl becherförmige Schuppen, die sich mit den Jahren vermehren und ein rasselndes Geräusch verursachen.

Die Frösche vergnügen sich miteinander zu Tausenden und machen in den Sommernächten alle Teiche lebendig. Sie singen offenbar mit großer Lust, und suchen einander

*) Burmeister fand indessen, daß der summende Ton nicht von den Flügeln herrührt; er wird blos höher, wenn man die Flügel abschneidet; er kommt vom Ein- und Austreiben der Luft durch die Luftlöcher des Brustkastens.

zu überschreien. In manchen Gegenden (Paramaribo) ist der Lärm so stark, daß man nichts als sie hört. Die Concertstimme der Frösche scheint nicht dieselbe zu sein, mit der sie die Weibchen locken. Der Ruf der Unken, die gleichfalls die Teiche bewohnen, ist ein einförmiges, melancholisches U.

Mit Unrecht sagt das Sprüchwort: Stumm wie ein Fisch. Einige bringen deutliche Töne hervor. Der Panzerhahn, der Umberfisch, das Seepferd verdienen in dieser Beziehung genannt zu werden. Die Stimme kommt den Männchen und Weibchen zu, sie ist besonders zur Brutzeit ausgebildet. Die Umber- oder Schattenfische kommen schaarenweise zusammen und verursachen im Wasser ein großes Geräusch, weswegen man sie auch Orgelfische genannt hat. Dufossé hat durch eingehende Untersuchungen festgestellt, daß diese Töne durch das Erzittern gewisser Muskeln entstehen; bei einigen Arten werden dieselben noch durch die Schwimmblase verstärkt.

So vereinigen sich tausend Stimmen zu dem großen Concert der Natur. Die Luft ist zu jeder Zeit mit Schall erfüllt. Auch wenn wir glauben, in tiefster Stille zu sein, umgiebt uns noch vielfältiges Geräusch; wir werden deß inne, sobald wir versuchen, einen schwachen Ton aus einiger Entfernung zu unterscheiden. Willst du wissen, was Schweigen ist, so ersteige einen hohen, einsamen Bergesgipfel.

Eine jede Gegend hat, so zu sagen, ihre akustische Physionomie. In der Nähe großer Städte hört man tausend verworrene Geräusche:

Confusae sonus urbis —

welche die menschliche Regsamkeit verrathen, wie das Bienengesumm die emsige Arbeit im bewohnten Stock. Um

Paris dauert dies Summen die ganze Nacht. Bei Tage giebt es hier Straßen, wo man sein eigenes Wort vor dem Wagengeratter nicht versteht; der Lärm wird noch durch die Resonanz des elastischen Bodens verstärkt, der über den Katakomben wie eine Violindecke ausgebreitet liegt.

Bei uns in Europa sind's die Vöglein, die in dem Waldconcerte den Ton angeben und die erste Stimme führen.

In der südamerikanischen Landschaft drängen sich andere, kräftigere Musikanten in den Vordergrund. Schön beschreibt Alexander von Humboldt das Thierleben, oder vielmehr die Thierstimmen des Urwalds. Er brachte die Nacht unter freiem Himmel zu, in einer Sandebene am Ufer des Apure, an welche ein dichter Wald grenzte. Der Mond schien hell; ein tiefes Schweigen, nur dann und wann von dem Schnauben der Wasserdelphine unterbrochen, herrschte zu Lande und auf dem Strom. So blieb es bis elf Uhr; da aber begann im Walde ein solcher Lärm, daß von Schlafen nicht mehr die Rede war. Wüstes Geschrei erfüllte die Luft. Die Indianer erkannten nur die Stimmen, die nach einer kurzen Pause ein Solo vortrugen. Da hörte man das heisere Gurgeln der Aluaten, die flötenden Klagetöne der kleinen Sapajou's, das Schnarchen des Schläferaffen, den kurzen Schrei des amerikanischen Tigers, des Kuguars, des Pekari's, des Faulthiers und einer Heerde von Papageien und andern Vögeln. Zuweilen kam das Geheul des Tigers aus den Baumgipfeln, dann war es stets von dem Kreischen der fliehenden Affen begleitet. Fragt man die Indianer nach der Ursache dieses Lärms, so antworten sie, die Thiere feiern den Mondschein. Doch ist es nicht der Mond, der sie am meisten aufreizt; das Geschrei ist am heftigsten bei strömenden Regen oder wenn unter Donnerschlägen ein Blitzstrahl den Wald beleuchtet.

Derartige Scenen contrastiren auffallend mit dem Schweigen, welches in den Tropenländern um die Mittagsstunde herrscht, wenn das Thermometer 40 Grad im Schatten zeigt. Die großen Thiere verstecken sich dann im tiefen Forst, die Vögel kriechen unter das Laub oder in Felsspalten, um dem sengenden Strahl zu entgehen. Dagegen bedecken sich die freiliegenden Steine mit Eidechsen und Salamandern, welche regungslos mit gehobenem Kopf und offenem Maul die glühende Luft behaglich einzusaugen scheinen. Doch die Stille ist nicht absolut. Horcht man aufmerksam auf den leisesten Ton, so nimmt man dicht am Boden ein Schwirren und Summen wahr, welches von den Insecten herrührt. Ueberall rührt und regt es sich; in jedem Busch, in jeder Baumrinde, im Boden, wo die Käfer wühlen, hört man das Leben arbeiten; das ist die Sprache, in der die Natur mit uns verkehrt.

II. Die Wirkung der Töne auf Menschen und Thiere.

Die Macht der Musik. — Sagen und Anecdoten. — Die Musik als Heilmittel betrachtet. — Die Tarantella. — Wirkungen der Musik auf Thiere.

So wie der Maler das Licht und die Farben zu Trägern seiner Ideen macht, so gebietet der Musiker den Tönen und drückt durch sie Gefühle aus. Die Musik ist eine Sprache wie alle anderen, eine Sprache, die an Weichheit und Anmuth gewinnt, was ihr an Schärfe und Bestimmtheit abgeht; sie ist träumendes Wort.

Gewöhnlich sagt man, Musik sei die Kunst, die Töne auf eine für das Ohr angenehme Weise zu verbinden. Die Philosophen des Alterthums gebrauchten dies Wort in einem viel weiteren Sinne. Sie verstanden darunter auch den Tanz, die Mimik, die Poesie und selbst die Wissenschaften. Hermes nennt Musik die Kenntniß der Ordnung aller Dinge; Pythagoras und Plato sahen Musik im ganzen Weltsystem. Daher stammen die mystischen Vorstellungen von der Harmonie der Sphären, von der Musik des Makrokosmus u. s. w., die sich durch das ganze Mittelalter ziehen.

Man kann wohl annehmen, daß die Musik unter allen Künsten die erste war. Die Vögel konnten dem Menschen als Gesanglehrer dienen. Die Blasinstrumente — Flöten und Pfeifen — kamen gleich hinterher. Diodor meint, dieselben seien von einem Hirten erfunden worden, der das Flüstern des Windes im Schilfrohr belauschte.

Die Saiteninstrumente, sowie auch die Trommeln und Pauken, sind gleichfalls uralt. Das Alterthum schrieb die Erfindung der Musik bald Mercur. bald Apollo zu; Cadmus, der die tonerfahrene Hermione nach Griechenland brachte, Amphion, Orpheus und noch andere, werden als Begründer der Instrumentalmusik genannt. Nach der Genesis stammen die „Geiger und Pfeifer" von Jubal, dem Sohne Lamech's und der Ada, aus Kain's Geschlechte, her. Um es kurz zu sagen, der Ursprung der Musikinstrumente verliert sich in der Nacht des grauesten Alterthums.

Der Einfluß der Musik auf die Sitten der Völker und ihre Macht über die Gemüther der Menschen werden von allen Philosophen der Vorzeit anerkannt. Plato behauptet, gewisse Töne erregen niedrige Leidenschaften und Hochmuth, andere das Gegentheil. Seiner Meinung zufolge zieht eine Reform in der Musik eine Staatsumwälzung nach sich.

Polybius erzählt, daß in dem kalten, rauhen Arkadien die Musik nöthig war, um die Sitten der Bewohner zu mildern; daß nirgends so viel Verbrechen begangen wurden, als in Kynete, wo sie unbekannt war. Nach Athenäos brachten die Alten alle göttlichen und menschlichen Gesetze, die Moralvorschriften, die Sagen und Ueberlieferungen, in Verse und in Musik, die dann Chöre öffentlich unter Instrumentalbegleitung vortrugen. Beim Volke

Israel treffen wir ähnlichen Brauch. Die Musik verlieh diesen abstracten Dingen einen eigenthümlichen Reiz und prägte dieselben dem Gedächtniß der Hörer ein.

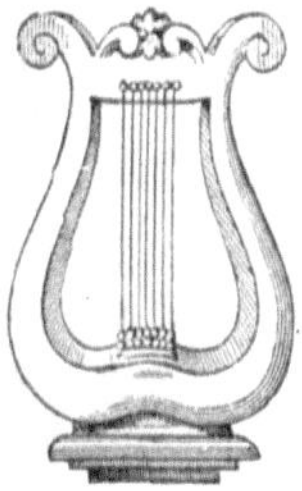

Fig. 9. Leier des Apollo.

Fig. 10. Zither.

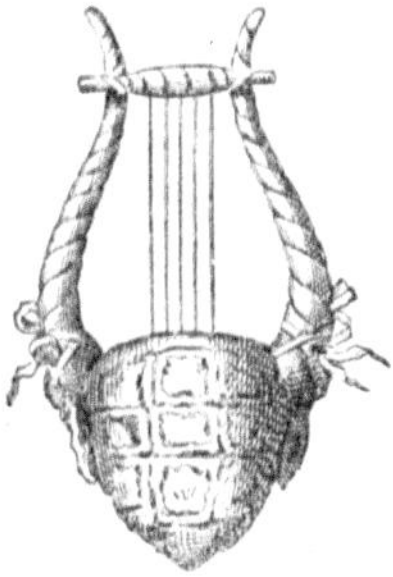

Fig. 11. Zither.

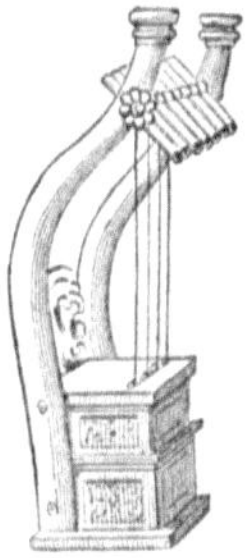

Fig. 12. Zither.

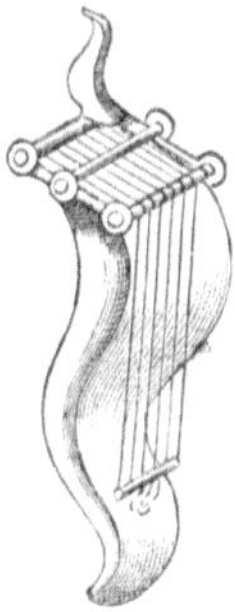

Fig. 13. Zither.

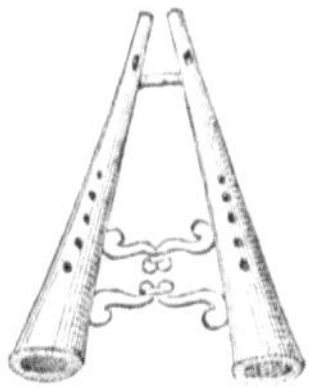

Zig. 14. Doppelflöte.

Fig. 15. Plectrum.

Fig. 16. Panflöte.

Nach den Platonikern ist die Menschenseele gleichsam aus Harmonie geschaffen. Musik, sagten sie, kann diese präexistirende, ursprüngliche Harmonie unserer geistigen Fähigkeiten wieder ins Gleichgewicht bringen, wenn sie, wie es so oft geschieht, durch die Berührung mit der Erdenwelt gestört worden ist. Alle alten Schriftsteller

Fig. 17. Hirtenpfeife oder Panflöte.

erzählen Wunderdinge von der Zaubergewalt der Töne. Orpheus zähmt durch seinen Gesang die Thiere des Waldes, bringt Flüsse zum Stehen, Bäume und Felsen zum Tanzen. Als ihm der Tod Eurydice geraubt, steigt er in die Unterwelt hinab, wo Pluto, von seinen Tönen gerührt, ihm die Wiederkehr seiner Gattin verspricht, die er aber durch unvorsichtiges Umschauen zum zweitenmal verliert. Der göttliche Amphion baut die Mauern von Theben; beim Schall seiner Leier fügen die Steine sich gelehrig an- und übereinander. Hier baut die Musik Mauern und Wälle, anderwärts wirft sie dieselben nieder; die Mauern von Jericho fallen vor dem Posaunenschall der Priester Israels.

In den Volkssagen der Finnen verwandelt sich der Ufersand in Demanten, die Heuschober kommen von selbst in die Scheune, die Meereswogen beruhigen sich, die Bäume schaukeln sich im Takt, die Bären bleiben voll Andacht stehen, als Wainamonen in die Saiten greift; er wird endlich selber hingerissen und vergießt, statt Thränen, einen Strom von Perlen.

Die Macht, welche der Musik zugeschrieben wird, die Leidenschaften zu entflammen und zu löschen, hat zu einer Menge Sagen Anlaß gegeben. David spielte die Harfe vor dem König Saul, wenn der böse Geist über ihn kommt. Der Musiker Timotheus entflammte Alexander den Großen bis zur Wuth, indem er ein Lied in der phrygischen Weise vortrug, und besänftigte ihn wieder, indem er zur lydischen Weise überging. Ein anderes Mal dämpfte Terpander einen Aufruhr in Lacedämon blos dadurch, daß er zu seiner Zither sang. Bei den Galliern trennten die Barden die Streiter durch ihren Gesang.

Wir brauchen nicht bis auf die Sagenzeit zurückzugehen, um Beispiele von der Wundermacht der Musik zu finden. Wer hat nicht von dem Kuhreigen gehört, welcher den Schweizern, die in fremden Heeren dienen, das Heimweh erregte! Man sah sich zuletzt genöthigt, bei Todesstrafe der Militärmusik diese Melodie zu verbieten, da alle Schweizer, die sie hörten, in Thränen ausbrachen, desertirten oder sich zu Tode grämten. J. J. Rousseau äußert sich über den Kuhreigen wie folgt. „Man suchte hier vergebens", sagt er, „die kräftigen Accente, die so mächtige Eindrücke hervorzurufen im Stande sind. Diese Eindrücke existiren nicht für Fremde; sie hängen mit der Gewohnheit, mit der Erinnerung, mit tausend besonderen Umständen zusammen, welche diese Melodie den Schweizern ins Gedächtniß ruft, und welche die Sehnsucht der fernen Heimath, der verlorenen Jugend, der Kinderspiele und ihrer ganzen früheren Lebensweise schmerzlich weckt. Die Musik wirkt hier also eigentlich blos als Gedenkzeichen. Die Melodie ist heute noch genau dieselbe, aber sie bringt nicht mehr dieselbe Wirkung hervor, weil die Schweizer den Geschmack an der alten Einfachheit verloren haben und sich um dieselbe nicht mehr grämen, wenn man sie daran erinnert. Ein neues Beispiel dafür, daß die Hauptwirkung der Töne nicht in ihrem rein physischen Eindruck liegt."

Hier wirkt die Musik nur mittelbar, als mnemonisches Symbol; der Fall der unmittelbaren Wirkung ist aber weit häufiger. Spielt doch die Militärmusik in der Geschichte der Kriege eine hervorragende Rolle. Rasche, lebhafte, aus kurzen Noten bestehende Musik peitscht das Blut und treibt zur That. Shakespeare nennt die Trommel den großen Muthstifter. An wie viel Blutvergießen ist nicht die Marseillaise schuld!

Die Menschen sind indessen für die Musik nicht alle gleich empfänglich. Manche sind dagegen gleichgültig oder fliehen sie gar; über diese verhängt Sanct Augustin den Fluch: ihm sind sie Verworfene. Doch ist es klar, daß solche Ausnahmen nur von einem organischen Fehler herrühren, und große Männer waren damit behaftet. Man trifft andererseits Beispiele von überreizter Empfindlichkeit für Musik. Boyle kannte Frauen, die in Thränen

P. Sellier del. Rapine, sc.

Fig. 18. Die Tarantella nach Kircher.

ausbrachen, sobald sie gewisse Töne hörten, die auf die übrigen Zuhörer ohne Wirkung blieben. Rousseau berichtet von einer Dame, die kein Musikstück hören konnte, ohne in einen Lachkrampf zu verfallen. Eine wohl beglaubigte Geschichte ist die von einem Musiker, dem man ein starkes Fieber durch ein bei ihm gegebenes Concert vertrieb. Sicher ist, daß die Musik in vielen Fällen als Heilmittel dienen kann. Die Irrenärzte wenden sie mit Vortheil zur Beruhigung der Tobenden an.

Das Mittelalter glaubte, daß die Musik Gicht, Epilepsie, Pest, Tollwuth, Fieberwahnsinn und selbst die Dummheit heilen konnte. Kircher berichtet, daß die Musik das gewöhnliche Mittel gegen den Veitstanz ist. Die von dieser Krankheit Befallenen springen und tanzen, bis sie vor Müdigkeit umfallen. Man heilt sie — homöopathisch — durch eine Musik, die sich in einem sehr lebhaften Rhythmus bewegt und die Kranken noch stärker erregt, so daß gewissermaßen das Gift erschöpft wird. Zur Zeit, als der Veitstanz in gewissen Gegenden Italiens epidemisch war, durchzogen Musikbanden das Land, um ihre Dienste anzubieten. Die rapiden Tanzmelodien, deren sie sich bedienten, sind unter dem Namen der Tarantellen bekannt, welcher daran erinnert, daß die Krankheit dem Stich der Tarantel, einer giftigen Spinne, zugeschrieben wurde.*) Kircher behauptet, die Melodie, welche einen Kranken heilt, wirkt auch auf die Spinne, die ihn gestochen hat.

Unter dem Titel Phonurgia iatrica widmet Kircher ein langes Kapitel dem Gebrauch der Musik zu medicinischen Zwecken. Diese Idee verdiente vielleicht entwickelt

*) Nach Blanchard ist dies ein Vorurtheil.

und in größerem Maßstabe, als bisher geschehen ist, angewandt zu werden. Zweifellos ist, daß die Töne aufregen oder besänftigen, je nach dem Rhythmus und der Beschaffenheit des Stücks, das gespielt wird.

Bei den Kindern ist, wie man weiß, das Nervensystem in beständiger Erregung. Ein Nichts erschreckt sie: die geringste Kleinigkeit exaltirt ihr kleines Hirn. Sie jauchzen, staunen, lachen, fürchten sich ohne Grund. Die Amme beruhigt sie dann durch eine sanfte, eintönige, schleppende Weise; vom Eiapopeia gewiegt, wird das Kind still und schläft ein. Eine lustige Weise erheitert es. Den jungen Montaigne ließ sein Vater deshalb jeden Morgen durch Musik wecken, um ihn beständig klar und heiter gestimmt zu erhalten.

Die Musik erholt oder spornt den Geist, beruhigt oder entflammt die Sinne, erweitert das Herz oder macht es traurig. Sie wirkt direct auf die Nerven. Jedermann hat die Bemerkung gemacht, daß ein kräftiges Marschlied das Gehen erleichtert; ein taktmäßiger Schritt ermüdet weniger. Die Arbeiter, welche am Krahn beschäftigt sind, die Matrosen, welche ein Kabel aufwinden, ermuthigen sich durch ein im Takt ausgestoßenes Hoi hopp! Tanzmusik elektrisirt die Beine der Hörer; ein Leierkasten, der einen recht einladenden Walzer zum Besten giebt, verwandelt die Straße in einen Ball, das kleine Volk, das ihn umgiebt, hüpft und dreht sich, als ob es Papagenos Zauberflöte hörte.

Gar viele Thiere sind auch dem Einfluß der Musik unterworfen. Wenn auch nicht Alles, was in dieser Beziehung berichtet wird, wahr ist, so können doch viel authentische Beobachtungen angeführt werden. Die Singvögel bilden erstlich ein Orchester von ausübenden Musikern;

daneben haben wir die bloßen Musikliebhaber. Wie leicht lernt nicht das Pferd seine Bewegungen einer Melodie anpassen!

Man will bemerkt haben, daß das Rindvieh beim Tone einer Schalmei länger als sonst zu grasen pflegt; die Araber behaupten auch, daß Musik dasselbe fett macht. Wenn in der Wüste die Kameele einer Karavane vor Müdigkeit fast erliegen, so erheben die Führer ihre Stimme und singen so laut sie können, um ihre Thiere zu ermuntern.

Nach Büffon ist der Hund für musikalische Töne sehr empfänglich. „Ich habe Hunde gesehen," berichtet er, „die für die Musik eine ausgesprochene Vorliebe besaßen, und vom Hofe oder aus der Küche herbeigerannt kamen, um einem Concert beizuwohnen, auch dablieben, so lange es währte, und nachher wieder ihr gewohntes Lager aufsuchten. Ich habe auch bemerkt, daß andere ziemlich genau einen Ton, den man ihnen ins Ohr schrie, wiedergaben." Die Organisation der Hunde bietet in diesem Stück große Verschiedenheiten dar. Viele Hunde heulen, wenn gewisse Instrumente gespielt werden, bei andern aber nicht. Man sieht Pudel, wenn sie hohe Violintöne hören, sich zusammenziehen, einen Buckel machen, den Schwanz zwischen die Beine klemmen und kläglich winseln; doch zeigen nicht alle Pudel diese Antipathie in demselben Grade. Spricht man gegen sie mit dem Sprachrohr, so fahren sie wild hinein oder verkriechen sich.

Scheitlin behauptet in seiner Thierseelenkunde, daß man Hunden einzelne Wörter nachsprechen gelehrt hat. Dies wird bestätigt durch einen Bericht von Leibnitz, der in der Geschichte der Pariser Akademie der Wissenschaften für 1715 zu lesen ist. In einem Dorfe bei Zeitz, im

Lande Meißen, hatte er einen Bauernhund, von ordinärem Ansehen und mittlerer Größe getroffen, der sprechen konnte. Ein kleiner Knabe hatte bemerkt, daß dieser Hund gewisse Töne ausstieß, die wie deutsche Wörter klangen, und sich dann in den Kopf gesetzt, ihn sprechen zu lehren; nach Verlauf einiger Jahre konnte der Hund einige dreißig Wörter hervorbringen. Er sagte z. B. ganz deutlich; Thee, Kaffee, Chocolad, Assemblee u. s. w. Zu bemerken ist, daß der Hund bereits drei Jahre alt war, als seine Erziehung begonnen wurde. Er sprach aber nur nach; wenn man ihm ein Wort vorsprach, so kam es wie ein gezwungenes, widerwilliges Echo aus ihm heraus, obgleich er nie mißhandelt worden war. — Die Hunde der Eskimos bilden das entgegengesetzte Extrem: sie sind stumm.

Der Elephant liebt die Musik und lernt leicht, sich im Takt zu bewegen, ja sogar die Trommel und Pfeife mit einigen unartikulirten Tönen zu begleiten. Nach den Versuchen von Everard Home (1823) beachtete der Elephant blos die tieferen Töne eines Horns und eines Pianos; der Löwe dagegen blieb bei den hohen Tönen ruhig aufmerksam und geberdete sich wild bei den tiefen. Bekanntlich ist jedoch die Antipathie des Löwen für den Hahnenschrei.

Plutarch und Plinius haben eine Menge Anecdoten, die sich auf den Tonsinn der Thiere beziehen. Bekannt ist aus dem Alterthum die Geschichte von Arion und seinem Delphin, welche den Stoff zu einer Schiller'schen Ballade geliefert hat. Die Schriftsteller des Mittelalters schreiben jedem Thiere ein Lieblingsinstrument zu: dem Bären die Pfeife, dem Hirschen die Flöte, dem Schwan die Zither, den Singvögeln das Flaschenett, den Bienen die Cymbeln u. s. f.

Unter den niedern Thieren scheint besonders die Schlange für musikalische Eindrücke empfänglich zu sein. Es giebt Neger, die sie zähmen und zum Tanze abrichten (die Psyllen oder Schlangenbeschwörer).

Die Eidechsen verrathen auch musikalischen Sinn; sie lassen sich durch Pfeifen bethören, so daß sie dann leicht gefangen werden. Die Musikliebe der Spinne ist ebenfalls bekannt und durch mehr als eine Anecdote beglaubigt.

Woher kommt nun der mächtige Eindruck, den die Musik auf lebende Thiere macht? Durch welche geheime Verwandtschaft können Töne Leidenschaften erregen? Die Musik ist ein Sinnbild der Bewegung, oder vielmehr, sie ist selber Bewegung. Sie wendet regelmäßig abgestufte Töne an, zwischen welchen die Stimme sich nach der Willkür des Tonsetzers auf und ab bewegt. Indem er die Noten verlängert oder verkürzt, dieselben in Bezug auf Rhythmus und melodische Tonfolge verschiedenartig anordnet, gelingt es ihm, alle Schattirungen der Bewegung, jede Art des Fortschritts, von der schläfrigen Trägheit des Wassers, das sich im Sande verliert, bis zu dem brausenden Ungestüm des Felsbachs, aufs feinste auszudrücken. Es wirken nun aber die Töne direct auf unser Nervensystem, indem sie die Fibern der Empfindungsnerven in Mitschwingung versetzen, und rufen auf diese Weise die Gemüthsstimmung hervor, welche der von der Musik ausgedrückten Bewegungsart entspricht. Den Frohsinn charakterisirt ein leichter, munterer Gang, den Ernst ein feierliches Fortschweben, den Zorn ein stoßweises, heftiges Auftreten. Diese verschiedenen Merkmale kommen ebensowohl den Bewegungen unseres Körpers, als dem Vortrag und der Gedankenbewegung zu: dies Alles hängt eng zusammen, und in dieser Wechselbeziehung der Sinnes=

eindrücke, der Seelenzustände und der Willensäußerungen liegt eben der Grund des Einflusses, den die Musik auf die lebenden Wesen übt. Der Trübsinn erschlafft unsere Glieder, macht die Stimme schwerfällig und hemmt den Fortschritt der Ideen; umgekehrt stimmt eine Melodie, deren Noten langsam und mühselig in kleinen Schritten durch Halbtöne vorrücken, zu melancholischem Träumen. Wenn dagegen die Noten lustig durch Octaven und Quinten springen, regt sich im Hörer Thatenlust und Bewegungsdrang, der im Tanz und im Lachen seinen symbolischen Ausdruck findet.

Diese Erklärung der psychologischen Effecte der Musik ist Aristoteles nicht entgangen. Er fragt: Warum passen die Rhythmen und die Melodien, welche Schall sind, sich den Gemüthszuständen an, die Geschmäcker aber nicht und auch nicht die Farben und Gerüche? Etwa weil sie Bewegungen sind, wie die Handlungen? Schon die darin liegende Energie beruht auf einer Stimmung und erzeugt eine Stimmung. Die Geschmäcker aber und Farben thun es nicht auf gleiche Weise. Die rhythmische und melodische Bewegung ist thatkräftig, Thaten aber sind die Zeichen der Gemüthsstimmung. Helmholtz führt diesen Gedanken auf sinnige Weise aus. „Das Wort Stimmung," sagt er, „ist offenbar von der Musik entnommen und auf Zustände unserer Seele übertragen; es sollen dadurch eben diejenigen Eigenthümlichkeiten der Seelenzustände bezeichnet werden, welche durch Musik darstellbar sind, und ich meine, wir können es passend so definiren, daß wir unter Gemüthsstimmung zu verstehen haben den allgemeinen Charakter, den zeitweilig die Fortbewegung unserer Vorstellungen an sich trägt, und der sich, dem entsprechend, auch in einem ähnlichen Charakter der Bewegungen unseres

Körpers und unserer Stimme zu erkennen giebt. Unsere Gedanken können sich schnell oder langsam bewegen; sie können ruhelos und ziellos herumirren in ängstlicher Aufregung, oder mit Bestimmtheit und Energie ein fortgesetztes Ziel ergreifen; sie können sich behaglich und ohne Anstrengung in angenehmen Phantasien herumtreiben lassen, oder, an eine traurige Erinnerung gebannt, langsam und und schwerfällig von der Stelle rücken in kleinen Schritten und kraftlos. Alles dieses kann durch die melodische Bewegung der Töne nachgeahmt und ausgedrückt werden."

Der Rhythmus oder Takt spielt hier gewiß eine vorwiegende Rolle. Viele Erscheinungen führen darauf, daß es eine gewissermaßen für sich selbstständige Reihe von Rhythmusempfindungen giebt, so daß man den Takt einer Melodie von der Tonempfindung ganz loslösen kann, wie die Contourzeichnung von einem Gemälde, indem man sich die Melodie blos vorklopft. Man erräth ja bekannte Melodien, die Jemand blos auf der Fensterscheibe trommelt.*) Die Bewegungen, welche die unbelebte Natur uns bietet, bringen auch oft einen ganz ähnlichen Eindruck hervor wie Musik. Die Cascade, die sich vom Felsen stürzt, der Bach, der zwischen sandigen Ufern rieselt, die Wogen, die rastlos ans Gestade dringen, wirken auf die Seele wie sichtbare Musik. Stundenlang kann man am Ufer sitzen und den Wellen zuschauen, die sich verfolgen, ohne sich einzuholen. „Ihre rhythmische Bewegung, welche doch im Einzelnen fortdauernden Wechsel zeigt, bringt ein eigenthümliches Gefühl von behaglicher Ruhe ohne Lange-

*) Mach, Ueber den Zeitsinn des Ohres (Wiener Sitzungsberichte, Februar 1865).

weile hervor und den Eindruck eines mächtigen, aber geordneten und schön gegliederten Lebens. Wenn die See ruhig und glatt ist, kann man eine Weile an ihren Farben sich freuen, aber sie gewährt keine so dauernde Unterhaltung als wenn sie wogt. Kleine Wellen dagegen auf kleineren Wasserflächen folgen sich zu hastig und beunruhigen mehr als daß sie unterhalten." *)

*) Helmholtz, Die Lehre von den Tonempfindungen.

III. Fortpflanzung des Schalls in verschiedenen Mitteln.

Im leeren Raum entsteht kein Schall. — Fortpflanzung in der Luft — im Wasser — im Fußboden. — Wheatstone's Experiment. — Man hört durch die Zähne.

Wie geschieht es nun, daß der Schall bis zum Ohre dringt? Wo ist die unsichtbare Brücke, auf der er jeden Zwischenraum überschreitet? Die Antwort ist leicht. Es umgiebt uns nach allen Seiten hin ein elastisches Fluidum; die Stürme beweisen, welch' mächtige mechanische Wirkungen es hervorbringen kann; jede einigermaßen kräftige Erregung pflanzt sich darin augenblicklich auf weite Strecken fort. Es ist also natürlich anzunehmen, daß die Luft auf gleiche Weise diejenigen Bewegungen fortpflanzt, die einen Schall verursachen. Wir sehen, daß ein heftiger Knall stets von einem plötzlichen Ausweichen der Luft, von einem in der Entfernung fühlbaren Stoß begleitet ist. So sind denn auch die Physiker bald darauf gekommen, daß die Luft der materielle Träger des Schalles sein müsse. Sie haben diesen Satz zu beweisen gesucht, indem sie ihn umkehrten: ohne Luft kein Schall. Ein sehr einfacher Versuch dient gewöhnlich dazu, diese Wahrheit anschaulich zu machen. Man hängt ein Glöckchen an einem Seiden- oder Zwirnsfaden in einem Glasballon (Fig. 19) auf, den man durch ein mit einem Hahne versehenes Ansatzrohr luftleer gemacht hat. Schüttelt man den Ballon, so bewegt sich das Glöckchen; dennoch hört man nichts. Der Klöppel schlägt wohl gegen den Mantel, aber das ist vergebliches Bemühen; der Schall kann nicht zur Erscheinung kommen, kann nicht körperlich werden. Oeffnet man nun den Hahn und gestattet der Luft den Zutritt, so ist der Zauber gebrochen und das Glöckchen hört auf, stumm zu sein. Der Versuch wird auch häufig mit einem Wecker angestellt, den man auf Watte unter die Glocke einer Luftpumpe setzt. Vor dem Auspumpen ist das Schlagwerk deutlich vernehmbar, beginnt man aber zu exantliren, so wird der Ton immer schwächer, bis er endlich ganz erstirbt, so daß man die letzten Schläge schon nicht mehr hört, wenn die Pumpe rasch gearbeitet hat. Man schießt auch wohl unter der Glocke einen Salonpuffer ab; den Blitz sieht man, aber der Knall bleibt aus. Bei diesen Versuchen ist eine wesentliche Bedingung, daß die Tonquelle (Wecker, Pistole u. s. w.) sich auf einer weichen Unterlage befinde, welche die Erschütterung amortirt, sonst theilt sich diese dem Teller der Luftpumpe und von da aus auch der umgebenden Luft mit, wodurch der Schall dann bis ans Ohr geleitet wird. Es ist deswegen überhaupt schwer, den Schall unter der Luftpumpe ganz zu hindern. Kircher übersah diesen Täuschungsgrund, der aus der Mittheilung der Erschütterung an die äußere Luft entsteht, und glaubte deßhalb in einem Versuch dieser

Fig. 19.

Art einen entscheidenden Beweis gegen die Existenz des Vacuums gefunden zu haben. Er hatte in Gemeinschaft mit Caspar Berth eine hundert Fuß lange Bleiröhre von Fingerdicke anfertigen lassen, an deren oberem Ende ein Glasballon luftdicht aufgekittet war; in diesem Ballon befand sich ein Glöckchen und ein kleiner Hammer, welchen ein Magnet von außen hob und dann fallen ließ. Man hörte dabei einen lauten Ton, und Kircher schließt hieraus triumphirend, daß die „phantastische Leere" des Barometers nichts weiter als ein gefährliches Hirngespinnst der Philosophen sei.

Es ist zwar richtig, daß der Schall fast immer durch die Luft zum Ohre geleitet wird, wir wissen aber heutzutage, daß ein gasartiges Fluidum zu seiner Fortpflanzung nicht unumgänglich nöthig ist, sondern daß alle elastischen Körper, feste und flüssige sowohl als Gase, den Schall fortzuleiten im Stande sind. Bringt man einen Wecker in einer Glasglocke unter Wasser, so hört man das Schlagwerk dennoch ganz deutlich. Die Taucher hören im Wasser die Geräusche, die an der Oberfläche stattfinden, wie dies besonders durch die Versuche von Nollet und Monro zuerst außer Zweifel gesetzt ist. Zwar hören sie den Schall nur schwach, aber dies ist leicht erklärlich, wenn man bedenkt, daß die Schallbewegung beim Uebergange aus der Luft in ein dichteres Medium einen Verlust an Intensität erleiden muß. Die Bewegung, welche einmal ins Wasser gedrungen ist, pflanzt sich darin ungehindert fort, denn man hört ebenso gut in großer Tiefe, als einige Fuß unter der Oberfläche. Es wäre ja sonst auch das Gehörorgan bei den Fischen ein überflüssiger Luxus. Man hat aber constatirt, daß sie hören: zahme Fische lockt man mit einem Pfeifchen.

Feste Körper leiten den Schall mit großer Kraft. Hält man eine Taschenuhr gegen das Ende eines gefällten Baumstamms, so ist das Picken am andern Ende deutlich zu hören, nicht weil Luft in dem Holze ist, sondern weil die Holzfasern von dem Stoßwerk erschüttert werden. Legt man sich mit dem Ohr auf den Boden, so hört man Kanonendonner auf mehr als fünf Meilen, und das Pferdegetrabe wird gleichfalls auf große Strecken als ein dumpfes Rollen durch den Erdboden vernommen.

Man kann die Bodenleitung sichtbar machen, indem man auf eine an der Erde stehende Trommel kleine Steine oder Knöchelchen legt; dieselben hüpfen im Takt, sobald Cavallerie in großer Entfernung vorbeipassirt. In den Kohlengruben von Cornwallis führt man die Gänge bis unter das Meer; da hört man denn durch die Decke hindurch das Geräusch der Wogen und das Raschelu der aneinanderschlagenden Kiesel. Werden zwei Gänge gegeneinander gerichtet, so hören sich die Bergleute in beiden durch die Bodenmasse hindurch und verfehlen deshalb nicht ihre Richtung. Solche unterirdische Geräusche haben zuweilen Gespenstergeschichten veranlaßt.

Es scheint, daß das Holz unter allen festen Körpern den Schall am besten leitet. Tannenholz leitet besser als Buchs, Buchs besser als Eichenholz u. s. f. Mit Hilfe von vier Tannenstäben ist es Wheatstone gelungen, ein Concert, das in einem Keller gegeben wurde, durch mehrere Stockwerke hindurch hörbar zu machen. Die Stäbe waren ungefähr ³/₄ Zoll dick; der erste wurde mit seinem Ende auf den Resonanzboden des Fortepianos, der zweite auf den Steg der Geige, der dritte auf denjenigen des Violoncells, der vierte auf die Fassung der Zunge der Clarinette gestemmt: alle vier drangen durch die Kellerdecke bis in das Zimmer, wo sich die Hörer befanden. Am obern Ende jeder Latte war eine dünne Holzplatte eingeleimt, die zur Verstärkung des Schalls dienen sollte. Wurde nun im Keller ein Stück gespielt, so erzitterten die Stäbe unisono und im obern Stock füllte sich das Zimmer mit musikalischen Klängen, die aus den verzauberten Holzplatten zu kommen schienen. Dieser Versuch ist von überraschender Wirkung; das Holz fängt auf einmal zu singen an, als ob es beseelt wäre; man könnte sich inmitten eines Orchesters glauben, wäre nicht das Zeugniß der Augen dagegen. Ich habe dasselbe Experiment in folgender Weise gesehen. Eine Spieldose wird in einen inwendig wattirten Kasten gesteckt, durch dessen Deckel eine lange hölzerne Stange geht, die an ihrem freien Ende eine Resonanzplatte trägt. Hebt man die Platte ab, so hört man keinen Laut, stemmt man sie aber gegen das Ende der Stange, so erklingt sofort die Melodie, für welche die Spieldose eingerichtet ist; die Töne haben nur einen etwas veränderten, sanfteren, volleren Klang.

Die Kopfknochen leiten den Schall mit Leichtigkeit bis ans Ohr. Man hört ganz wohl durch die Stirne, die Zähne u. s. w. Zwei Personen, die sich etwas zuflüstern, indem sie einen langen Holzstab oder einen gespannten Faden zwischen die Zähne klemmen, verstehen sich auf größere Entfernungen; dasselbe wird erreicht, wenn der Sprechende den Stab gegen die Gurgel oder die Brust stemmt. Das von Laennec im Jahre 1819 erfundene Stethoskop beruht auf demselben Princip; es besteht im Wesentlichen aus einem Holzcylinder, den der Arzt auf die Brust des Patienten hält, um den Herzschlag und andere Geräusche besser zu beurtheilen; man nennt das auscultiren. Wheatstone hat auch ein Instrument vorgeschlagen, das er Mikrophon nennt und dazu bestimmt, verschwindend schwache Töne hörbar zu machen. Es besteht aus einem auf das Ohr passende und gegen die harten Theile des Kopfes zu stemmenden Messingbecken, auf dessen Mitte ein langer Metallstab sitzt, der wie ein Fühlhorn den Ton fischen soll. Hat man solche Becken an beiden Ohren, so lassen sich die zwei Drähte zu einem verbinden und man hat eine vollständige Ohrbrille.

Hängt man silberne Löffel, Glasglocken oder dergl. an einen oder zwei Fäden, deren Enden man nach dem Anschlagen der tönenden Körper in den Gehörgang bringt oder zwischen die Zähne faßt, während man sich die Ohren stopft, so vernimmt man dumpfe Töne, wie von einer fernen, sehr großen Glocke. Ein dänischer Arzt, Herhold, hat Versuche dieser Art mit einem an 300 Ellen langen Faden angestellt, der gespannt und mit einem silbernen Löffel beschwert war und dessen freies Ende er zwischen die Zähne nahm oder zum Ohre führte. Bringt man ein Ende eines starken Metalldrahts mit etwas Baumwolle umwickelt in den Gehörgang, so vernimmt man deutlich den Ton, der am andern Ende durch das Berühren mit einem Stecknadelkopfe entsteht, wenn der Draht auch noch so lang ist.

Taubstumme hören ganz gut durch die Zähne, wenn ihre Taubheit nicht auf einer Paralysie des Hörnerven beruht. Man läßt sie den Rand einer Spieldose oder das Ende eines auf den Resonanzboden eines Klaviers gestützten Holzstabes zwischen die Zähne fassen und überzeugt sich dann, daß sie die Musik vernehmen. Harthörige verstehen, was man ihnen sagt, wenn man in ein Kupferbecken oder in ein Glasgefäß hineinspricht, gegen dessen Rand sie das Ohr oder die Zähne stemmen.

Weiche, nachgiebige Körper, wie z. B. Watte, Werg, Wolle, die verschiedenen Zeuge, Mehl, Kleie, Sägespäne, leiten den Schall nur in sehr geringem Grade. Ein dicker Teppich erstickt das Geräusch der Fußtritte; ein Thürvorhang aus dichtem Wollenzeuge schützt ebensowohl vor Luftzug als vor Horchern im Vorzimmer.

IV. Die Intensität des Schalls.

Umstände, welche hiebei zu berücksichtigen sind. — Dichtigkeit des Mittels. — Einfluß der Nacht. — Tragweite des Schalls. — Das umgekehrte Quadrat der Entfernung. — Das Sprachrohr. — Die Schallröhren. — Das Hörrohr.

Die Stärke oder die Intensität eines Schalles ist zwar ursprünglich durch die Heftigkeit der Bewegung bedingt, welche ihn verursacht, wieviel aber davon das Ohr erreicht, das hängt von dem Medium ab, in welchem der Schall erzeugt wird. Wir sahen bereits, daß unter der Glocke einer Luftpumpe der Ton eines Weckers allmälig abnimmt und zuletzt ganz verschwindet, wenn man die Luft gradweise verdünnt. Auf hohen Bergen, wo die Luft eine verhältnißmäßig geringe Dichtigkeit besitzt, werden alle Geräusche bedeutend schwächer und scheinen aus größerer Entfernung zu kommen, als wirklich der Fall ist. Auf dem Gipfel des Mont Blanc (4800 Meter über dem Meeresspiegel) fand Saussure, daß ein Pistolenschuß nicht mehr Lärm machte, als ein Schlagschwärmer in der Ebene. Bei den Versuchen, die La Condamine in der Nähe von Quito zwischen zwei Stationen anstellte, deren Höhe resp. 3000 und 4000 Meter betrug, war der Hall eines Neunpfünders auf etwas weniger als 20 Kilometer Entfernung kaum mit dem eines Achtpfünders zu vergleichen, wie derselbe in der Ebene bei Paris auf 31 Kilometer gehört wurde. Luftschiffer haben sich oft über den schwachen Ton ihrer Stimme in großer Höhe gewundert. Während der Luftfahrten, die der englische Meteorolog Glaisher im Jahre 1863 mit Coxwell unternahm, hat derselbe manche interessante Bemerkung in dieser Beziehung gemacht. Einmal hörte er in einer Höhe von 3000 Meter Hundegebell und das Brausen des Windes, der tief unter ihm wehte; bei der halben Erhebung hatte das Geschrei einer Versammlung von mehreren tausend Zuschauern sein Ohr nicht mehr erreicht. Ein andermal hörten jedoch die beiden Aëronauten das dumpfe Brausen der Stadt London, bis sie 2000 Meter hoch gestiegen waren. Auf einer dieser Luftreisen wurde das Pfeifen einer Locomotive von ihnen sogar in einer Höhe von 6500 Meter gehört; es ist dies gewiß die größte Erhebung, in der ein menschliches Ohr noch irdische Töne vernommen hat. Die Luft war an diesem Tage ausnahmsweise feucht.

Bedenkt man, wie sehr der Schall in den höheren Luftschichten an Stärke verliert, so muß man über das Getöse erstaunen, welches Feuerkugeln, die in großer Höhe zerspringen, öfters hervorbringen. Ein Meteor, welches im Jahre 1719 erschien, zerplatzte nach Halley's Rechnung in einer Höhe von 69 engl. Meilen (110 Kilometer), die Explosion glich aber derjenigen eines Geschützes von schwerem Kaliber, machte Thüren und Fenster zittern, so daß ein Fernrohr auf der Sternwarte zu Greenwich aus seiner Nische stürzte und zerbrach. Aehnliche Beispiele von Feuerkugeln, die mit donnerähnlichem Krachen explodirten, sind häufig, und wir wissen andrerseits, daß dieselben in großer Entfernung vom Erdboden vorüberziehen; es muß daher angenommen werden, daß ihre Explosionen mit unerhörter Gewalt vor sich gehen.

In comprimirter Luft wird der Schall sehr verstärkt und das Gehör weit lebhafter als sonst afficirt. John Roebuck hat dies zuerst im Gebläsekasten eines Hochofens in Devonshire bemerkt. Später hat man dieselbe Erscheinung bei Wasserbauten, wo die Arbeiter sich in eisernen, mit verdichteter Luft gefüllten Röhren aufhielten, beobachtet. Als man die Pfeiler der Brücke zu Arceuil baute, fand es sich, daß in den Röhren alle Töne einen metallischen, gehirnerschütternden Klang hatten; während man sprach, fühlte man im Schädel ein Dröhnen wie in einer Trompete. Eine andere, nicht weniger unangenehme Wirkung der verdichteten Luft bestand in dem Druck, den dieselbe auf die Lippen ausübte; man stammelte beim Sprechen, und keiner vermochte zu pfeifen.

Priestley hat einige Versuche mit verschiedenen Gasarten angestellt. Er ließ ein Schlagwerk unter einer mit Wasserstoff gefüllten Glasglocke tönen und fand, daß der Schall fast unhörbar wurde; die Dichtigkeit des Wasserstoffes ist bekanntlich 14 mal geringer als die der atmosphärischen Luft. Pilâtre de Rozier athmete, als er seinen Luftballon mit Wasserstoff füllte, große Mengen dieses Gases ein und bemerkte, daß seine Stimme dadurch ganz schwach und näselnd wurde. Maunoir und Paul haben dieselbe Erfahrung in Genf gemacht; nach ihrer Angabe waren ihre Stimmen erschrecklich dünn und fistelnd geworden. Der Sauerstoff und das kohlensaure Gas verhalten sich in dieser Beziehung fast wie gewöhnliche Luft. Aetherdampf leitet den Schall besser als Wasserdampf.

Im Wasser pflanzt der Schall sich sehr kräftig fort. Nach seinen Versuchen im Genfersee hoffte Colladon, man würde auf dem Meere durch eine unter Wasser tönende Glocke bis auf Strecken von 100 Kilometer sich verständlich machen können. Franklin giebt an, daß er das Zusammenschlagen zweier Steine unter Wasser auf mehr als eine halbe englische Meile (800 Meter) gehört.

Wenn der Schall aus einem Medium in ein anderes von verschiedener Dichtigkeit tritt, erfährt er einen mehr oder minder merklichen Verlust an Intensität schon deshalb, weil ein Theil an der Grenzfläche reflectirt wird. Wir haben schon gesagt, daß Taucher von der Oberfläche kommende Töne nur schwach vernehmen; dagegen hört man oben deutlich den Schall, der aus der Tiefe kommt. Ein Hammerschlag gegen eine Glocke wird aus 10 Meter Tiefe an der Oberfläche deutlich wahrgenommen. Man ersieht daraus, daß das Wasser die Schallbewegung leichter an die Luft abgiebt als umgekehrt. Auch wenn die Vibrationen eines festen Körpers, anstatt sich direct in der Luft zu verbreiten, erst durch Vermittelung einer Flüssigkeit in dieselbe gelangen, zeigen dieselben eine größere Intensität. Perolle hat darüber Versuche angestellt. Er ließ eine Taschenuhr, deren Fugen er sorgfältig verstopft hatte, an einem Faden in ein Glas herabhängen, in welches er der Reihe nach verschiedene Flüssigkeiten goß. In der Luft wurde das Ticken der Uhr bis auf 3 Meter Entfernung gehört, im Weingeist auf 4, im Oel auf 5, im Wasser auf 7 Meter. Man ersieht hieraus, daß die Tragweite des Schalls mit der Dichtigkeit des Mediums zunimmt, durch welches hindurch die Luft erschüttert wird. Man kann das Experiment auch so anstellen, daß man das eine Ohr verstopft und mit dem andern die Pendelschläge einer Uhr abwechselnd durch die Luft und durch das Wasser eines Gefäßes hört, in welches man das Ohr taucht.

Die tönende Bewegung eines festen Körpers wird verhältnißmäßig schwer an die Luft abgegeben: um einen starken Schall zu verursachen, muß derselbe eine bedeutende Oberfläche haben. Eine Stimmgabel klingt weit stärker, wenn man dieselbe auf eine Holzfläche stützt, welche durch den Stiel in Schwingung versetzt wird und dann ihrerseits eine ausgedehnte Luftmasse vor sich hertreibt. Aus demselben Grunde mußten auch in dem oben (S. 41) erwähnten Wheatstone'schen Experiment die Stäbe mit Resonanzplatten versehen werden.

Wenn der Schall in der Luft aufwärts oder abwärts geht, so durchläuft er ebenfalls Schichten von ungleicher Dichtigkeit. Saussure und Schultes haben beobachtet, daß der Schall leichter vom Fuße zum Gipfel eines Berges dringt, als vom Gipfel zum Fuße. Aehnliches haben auch Luftschiffer erfahren. Bei der Erklärung dieser Thatsachen darf nicht übersehen werden, daß die Stimme oder jeder andere Ton bereits im Augenblick ihrer Entstehung in der dünneren Luft der Berge weniger Kraft haben als in der dichteren Luftschicht der Ebene.

Wenn die Luft durch die Sonne und die Bodenstrahlung ungleichmäßig erwärmt worden ist, so daß Schichten von ungleicher Dichtigkeit sich übereinander lagern, so verliert der Schall darin etwas von seiner Stärke und trägt nicht so weit als in einer homogenen Atmosphäre; die Luft wird gleichsam in akustischer Beziehung trübe.*)

*) Bei der Ventilirung der Londoner Parlamentshäuser bemerkte Dr. Reid, daß der in der Mitte des Saales aufsteigende mächtige Luftstrom, wenn die Heizung im Gange war, die Worte des Redners auf der gegenüberliegenden Seite des Saales unverständlich machte. In den großen Musikhallen zu Boston und Liverpool hat man deshalb die Beleuchtung 50 Fuß über dem Boden angebracht, damit die Verbrennungsgase sofort durch die Decke entweichen können, ohne die Luft zu trüben. (Zamminer.)

Dieser Umstand erklärt auch nach A. von Humboldt die größere Tragweite des Schalls bei Nacht. Nicholson sucht den Grund dieser Erscheinung einfach darin, daß bei Nacht die vielen Geräusche fortfallen, welche die Atmosphäre während des Tages in beständiger Unruhe erhalten; nach seiner Ansicht ruht sich das Gehör in der Nachtstille aus und wird dadurch für schwache Eindrücke empfänglicher. Die Stille schärft das Gehör, wie die Dunkelheit den Gesichtssinn exaltirt. Das Knuspern einer Maus hört sich deshalb bei Nacht weit lauter an als bei Tage. Die Dunkelheit wirkt dabei wohl auch mit: um besser zu hören, schließt man ja die Augen, und der Gehörsinn entwickelt sich auffallend bei Blinden. — Humboldt stellt dieser Erklärung seine in Südamerika gemachten Erfahrungen entgegen. In den Tropenländern ist der Lärm der Thiere bei Nacht weit stärker als bei Tage, und der Wind erhebt sich stets erst nach Sonnenuntergang. Dennoch erschien das Getöse der Wasserfälle des Orenoco zu Atures, auf mehr als eine halbe Meile Entfernung, bei Nacht dreimal so stark als am Tage. Humboldt hat außerdem bemerkt, daß die nächtliche Verstärkung des Schalls in der Ebene auffallender ist als auf hohen Bergplateaus, auf dem Lande merklicher als auf der See. Die wichtigen Versuche von Tyndall, betreffend die Tragweite der akustischen Signale, haben neuerlich über diesen Gegenstand viel Licht verbreitet. Ehe wir auf dieselben eingehen, mögen noch einige bekannte Thatsachen hier erwähnt sein.

Daß die Kälte die Tragweite des Schalls vergrößert, ist oft beobachtet worden. In den Polargegenden hörte Kapitän Parry häufig eine mit gewöhnlicher Stimme geführte Unterhaltung auf eine englische Meile (1600 Meter). Foster, einer von Parry's Begleitern, erzählt, daß er zu

Port Bowen sich mit einem Matrosen auf 6700 englische Fuß (2040 Meter) verständigen konnte bei einer Kälte von 28 Grad Celsius unter Null. Man könnte glauben, daß diese Erscheinung sich durch die Verdichtung der Luft erklären ließe; dagegen aber streiten die Versuche von Bravais und Martins. Diese Beobachter hörten nämlich bei Saint-Chéron, in der Ebene, eine auf dem Resonanzkasten befestigte Stimmgabel gegen Mittag 254 Meter und um Mitternacht 379 Meter weit. Auf dem Faulhorn hörte man dieselbe um Mitternacht bis auf 550 Meter, auf dem Montblanc noch auf 337 Meter, obgleich doch die Luft auf diesen Bergen weit dünner ist als in der Ebene.

Man hat endlich noch den Einfluß des Windes untersucht. Die ersten Versuche darüber sind von Haldat in der Gegend von Nancy mit einer kleinen Glocke angestellt; er fand, daß der Schall mit dem Winde zwei- oder dreimal so weit gehört wurde, als gegen den Wind. Etwas später (1813) haben Delaroche und Dunal in der Ebene von Arcueil genauere Bestimmungen unternommen. Sie stellten sich in die Verbindungslinie zwischen zwei Uhrglocken von gleicher Beschaffenheit, welche gleich stark angeschlagen wurden, und suchten nun die Abstände, in welchen die beiden Glocken gleich laut tönten, wenn der Wind mit der Standlinie verschiedene Winkel bildete. Der Ton, welcher aus der größeren Entfernung ebenso stark erschien als der nähere, hatte dann offenbar weit weniger von seiner Stärke eingebüßt. Man überzeugte sich auf diese Art, daß bei Entfernungen, die 6 Meter nicht überstiegen, der Einfluß des Windes unmerklich war, daß derselbe aber bei größeren Abständen bedeutend wurde und mit diesen Abständen wuchs; er war besonders für schwache Töne erkennbar. Ein entgegenwehender Wind schwäche den Schall, aber ein in derselben Richtung wehender schwächte ihn merkwürdigerweise auch, obgleich in weit geringerem Grade. Bei ruhiger Luft, oder lothrecht gegen die Richtung des Windes, wurden die Glocken weiter gehört als mit dem Winde. Es folgt daraus, daß die bewegte Luft den Schall nicht so gut leitet als die ruhige. Derham hatte etwas ähnliches zu Porto Ferrajo auf der Insel Elba beobachtet: er hatte gefunden, daß die Kanone von Livorno bei ruhigem Wetter besser gehört wurde als bei herrschendem Winde, selbst wenn der Wind von Livorno herkam: die Entfernung beträgt über 90 Kilometer.

Freiherr von Zach bemerkte auf der hoch und isolirt gelegenen Sternwarte Seeberg bei Gotha, daß in heiteren Nächten, wenn die Bilder der Sterne besonders ruhig erschienen, die Glocken der umliegenden Kirchthürme, das Mühlengeklapper, das Bellen der Hunde und Rufen der Nachtwächter deutlich und stark gehört wurden, während diese Geräusche fast gar nicht vernehmbar waren, wenn die Sterne zitterten. Die Bewohner der Alpen und der Anden halten die Verstärkung des Schalls während einer ruhigen Nacht für ein Vorzeichen naher Wetterveränderung, ebenso wie das helle Blinkern der Sterne. Es geht aus allem diesem hervor, daß die Intensität des Schalls bis zu einem gewissen Grade auf den Zustand der Atmosphäre schließen läßt.

Im Jahre 1873 sind umfassende Versuche über die Tragweite der akustischen Signale der Leuchtthurm-Stationen von Tyndall am Felsen von South-Foreland angestellt worden. Die Signale wurden durch mächtige Trompeten, Dampfpfeifen, Kanonenschüsse, endlich durch eine amerikanische Dampf-Sirene gegeben, welche die besten Resultate lieferte. Es ergab sich, wider alles Erwarten, daß Nebel und Regen den Schall nicht dämpfen, sondern im Gegentheil oft die Tragweite erhöhen. So wurden z. B. die Trompeten bei Nebel und gegen den Wind bis auf 20 Kilometer gehört, während man sie bei heiterem Wetter und klarer Luft zuweilen nur auf 5 bis 6 Kilom. hörte. Tyndall schließt aus diesen Ursachen, daß ein Gemenge von Luft und Wasserdampf, der aus dem Meere emporsteigt, akustische Wolken bildet, die den Schall aufhalten und folglich auch reflectiren. In der That beobachtete er bei heiterem Himmel, aber akustisch trüber Luft, vielfache Echos, die 8 bis 15 Secunden dauerten und aus der wolkenlosen Ferne zu kommen schienen. Diese Resultate wurden später (und noch ganz kürzlich) durch Experimente bestätigt, wo eine Luftschicht, durch Gasströme getrübt, den Schall aufhielt und zurückwarf. Dasselbe wurde durch einen Schleier von Cattunzeug erreicht. Eine empfindliche Gasflamme (S. 11) diente zur Beobachtung der Richtung, in welcher der Schall sich fortpflanzte.

Tyndall erklärt aus diesen Ursachen die Beobachtung, welche 1822 bei Gelegenheit der Messung der Schallgeschwindigkeit zwischen Villejuif und Montlhéry gemacht wurde. In Montlhéry gaben die Kanonenschüsse Echos, die 20 Secunden dauerten, in Villejuif aber nicht. Die Schüsse von Montlhéry wurden in Villejuif alle gehört, aber die von Villejuif nur selten in Montlhéry. Diese Unterschiede erklären sich nach Tyndall's Versuchen dadurch, daß Villejuif ganz nahe bei Paris liegt und deshalb in akustische Wolken eingehüllt ist.

Was derartige Beobachtungen sehr erschwert und unsicher macht, ist der Umstand, daß es eigentlich kein Instrument giebt, mit welchem man die Stärke des Schalls messen könnte, so daß man sich schließlich auf das Ohr verlassen muß. Nun kann aber die Schärfe des Gehörs von einem Tage zum andern variiren, außerdem ist sie für verschiedene Personen verschieden: viele hören auch auf einem Ohre besser als auf dem andern. Der größte Uebelstand ist dieser: die hohen Töne afficiren das Ohr stärker als die tieferen. Es lag nahe, anzunehmen, daß die scheinbare Intensität eines Schalls im Verhältniß der zu seiner Erzeugung angewandten mechanischen Arbeit stehen müßte; dies ist aber keineswegs der Fall. Läßt man z. B. eine Sirene unter constantem Luftdruck rotiren, so erscheinen die tiefen Töne, welche im Anfange zum Vorschein kommen, weit schwächer als die höhern, welche bei schnellerem Umdrehen entstehen. Die Empfindlichkeit des Gehörs wächst also mit der Höhe der Töne. Es ist außerdem festgestellt worden, daß die sehr hohen Töne zwischen e'''' und g'''' mit ganz ausnehmender Stärke ins Ohr schmettern. Jedenfalls kann man daher mit dem bloßen Ohr nur Töne von derselben Höhe vergleichen. Wollte man es versuchen, ein absolutes Maß für die Tonstärke herzustellen, so könnte man auf folgende Weise verfahren. Der Apparat, der den Namen Phonometer erhalten dürfte, bestände aus einer unter constantem Druck arbeitenden Windlade, welche Töne von gegebener Intensität hervorbrächte. Man hätte nun jedesmal den Abstand zu suchen, in welchem der Ton des Phonometers ebenso stark erschiene als derjenige, dessen Intensität man würde bestimmen wollen. Die gesuchte Intensität verhielte sich dann zu der gegebenen umgekehrt wie die Quadrate der Entfernungen der beiden Tonquellen.

Jede Bewegung, die frei nach allen Seiten strahlt, — heiße sie nun Licht, Elektricität, Wärme oder Schall — breitet sich auf concentrischen, um den Ursprung als Mittelpunkt beschriebenen Kugelflächen aus. Da nun aber diese Kugelflächen wie das Quadrat ihrer Halbmesser wachsen, so muß die Intensität der vom Centrum ausgegangenen Wirkung in demselben Verhältniß abnehmen, da sie sich auf immer größere Flächen vertheilt. Hieraus folgt, daß die Intensität einer Strahlung mit der Entfernung vom Ausgangspunkte beständig abnehmen muß, und daß die Wirkung auf einen beliebigen Punkt des Raumes sich umgekehrt wie das Quadrat der Entfernung verhält.

Dies ist bekanntlich auch das Gesetz der Schwere; alle Anziehungs- oder Abstoßungskräfte sind ihm unterworfen. Die Theorie lehrt uns, daß der Schall dasselbe ebenfalls befolgen muß. Experimentell haben Delaroche und Dunal diese Wahrheit folgendermaßen nachgewiesen. Sie verschafften sich fünf ganz gleiche Uhrglocken und stellten davon eine an einem Endpunkte einer gemessenen Standlinie, die vier andern am entgegengesetzten Ende auf. Nun wurde der Punkt bestimmt, wo der Schall der einen Glocke ebenso laut erschien als der Ton der vier andern zusammengenommen. Bei gleicher Entfernung mußte der letztere offenbar viermal so stark als der erstere sein. Es fand sich, daß er nur noch ebenso stark erschien, d. h. daß er nur noch ein Viertel seiner ursprünglichen Intensität besaß, wenn der Beobachter ihn aus einer zweimal so großen Distanz hörte, als den Ton der einzelnen Glocke. Dies war eine Bestätigung des bereits erwähnten Gesetzes.

Die Tragweite des Schalls, oder die Entfernung,

bis zu welcher er gehört wird, kann als ein Maß für seine Stärke gelten. Die menschliche Stimme trägt zuweilen sehr weit. Wir haben oben erwähnt, daß Foster sich im hohen Norden mit einem der Schiffsleute auf mehr als eine Seemeile unterhalten konnte. Nicholson berichtet, daß man auf der Westminsterbrücke zu London bei Nacht die Stimmen der Arbeiter in der 3 engl. Meilen entfernten Fabrik zu Battersea hört. Derselbe Gewährsmann behauptet, daß das Rufen der Schildwachen von Portsmouth 4 bis 5 engl. Meilen weit zu Ride auf der Insel Wight des Nachts deutlich zu hören ist. Das Lachen der Matrosen auf einem Kriegsschiffe, welches bei Spithead vor Anker lag, wurde bis Portsmouth (eine Wegstunde) vernommen. Kaum glaublich ist, was Derham in Gibraltar beobachtet zu haben vorgiebt, wo die menschliche Stimme bis auf 10 engl. Meilen (16 Kilometer) gehört worden sei. So konnte nur Stentor rufen, dessen Stimme, nach Homer, gleich der von fünfzig andern klang!

Der Kanonendonner ist deshalb sehr weit hörbar, weil der Boden die Erschütterung fortpflanzt. Die Kanonade von Florenz wurde bis über Livorno hinaus, d. h. auf ungefähr 90 Kilometer gespürt. Bei der Belagerung von Genua hörte man die Geschütze über das Meer hin auf 165 Kilometer. Im Jahre 1792 wurde die Kanonade von Mainz auf der Hube bei Einbeck, etwa 33 Meilen weit, sehr deutlich gehört. Im Jahre 1809 hörte man die Schüsse bei Helgoland in Hannover, auf etwa 35 Meilen; am 4. December 1832 endlich wurde die Kanonade von Antwerpen im sächsischen Erzgebirge, also 80 Meilen (600 Kilometer) weit, verspürt! Die Explosionen des Vulkans St. Vincent waren 1815 nur auf 75 Meilen (550 Kilometer), bis Demerary, vernommen worden.

Man kann die Tragweite der Stimme dadurch steigern, daß man ein Sprachrohr gebraucht. Dasselbe besteht gewöhnlich aus einem kegelförmigen Rohr (Fig. 20) mit einem Mundstücke, in welches man hineinspricht, und einem weiten Schallbecher. Man bedient sich desselben zur See, um sich auf große Entfernungen, trotz Wind und Wellen, verständlich zu machen. Die Feuerwacht auf den Kirchthürmen hatte ein Sprachrohr, um den Bürgern den Ort, wo es brannte, bekannt zu machen. Auf dem Lande ruft man damit die Arbeiter vom Felde u. s. w.

Fig. 20. Das Sprachrohr.

Das Sprachrohr wurde um 1670 von dem berühmten Samuel Morland erfunden. Derselbe ließ mehrere Modelle zuerst aus Glas, dann größer aus Kupfer in der Gestalt eines abgekürzten Kegels verfertigen und experimentirte damit vor dem Könige Karl II. und dem Prinzen Robert. Mit einem solchen Instrument, welches $5^1/_2$ Fuß lang und an den beiden Enden resp. 2 und 21 Zoll weit war, wurde zu Deal ein Versuch angestellt, aus dem sich ergab, daß die menschliche Stimme damit 3 engl. Meilen (5 Kilometer) weit gehört werden konnte.

Als die Erfindung Morland's bekannt wurde, maßte sich der Jesuit Kircher dieselbe an, indem er behauptete, bereits konische Röhren zu ähnlichen Zwecken angewandt zu haben; man sieht aber aus seinen früheren Schriften, daß er sich nur mit Hörröhren beschäftigt hatte. Kircher giebt bei dieser Gelegenheit die Beschreibung von dem Kriegshorn Alexander's des Großen, nach einem untergeschobenen Werke des Aristoteles, von welchem sich eine Handschrift auf der Bibliothek des Vaticans befindet (Secreta Aristotelis ad Alexandrum Magnum). Mit diesem Horne konnte Alexander sein Heer auf hundert Stadien (18 Kilometer) weit zusammenberufen; der Durchmesser des ringförmigen Stücks soll fünf Armlängen (2 M., 40) betragen haben. P. Kircher meint, dieses Rohr sei durch drei Stangen, wie in der beistehenden Figur zu

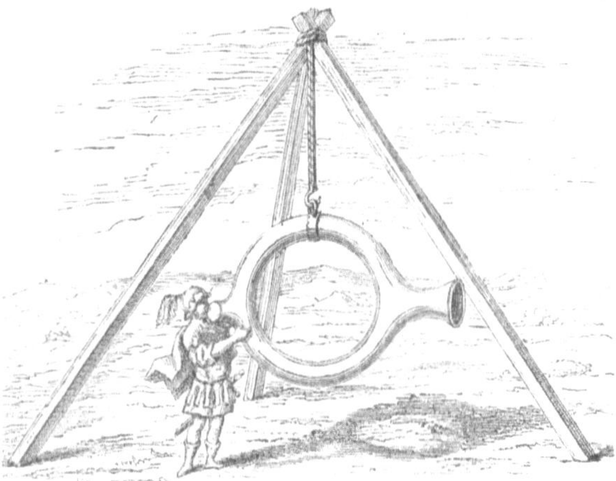

Fig. 21. Das Kriegshorn Alexander's des Großen.

sehen ist, unterstützt worden. Um das Ende des vorigen Jahrhunderts hat Professor Huth ein Rohr von der angegebenen Form, nur etwas kleiner, aus Blech anfertigen lassen; es zeigte sich, daß dasselbe als Sprachrohr sehr gute Wirkung hatte, besonders wenn es mit einem Schallbecher versehen wurde. Der Augustinermönch Salar hatte ein solches Horn schon im Jahre 1654 zu Paris construiren lassen, aber wir wissen nichts über den Ausfall seiner Versuche; jedenfalls blieben dieselben unfruchtbar.

Kurze Zeit nach dem Bekanntwerden der Morland'schen Erfindung schlug Cassegrain für das Sprachrohr eine hyperbolische Form vor; Conyers wollte eine parabolische Glocke; Johann Matthias Haase setzte das Sprachrohr aus einem elliptischen und einem als Schallbecher dienenden Paraboloïde zusammen. Diese Constructionen, welche sich praktisch nicht bewährt haben, setzen alle voraus, daß die Verstärkung des Schalls durch Reflexionen im Innern des Rohrs erreicht wird. Dieses Princip hat Lambert 1763 in seiner Theorie des Sprachrohrs entwickelt, welche in die meisten Lehrbücher übergegangen ist. Man stellt als Hauptforderung auf, daß die Schallstrahlen parallel mit der Axe des Rohrs austreten sollen, und sucht demgemäß die Form, durch welche dieser Parallelismus am besten erzielt wird. Hiemit stimmt aber die Erfahrung nicht überein. Nach der Reflexionstheorie müßte eine cylindrische Röhre ohne Wirkung sein; Hassenfratz hat jedoch das Gegentheil beobachtet. Das Ticken einer Uhr, die unter gewöhnlichen Umständen nur auf 1 Meter gehört wurde, wurde auf 2 Meter vernehmbar, als man die Uhr an das Ende einer ungefähr 60 Centim. langen und 1 Centim. weiten cylindrischen Röhre hielt. Mit einem Schallbecher versehen, wirkt eine solche Röhre als Sprachrohr. Nach Lambert mußte der trompetenförmige Ansatz ein überflüssiges Anhängsel sein, auch räth er, denselben fortzulassen; die Erfahrung zeigt aber, daß gerade der Schallbecher ein wesentlicher Bestandtheil des Sprachrohrs ist. Hassenfratz hat endlich noch gefunden, daß ein mit Wollenzeug gefüttertes metallenes Sprachrohr fast gar keine Verminderung der Wirkung erkennen läßt; es hätte aber das weiche Futter jede Reflexion unmöglich gemacht.

Aus dieser Erfahrung folgt wohl, daß die Verstärkung des Schalls einzig von der geometrischen Gestalt der eingeschlossenen Luftsäule bedingt wird, welche die Quelle der Erschütterung ist. Wie nun aber die Verstärkung stattfindet, ist aus der Theorie noch nicht klar. Man kann nur so viel sagen, daß die Schallröhre die Luftwellen gewissermaßen zusammenhält, die Zerstreuung derselben hindert, bis sie kräftig genug sind, um in die Ferne zu wirken. Dieselbe Vorstellung treibt uns instinctmäßig, die Hände an den Mund zu legen, um einen Zuruf weiter hörbar zu machen. Die Alten pflegten auch die Masken der Schauspieler mit einem trompetenförmigen Ansatz zu versehen.

Das Sprachrohr verstärkt den Schall übrigens nicht nur in der Richtung der Axe, sondern vielmehr nach allen Seiten hin. Ruft man z. B. in ein Sprachrohr in der Nähe einer hohen Wand, so ist der Wiederhall fast ebenso stark, wenn man der Wand den Rücken dreht, als wenn man gegen dieselbe spricht.

Die Sprachröhre, welche auf Schiffen gebräuchlich sind, haben höchstens 2 Meter Länge bei 30 Centimeter Oeffnung. In England hat man deren von 7 Meter Länge verfertigt, welche die Stimme bis auf eine halbe Meile (4 Kilometer) verständlich machten; handelt es sich nur darum, einen unartikulirten Schrei hörbar zu machen, so kann man wohl annehmen, daß die besten Sprachröhre auf 6 Kilometer tragen. Interessant wäre es, diesen Gegenstand durch genaue Versuche aufzuklären.

Man hat sich in England und Amerika viel mit der Aufsuchung eines Mittels abgegeben, entfernte Schiffe bei

Nebelwetter, wo die Feuersignale nicht mehr ausreichen, doch zu benachrichtigen. Am häufigsten wendet man dazu eine Glocke an. Die Glocke auf der Insel Copeland, im irländischen Meer, wird durch eine Maschine geläutet: sie soll auf 24 Kilometer hörbar sein. In Boulogne steht eine Glocke im Brennpunkte eines parabolischen Reflectors: drei Hämmer, welche ein niedersinkendes Gewicht bewegt, fallen abwechselnd auf den Rand. Auf einigen schwimmenden Feuerthürmen benutzt man Tamtams oder Geschütze. Auf der Schnepfeninsel, zu Neu-Braunschweig gehörig, ist eine Dampfpfeife im Gebrauch. Die Amerikaner haben in Staten-Island, Sand-Hook und anderen Stationen Dampfsirenen aufgestellt. Auf den Skerries bei Holyhead schützt man so viel als thunlich die Seevögel, da das Geschrei derselben die Schiffe warnt. Leider haben sich Ratten, welche aus dem im Jahre 1856 hier gescheiterten Regulus auswanderten, auf der Insel stark vermehrt und tragen sehr zur Ausrottung der Vögel bei. Man hat es mit einer Katze versucht, die machte aber mit den Ratten gemeinschaftliche Sache und zog ihnen die Vögel vor.

Um die telephonischen Signale verschiedener Stationen zu unterscheiden, muß man intermittirende Töne oder gewisse Reihenfolgen von Noten anwenden. Cowper und Holmes haben für diesen Zweck Dampftrompeten erdacht: Kapitän Ryder will ein Geschütz mit einer Pfeife verbinden. Vielleicht gelingt es auch, einen starken Ton durch das Wasser fortzupflanzen: um ihn zu hören oder gleichsam zu fischen, müßten die Seeleute ein langes Hörrohr, wie das von Colladon auf dem Genfersee angewandte, ins Wasser halten. Es hat Prätorius ein ähnliches Instrument für den Erdboden angegeben: dasselbe besteht aus einer eisernen Schaufel, die man in den Boden stößt und an deren Stiel man das Ohr legt, um entferntes Pferdegetrappel wahrzunehmen. Ein Uebelstand ist hiebei, daß man durch solche Mittel die Richtung des Schalls nicht erkennen kann.

Wenn der Schall sich in einer begrenzten Luftmasse ausbreitet, büßt er nur sehr wenig von seiner Stärke ein. Die Communicationsröhren liefern dazu ein bekanntes Beispiel. Es sind dies beliebig lange Blech- oder Kautschukröhren, mit deren Hilfe man sich leicht auf größere Entfernungen verständigen kann. In Wohnhäusern und Fabriken dienen sie dazu, durch mehrere Stockwerke hindurch zu sprechen; der Hausherr oder Fabrikleiter benachrichtigt auf diese Weise seine Leute, ohne seinen Arbeitstisch zu verlassen; der Schiffskapitän ertheilt dem Wächter im Mastkorbe Befehle von der Cajüte aus u. s. w.

Bei den Versuchen, welche Biot in den eisernen Röhren der Pariser Wasserleitung angestellt hat, zeigte es sich, daß bei Nacht der leiseste Ton sich ungeschwächt durch die 950 Meter lange Luftsäule fortpflanzte, so daß man, wenn man nicht am andern Ende gehört werden wollte, ganz schweigen mußte. Schoß man eine Pistole an dem einen Ende ab, so blies am andern Ende aus der Röhre ein starker Wind, der leichte Körper wegschleuderte und ein brennendes Licht auslöschte.

Auf Messen und Kirchweihen traf man früher häufig die redenden Türkenköpfe (auch „delphische Orakel" genannt), welche auf jede Frage antworteten, die man ihnen ins Ohr flüsterte. Die Täuschung wurde hier einfach durch Communicationsröhren bewerkstelligt, die, im Fuße der Maschine verborgen, in ein Nebenzimmer gingen, wo ein Gehilfe verborgen war. Sinnreich combinirt war die redende Figur, welche des Herrn von Kempelen Schwiegersohn zeigte. Eine weibliche Wachsfigur saß auf einem Stuhle an einer bestimmten Stelle des Zimmers; sie hörte durch das Ohr und antwortete durch den Mund, so daß man also gleich an eine unter dem Boden verborgene Röhre denken mußte. Dann war es aber überraschend, daß sie mit dem Stuhle von ihrer Stelle und mitten ins Zimmer gerückt wurde, um leise geheimere Antworten zu geben, ohne daß irgend eine Verbindung durch den Boden sichtbar wurde. Das Geheimniß wurde folgendermaßen aufgeklärt. Aus der Höhlung des Kopfes ging eine Röhre durch die Figur und durch einen Stuhlfuß zum Boden. Zwei andere Röhren, die von dem Nebenzimmer ausgingen, mündeten, aufwärts gekrümmt, unter dem Fußboden an zwei blos mit einem Nagel bezeichneten Stellen. In der Nähe dieser Punkte war die Diele auf der untern Seite abgeschärft, so daß nur eine ganz dünne Holzwand übrig blieb, welche außerdem mit einer Nadel durchstochen war: der hohle Stuhlfuß wurde immer auf eine dieser feinen Oeffnungen, über die Mündung der verborgenen Röhren gestellt.

Die unsichtbare Frau, welche im Anfang dieses Jahrhunderts in den meisten Städten Europas großes Aufsehen erregte, erklärt sich ebenso einfach. Der Haupttheil des Apparats war eine mit vier trompetenartigen Fortsätzen versehene Hohlkugel (Fig. 22), welche ganz frei an vier seidenen Bändern von gebogenen Drähten oder von der Zimmerdecke herabhing. Sie war von einem aus leichten Stäben verfertigten Gegatter, scheinbar blos zum Schutze, umgeben; einer der vier Pfosten war aber hohl und stand mit dem Boden in Verbindung. Die Röhre, welche in demselben aufstieg, mündete in der Mitte der einen Querleiste, wo gerade gegenüber der Mündung der einen Trompete eine feine, dem Auge unsichtbare Spalte angebracht war. Die antwortende Stimme schien deshalb aus der Kugel zu kommen: die Fragen wurden gestellt, indem man in eine der Trompeten hineinsprach. Vermuthlich konnte die unsichtbare Frau aus dem Nebenzimmer durch eine Ritze in der Wand Alles sehen, was in dem

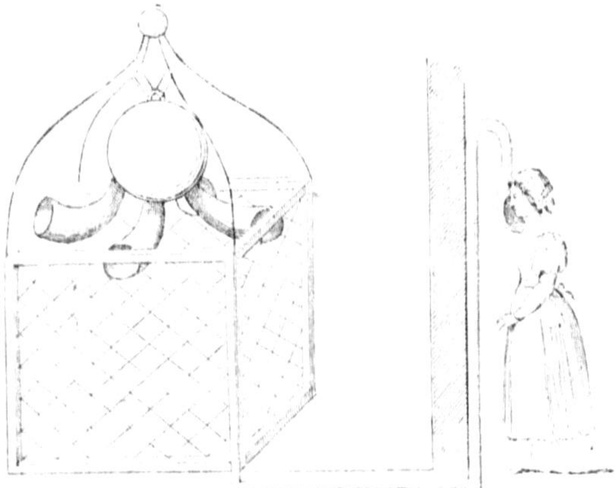

Fig. 22. Die unsichtbare Frau.

Saale vorging, wie das gewöhnlich bei solchen Vorstellungen der Fall ist. Bei einigen Maschinen dieser Art hörte man auch auf Verlangen eine leise Musik, wie von einem Piano, in der Kugel: die schon beschriebenen Wheatstone'schen Versuche erklären das Kunststück leicht.

Kamine, Gasleitungen, Heizungsröhren pflanzen den Schall in auffallender Weise fort. Legt man das Ohr an gewisse Kamine, so hört man deutlich sprechende Stimmen von der Straße. In Gefängnissen und Irrenanstalten vermeidet man deshalb Röhrenleitungen durch die Wände zu legen, damit sich nicht die Gefangenen dadurch verständigen oder die Tobenden durch ihren Lärm die Kranken beunruhigen können, deren Leiden von stillerer Natur ist.

Zu Carisbrook-Castle bei Newport giebt es einen Brunnen, der durch seine akustischen Eigenschaften berühmt ist. Wirft man eine Nadel hinein, so hört man deutlich den Ton, den sie hervorbringt, indem sie die Wasserfläche berührt. Der Brunnen hat 12 Fuß im Durchmesser, seine Tiefe beträgt 210 Fuß (64 Meter).

Es ist bei Beobachtungen dieser Art oft schwer zu entscheiden, welchen Antheil das Material der Wände an der Fortpflanzung des Schalls in Hohlräumen nimmt. Nach Scheibler ließ ein 5 Zoll weiter, vierkantiger Kanal von 35 Fuß Höhe, dessen Wände aus rauhem Mauerwerk bestanden, keinen Schall durch, was freilich kaum erklärlich scheint. Muncke, der dies berichtet, fügt hinzu, daß auch eine in einen Bleiblock eingegossene Trompete nicht tönen würde. Sax hat indessen eine trompetenförmige Höhlung in einer Mauer mit einem Mundstück versehen und gezeigt, daß man darauf blasen konnte.

Aehnliche Beobachtungen, wie mit hohlen Räumen, hat man auch mit ebenen Oberflächen gemacht, an denen der Schall hinglitt. Hutton giebt an, daß die Stimme eines Lesenden über der Fläche der Themse auf 120 Fuß (36 Meter) Entfernung ebenso deutlich gehört wurde als auf dem Lande bis 76 Fuß (23 Meter) Entfernung. Im Theater Argentino zu Rom hat man bemerkt, daß nach Anlegung eines Wasserkanals unter dem Boden die Stimmen der Schauspieler weiter gehört wurden als vorher. Hier scheint also das Wasser nicht ohne Einfluß zu sein.

Unter den runden Kuppeln der Kirchen beobachtet man oft sehr auffallende akustische Effecte, die sich ebensowenig als die Wirkung des Sprachrohrs durch Reflexionen

Fig. 23. Ohr des Dionys.

erklären lassen. Es scheint, als ob der Schall an den Wölbungen hinfließt. So behauptet Kircher, daß zwei Personen, die sich an zwei gegenüberliegenden Stellen der breiten Gallerie an der innern Seite der Kuppel der Peterskirche zu Rom aufstellen, einander ganz gut verstehen, wenn sie auch ganz leise sprechen, während sie an andern Stellen nicht gehört werden können. In der Kuppel der Paulskirche zu London hört man ebenfalls ein leises Flüstern oder das Ticken einer Taschenuhr von einer Seite der Gallerie bis zur andern. In der Kirche zu Glocester können sich zwei Personen auf der Gallerie an der Ostseite des Chors bis 150 Fuß Entfernung mit leiser Stimme unterhalten. Nach Brydone bietet die Kathedralkirche zu Girgenti in Sicilien eine ähnliche Erscheinung. Wenn die Thüre geschlossen ist, so hört man Alles, was in der Nähe dieser Thüre gesprochen wird, am andern Ende sehr deutlich, während man in der Mitte des Kirchenschiffs nichts vernimmt.

Die Erscheinungen dieser Art lassen sich nur sehr unvollständig aus der Zurückwerfung der Schallstrahlen herleiten, von der weiter unten die Rede sein wird; die Reflexion erklärt nur die Wirkung elliptischer Gewölbe. Die Oberflächen scheinen hier den Schall, wie Wasser in einem Flußbette, fortzuleiten. Hutton erzählt sogar, daß man an einer Gartenmauer zu Kingston leises Flüstern bis auf 200 Fuß (60 Meter) Entfernung hörte. Noch auffallender wird die Erscheinung, wenn der Schall durch eine halbcylindrische Rinne oder einen sonstigen offenen Kanal fortgeführt wird. Hassenfratz brachte eine Taschenuhr an das eine Ende eines aus zwei Brettern zusammengeschlagenen Troges und fand, daß er dieselbe nun auf 25 Schritt hören konnte, während er sie vorher nicht über zwei Schritte zu hören vermochte. In einigen Gebäuden ist eine solche Leitung durch Zufall vorhanden. So existirt in der Pariser Sternwarte ein sechseckiges Zimmer, dessen gegenüberstehende Winkel durch an der Decke hinlaufende Rinnen verbunden sind; wenn sich zwei Personen in zwei entgegengesetzte Ecken stellen, so können sie sich flüsternd und den Umstehenden unhörbar verständigen. Eine gewölbte Vorhalle über dem Aufgang zur Treppe des Conservatoriums für Kunst und Gewerbe in Paris bietet dieselbe Eigenthümlichkeit. Der Schall gleitet hier längs der Kante eines aus Klosterbogen gebildeten Gewölbes fort und kommt in den Ecken herunter.

Die sogenannten Sprachgewölbe oder Flüstergallerien beruhen auf geschickter Anwendung dieser Principien. Oft sind sie durch zufällige Dispositionen der Gebäude entstanden. Am Rathskeller zu Bremen und an vielen andern Orten giebt es Flüstergallerien. Das merkwürdigste Beispiel dieser Art ist das Ohr des Dionys in den Steinbrüchen zu Syracus. Man hat diesen Namen einer Grotte gegeben, in welche der Tyrann von Syracus seine Gefangenen sperrte (Fig. 23). Der Schall wird

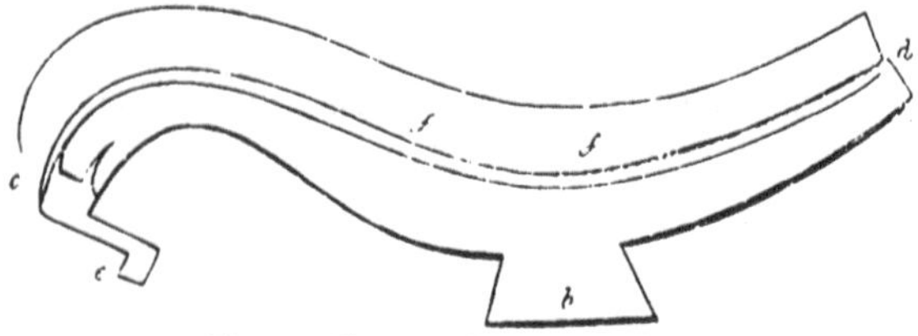

Fig. 24. Plan des Dionys'schen Ohres.

darin so stark fortgepflanzt, daß man das geringste Geräusch, das leiseste Wort deutlich am Eingange der Grotte hört, wo der Aufseher wohnte. Die Figur 24 stellt den

Plan der Höhle nach Kircher dar. In c ist das Thor, im Hintergrunde in d das Gefängniß; f f ist die Spur einer Rinne von 75 Centimeter Breite, welche in der Mitte der Decke, ungefähr 30 Meter über dem Boden, hinläuft und in e, bei der Wohnung des Kerkermeisters, endigt; in b ist eine Höhlung in der Mauer angebracht. Der Kanal f f wirkt wie ein Gehörgang; man sagt, daß der König Dionys ihn oft benutzte, um die Gespräche der Gefangenen zu belauschen. Die Oeffnung e ist längst vermauert, und es hat dies zur Folge, daß die Höhle heutzutage sonderbare Schalleffecte hervorbringt. Das Volk nennt sie la grotta della favella (Flüstergrotte). Kircher sagt, er sei dagewesen. Der schwächste Ton schwillt hier auf wunderbare Weise an; ein leises Wort wird ein Geschrei, und schlägt man mit der Hand auf ein Kleid, so klingt das wie ein Kanonenschuß. Ein zweistimmiger Gesang wird so repetirt, daß man vier Stimmen zu hören glaubt. Die Länge der Höhle beträgt 15 Meter.

Kircher hat sich eine Menge von Vorrichtungen erdacht, durch welche er das Ohr des Dionys nachzuahmen hoffte. Es sind das große, schneckenförmig gewundene Kegelröhren, deren Trichter nach außen gekehrt ist und die Töne von der Straße auffangen soll; die engere Oeffnung mündet in das Zimmer; hier sitzt man und lauscht.

Von ähnlicher Gestalt und Wirkung ist das Hörrohr, welches harthörige Personen gebrauchen, um die Wirkung des Schalls auf das Trommelfell zu verstärken. Es scheint in Spanien erfunden zu sein, wo man es früh unter dem Namen sarbatana kannte.*) Man giebt dem Hörrohr die verschiedensten Formen, von denen die ein-

*) Höfer, Hercules medicus.

fachste, aber am wenigsten wirksame, die einfache Kegelform ist. Wesentlich ist, daß die Mündung weiter als das Ohrende sei. Man begreift leicht, daß die von der weiten Fläche der Oeffnung aufgefangene Bewegung, indem sie sich in immer kleineren Durchschnitten concentrirt, in dem engen Ende intensiver ist als sie in der freien Luft war.

Gegen das Ende des 17. Jahrhunderts gebrauchte man Hörröhre, die wie Jagdhörner gewunden waren. Eins der gewöhnlichsten Modelle ist Nr. 1 in der Fig. 25; Nr. 2 wird auch häufig angewandt. Curtis ließ Hör-

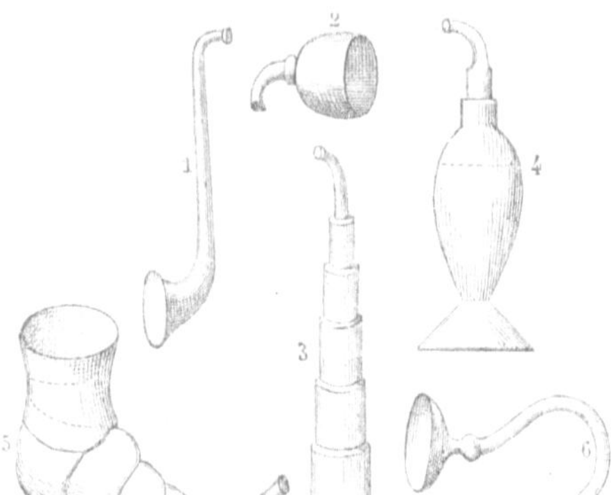

Fig. 25. Hörröhre.

trompeten anfertigen, die wie Perspective auszuziehen waren (Nr. 3). Von Ittard rühren verschiedene andere Formen her. Nr. 4 stellt ein elliptisches, mit einem Trichteransatz versehenes Rohr seiner Erfindung dar; die punktirten Linien bedeuten zwei Goldschlägerhäutchen, die den Ton zwar nicht verstärken, aber doch weniger verworren machen sollen; Ittard betrachtet dieselben als künstliche Paukenfelle. Ein anderes System ist in Nr. 5 dargestellt. Ittard schlägt vor, hiezu einfach natürliche Schneckenhäuser (von Schrauben-, Trompeten- oder Kegelschnecken) zu verwenden, von denen man die Spitze abschneidet und durch ein gekrümmtes Rohr ersetzt, während man an die Oeffnung einen Schallbecher fügt; man kann in denselben auch noch ein oder zwei Membranen spannen. Die Idee, das Trommelfell durch künstliche Häutchen zu ersetzen, scheint von Truchet herzurühren.

Auffallend ist, daß die Schneckenwindungen so viel zur Verstärkung des Schalles beitragen; ein einfacher Kegel, der in seiner geraden Gestalt fast ohne Wirkung ist, wird sofort brauchbar, wenn man ihm auch nur eine Krümmung giebt. Die sogenannten künstlichen Ohren, muschelförmige Ansätze, die man an einem Bügel über den Kopf trägt, sind fast wirkungslos. Ueberhaupt wird mit den Hörröhren unendlicher Charlatanismus getrieben; es giebt sehr wenige, die etwas taugen.

In neuester Zeit hat Dr. König ein sehr brauchbares Hörrohr bekannt gemacht, welches zugleich als Stethoskop dient (Nr. 6). Eine durch eine Membran verschlossene Kapsel communicirt mit dem Ohre durch einen Gummischlauch, der in eine elfenbeinerne Spitze ausgeht. Spricht man gegen die Membrane, so wird dieselbe erschüttert und stößt die eingeschlossene Luftsäule gegen das Trommelfell. Will man den Apparat als Stethoskop benutzen, so wird die einfache Membran durch eine aus zwei Membranen gebildete Linse ersetzt, welche man durch einen in der Fassung angebrachten Hahn aufblasen kann. Die Linse wird auf die Brust des Patienten gedrückt, sie schmiegt sich an die Haut und vibrirt mit dem Körper;

die empfangenen Impulse pflanzen sich dann durch die Luftsäule im Rohr bis zum Trommelfell fort. Mit diesem Instrumente kann Jeder sich selbst auscultiren, man braucht nur die Linse auf die Herzgrube zu pressen und die Spitze des Rohrs in den Gehörgang zu schieben. An dieselbe Kapsel können übrigens bis fünf Schläuche angebracht werden, so daß damit in einer Klinik mehrere Praktikanten den Kranken zu gleicher Zeit untersuchen können. Die Schläuche dürfen 4 Meter lang sein, ohne daß der Schall dadurch geschwächt wird. Mit einem solchen Stethoskop könnte ein Arzt also, ohne sein Zimmer zu verlassen, einen Kranken auscultiren, der in einem andern Stockwerk oder gar auf der andern Seite der Straße wohnte.

V. Geschwindigkeit des Schalls.

Mersenne und Kircher. — Das Längenbureau. — Kapitän Parry. — Neueste Versuche von Regnault. — Geschwindigkeit im Wasser: Beudant, Colladon und Sturm, — in festen Körpern: Biot, Wertheim. — Messung einer Entfernung durch den Schall, einer Wasserschicht durch das Echo aus der Tiefe.

Der Schall verbreitet sich nicht in unmeßbar kurzer Zeit; das haben schon die ersten Beobachter bemerkt. Das Rollen des Donners hören wir gewöhnlich erst lange nach dem Blitz, und desto später, je weiter die Gewitterwolke von uns entfernt ist. Wie groß ist aber, genau gemessen, die Fortpflanzungsgeschwindigkeit des Schalls, und von welchen Umständen hängt sie ab? Diese Frage hat bereits Mersenne und Kircher beschäftigt. „Das Licht", sagt Mersenne, „verbreitet sich über seine ganze Wirkungssphäre in einem Augenblick oder wenigstens in einer so kurzen Zeit, daß wir sie nicht gewahr werden. Mit dem Schall ist es anders. Die Axt des Holzhackers kann zweimal niederfallen, ehe man den ersten Hieb hört, wenn man fünf- oder sechshundert Schritt oder weiter entfernt ist.*) Man müßte verschiedene Versuche anstellen, um zu erfahren, ob die Verspätung des Schalls sich nach der Größe der Entfernung richtet . . ." Mersenne beschreibt hierauf die

*) Auch Lucrez macht diese Bemerkung.

Experimente, welche zum Zweck führen könnten. Er schlägt vor, die Pulsschläge zwischen dem Augenblick zu zählen, wo man den Blitz beim Abfeuern einer Muskete oder eines schweren Geschützes sieht, und demjenigen, wo man den Schuß vernimmt. Er berichtet von Beobachtungen dieser Art, welche bei der Belagerung von La Rochelle von einem der Kapitäne gemacht worden sind; die Resultate zeigen aber so wenig Uebereinstimmung, daß Mersenne daraus schließt, die Schallgeschwindigkeit müsse je nach den atmosphärischen und localen Umständen sehr veränderlich sein. Doch ist es ihm wahrscheinlich, daß der Schall nicht so schnell wie eine Flintenkugel geht, denn man sieht die Vögel von den Bäumen fallen, ehe man den Schuß hört, wenn sich auch das Ohr in der Nähe des Feuergewehres befindet. Um 1673 erklärt Kircher, daß über die Geschwindigkeit des Schalls noch nichts gewisses bekannt sei, daß aber die Florentiner Akademie sich mit Experimenten abgebe, welche diesen Gegenstand ins Klare bringen sollen. Es scheint, daß diese Experimente bereits um 1660 angestellt wurden. Man beobachtete die Zeit, welche zwischen dem Blitz eines Kanonenschusses und dem Hören des Knalls verstrich, und schloß daraus eine Fortpflanzungsgeschwindigkeit von 1185 Fuß (360 Meter) in der Secunde. (Muschenbroek.)

Ein bequemes Mittel, diese Geschwindigkeit zu bestimmen, bietet das Echo. Mersenne hatte mit einem Pendel festgestellt, daß man in einer Secunde sieben Silben aussprechen kann. Nun werden aber sieben Silben von einem Echo wiederholt, welches 81 Klafter entfernt ist; in einer Secunde spricht man sie aus, in der folgenden kommen sie zurück. Der Schall durchläuft also, hin und zurück, 162 Klafter in einer Secunde. „Diese Zahl," sagt Mersenne, „kann also die Geschwindigkeit des reflectirten Schalls vorstellen, welche sich, wie ich gefunden habe, immer gleich bleibt, ob man nun Trompeten oder Donnerbüchsen, oder zusammengeschlagene Steine oder die Stimme anwendet.“ Hienach betrüge die Schallgeschwindigkeit ungefähr 316 Meter, welche Zahl der wahren sehr nahe kommt; doch hat Mersenne auch andere Bestimmungen gegeben, die sich davon weiter entfernen. Kircher bestreitet Mersenne's Schlußfolgerung und behauptet, die Schallgeschwindigkeit könne nicht constant sein. So sagt er z. B., ein starker Schall müsse schneller zurückkommen als ein schwacher, wie ja ein gegen die Wand geworfener Ball um so schneller zurückprallt, als der Stoß heftiger ist. Das Gleichniß hinkt, denn die Schallbewegung ist nicht etwa ein Luftzug, ein Wind; die Luft wird nicht gegen die Wand geschleudert und in Masse zurückgetrieben, wie ein Ball; man kann also nicht von dem einen Falle auf den andern schließen. Kircher behauptet ferner, das Echo komme in der Stille der Nacht schneller zurück als während des geräuschvollen Tages; ferner findet er, daß der Wind auf die Fortpflanzung des Schalls großen Einfluß hat.

Im Jahre 1738 wurden die ersten genauen Versuche über diesen Gegenstand von einer Commission der Pariser Akademie der Wissenschaften angestellt, zu welcher Cassini, Lacaille und Maraldi gehörten. Man stellte Kanonen auf zwei 29 Kilometer von einander entfernten Anhöhen auf und beobachtete mit Hilfe einer Pendeluhr die Zeit, welche zwischen Blitz und Knall verfloß. Das Resultat war eine Schallgeschwindigkeit von 337 Meter, wobei die Lufttemperatur im Mittel 6 Grad betrug; danach würde man aus diesen Beobachtungen 333 Meter bei Null Grad ableiten. Die Vergleichung der auf den Haupt- und Zwischenstationen angestellten Messungen zeigte, daß die Geschwindigkeit für verschiedene Entfernungen dieselbe blieb; man fand auch, daß dieselbe bei heiterem oder regnichtem Wetter, bei Tage oder bei Nacht, und für jede beliebige Richtung der Kanone, dieselbe war. Dagegen überzeugte man sich, daß die Stärke und die Richtung des Windes einen bedeutenden Einfluß übten; blies der Wind entgegen, so ging der Schall langsamer, mit dem Winde ging er schneller.

Bei ähnlichen Versuchen, welche Kästner und J. T. Mayer 1778 zu Göttingen anstellten, wurden zu schärferer Zeitbestimmung Tertienuhren angewandt. Der Einfluß der Temperatur wurde jedoch erst von Benzenberg in Rechnung gebracht, welcher 1809 und 1811 die in Düsseldorf zur Feier verschiedener Feste angeordneten Kanonenschüsse auf dem Kirchthurm zu Ratingen beobachtete. Er erhielt im Mittel 333 Meter bei Null Grad. Die französischen Gelehrten beschlossen indessen, den Gegenstand durch neue Messungen aufzuklären, welche am 21. und 22. Juni 1822 zwischen Montlhery und Villejuif, in der Nähe von Paris, stattfanden. Die Entfernung betrug 18½ Kilometer. Auf der Station zu Montlhery beobachteten Alexander von Humboldt, Gay-Lassac und Bouvard, zu Villejuif Prony, Mathieu und Arago. Das Wetter war heiter, ein schwacher Wind wehte von Villejuif nach Montlhery; dennoch hörte man in Villejuif alle Schüsse von Montlhery, dagegen in Montlhery am 21. nur sieben Schüsse, am 22. nur einen. Dieser Umstand, der schon Seite 52 erwähnt wurde, bewirkte, daß man den Einfluß des Windes nur unvollständig in Rechnung bringen konnte. Man fand aus diesen Versuchen 331 Meter bei Null Grad.

Diese Messungen wurden bald darauf in Holland von den Professoren Moll und van Beek, in Oesterreich von

Myrbach und Stampfer, und in andern Ländern wiederholt. Während der zweiten Expedition von Franklin nach den Polargegenden ließ der Lieutenant Kendall vierzig Kanonenschüsse in der Nähe des Sklavensees zu demselben Zwecke abfeuern; die Temperatur fiel bei diesen Beobachtungen auf 40 Grad C. unter Null. Kapitän Parry maß seinerseits die Schallgeschwindigkeit bei 41 Grad C. unter Null auf der Insel Melville, und bei 38 Grad zu Port Bowen. Die Resultate aller dieser Messungen stimmen unter sich ziemlich genau überein, und ergeben im Mittel 332 Meter in der Secunde für die Geschwindigkeit des Schalls bei ruhiger Luft und bei Null Grad. Für jeden Centesimalgrad wächst dieselbe um 60 Centimeter; bei 15 Grad beträgt sie ungefähr 340 Meter.

Biot verfiel auf einen sinnreichen Versuch, um festzustellen, ob die Tonhöhe auf die Fortpflanzungsgeschwindigkeit von Einfluß ist. Wenn sich verschiedene Töne nicht mit derselben Schnelligkeit fortpflanzen, so muß eine aus der Ferne gehörte Melodie verworren erscheinen, indem einzelne Noten zu spät, andere zu früh ankommen. Unter gewöhnlichen Umständen würde eine solche Ungleichheit kaum bemerkbar sein, weil die Entfernungen, auf welche man die Töne der musikalischen Instrumente noch deutlich hört, zu solchen Beobachtungen nicht ausreichen dürften. Biot nahm deshalb zu einer 950 Meter langen Röhrenleitung seine Zuflucht, welche gerade wasserleer war; an dem einen Ende ließ er ein Stückchen auf der Flöte blasen, am andern Ende horchte er. Die Melodie schien ihm ganz rein und der Takt unversehrt; er schloß daraus, daß hohe und tiefe Noten gleich schnell fortgepflanzt werden.

In den letzten Jahren hat endlich Regnault großartige Messungen unternommen, welche über die Fortpflanzung des Schalls höchst merkwürdige Aufschlüsse gegeben haben. Dieselben sind theils im freien Felde, theils in Röhrenleitungen von verschiedener Länge und Weite angestellt worden. Die Ankunft des Schalls wurde nicht durch das Ohr, sondern durch gespannte Membranen erkannt, von welchen ein leicht bewegliches Pendel zurückprallte und dadurch einen elektrischen Strom unterbrach. Die Erschütterung der Membranen konnte auf diese Art, ebensowohl als der Augenblick des Schusses, telegraphisch registrirt werden. Auf einem mit Ruß überzogenen, sich allmälig von einer Rolle abwickelnden Papierstreifen markirte eine elektrische Pendeluhr die Secunden neben einer beständig vibrirenden Stimmgabel, welche mit einer biegsamen Spitze die Hundertstel-Secunden in den Ruß einzeichnete. Längs der Zeitlinie markirte der Telegraph die Schüsse und die Ankunft des Schalls vor den verschiedenen Membranen, die Zwischenzeiten konnten also bis auf kleine Bruchtheile einer Secunde abgelesen werden.

Um erstlich die Geschwindigkeit des Schalls im Freien zu messen, ließ Regnault einige hundert Kanonenschüsse in der Ebene von Satory abfeuern. Für trockene und ruhige Luft bei Null Grad fand sich die Geschwindigkeit gleich 331,37 Meter, wenn die Entfernung 1280 Meter betrug, und blos 330,70 Meter, wenn dieselbe auf 2445 Meter stieg. Man sieht hieraus, daß *die Schallgeschwindigkeit mit der Entfernung abnimmt*. Zu demselben Schluß führten auch die in den Röhren angestellten Experimente. Regnault beobachtete hier nicht blos den directen Schall, sondern verfolgte denselben noch während einer Reihe von Reflexionen zwischen den geschlossenen Enden der Röhrenleitungen; die *stille Tragweite*, welche sich auf die letzten Spuren von Erschütterung der

Membranen bezieht, zeigte sich weit bedeutender als die hörbare Tragweite eines jeden Schalls.

Es wurden übrigens nicht blos Pistolenschüsse vor der Mündung der Röhren abgefeuert, sondern auch ganz stille Luftwellen durch Einblasen comprimirter Luft oder durch Stöße mit einem Holzstempel erzeugt. In allen diesen Fällen fand die Fortpflanzung nach denselben Gesetzen statt. Es zeigte sich, daß die Geschwindigkeit mit der Stärke des Schalls wuchs, also z. B. zunahm, wenn die Pulverladung vermehrt wurde.*) Blieb die Ladung dieselbe, so nahmen Tragweite und mittlere Geschwindigkeit des Schalls mit dem Kaliber der Röhren zu, die Geschwindigkeit war aber stets größer für geringe als für bedeutende Entfernungen.

Die drei hauptsächlich benutzten Leitungen hatten resp. 11 Cent. Weite und 567 Meter Länge, — 30 Cent. Weite und 1905 Meter Länge, — 1 Meter 10 Cent. Weite und 1590 Meter Länge. Nachdem der Schall hineingeworfen war, wurde die Oeffnung der vordersten Röhre verschlossen, und man beobachtete den Hin- und Hergang der Luftwelle durch die Membranen, welche sie auf ihrem Wege erschütterte; dadurch wurde die Länge der Standlinie beträchtlich vermehrt, denn in einigen Fällen konnten bis zehn Reflexionen beobachtet werden, wodurch also die Ausdehnung der Röhrenleitung gleichsam verzehnfacht wurde; freilich mußte der Schall durch die Reflexion

*) Dies hatte schon Earnshaw 1858 aus seiner sonst freilich nicht annehmbaren Theorie abgeleitet. Er führte als Bestätigung eine ihm von James Roß mitgetheilte Thatsache an, wonach bei den Parry'schen Beobachtungen die Kanonenschüsse immer vor dem Commandowort gehört worden wären (die Entfernung betrug hier 4 Kilometer).

auch geschwächt werden. In den drei genannten Kanälen waren die Entfernungen, welche der Schall einer mit 1 Gramm Pulver geladenen Pistole durchlief, bis er zuerst unhörbar wurde und dann auch nicht mehr die Membranen erschütterte, die folgenden;

Weite	hörbar auf	stille Tragweite
11 Cent.,	1150 Meter,	4050 Meter.
30 „	3810 „	11430 „
1 M. 10 „	9540 „	19850 „

Bei einer andern Röhrenleitung von 1 Met. 10 Cent. Weite und über 5 Kilometer Länge wurden stärkere Pulverladungen (2,4 Gr.) angewandt, und die stille Tragweite betrug hier 100 Kilometer, Die mittlere Geschwindigkeit des Schalls war gleich nach dem Schuß am größten und nahm dann continuirlich ab; so wurde dieselbe z. B. in der dritten Röhrenleitung, bei Anwendung von 1 Gr. Pulver, für die ersten 750 Meter gleich 334,16 Meter und nach Zurücklegung einer Strecke von 20 Kilometer nur noch gleich 330,52 Meter gefunden. In der engsten Röhre betrug die mittlere Geschwindigkeit für die Grenze der Beobachtungen nur 326,66 Meter. Man sieht hieraus, wie wenig berechtigt wir sind, die Schallgeschwindigkeit als eine constante Größe zu betrachten.

Regnault hat bei dieser Gelegenheit auch, in Gemeinschaft mit Dr. König, Versuche über die Schallgeschwindigkeit mit verschiedenen Tonhöhen angestellt. Das Resultat dieser Experimente, denen ich öfters beiwohnte, war, daß die tiefern Töne sich schneller als die hohen fortzupflanzen scheinen. So wurde namentlich der Grundton einer Trompete zuerst gehört, dann kamen nacheinander die harmonischen Obertöne an.

Die Geschwindigkeit des Schalls in andern Gasen, als die atmosphärische Luft, wurde zuerst von Chladni auf indirectem Wege bestimmt, indem er die nämliche Pfeife in verschiedenen Gasarten tönen ließ und aus der Tonhöhe die gesuchte Größe berechnete. Aehnliche Messungen stellten später Benzenberg, van Rees und Dulong an. Regnault hat endlich directe Beobachtungen in Röhren von 70 und 567 Meter Länge gemacht, und dadurch z. B. gefunden, daß der Schall im Wasserstoff beinahe viermal (genau 3,8 mal) so schnell geht als in der Luft, in Kohlensäure und Stickoxyd dagegen nur 4/5 mal so schnell als in der Luft u. s. w.

Man hat ferner versucht, die Geschwindigkeit des Schalls in Flüssigkeiten zu messen. Die ersten Versuche hierüber sind von Beudant. Derselbe ließ auf dem Meere bei Marseille zwei Kähne in gemessener Entfernung von einander befestigen; in dem einen derselben schlug ein Gehilfe an eine im Wasser befindliche Glocke und gab zugleich ein Zeichen, welches von dem Beobachter im andern Kahne bemerkt wurde. Ein anderer Gehilfe tauchte und zeigte dem Beobachter die Ankunft des Schalls unter Wasser an. Die Differenz der beiden Zeichen gab die Zeit, welche der Schall gebraucht hatte, um sich im Wasser fortzupflanzen. Beudant fand ungefähr 1500 Meter für die Schallgeschwindigkeit im Wasser, doch legte er auf dies Resultat so wenig Gewicht, wegen der Unvollkommenheit der Beobachtungsmethode, daß er es nicht veröffentlichte. Man findet seine Versuche in der Arbeit von Colladon und Sturm erwähnt.

Diese beiden Physiker maßen im Jahre 1826 die Schallgeschwindigkeit im Wasser des Genfersees. Die beträchtliche Tiefe dieses Sees (im Mittel 140 Meter) und die Klarheit seines Wassers, welches nur wenig fremdartige Bestandtheile enthält, empfehlen ihn ganz besonders für Experimente dieser Art. Die größte Entfernung, die man sich über allseitig tiefem Wasser verschaffen konnte, war die zwischen Thonon und Rolle; sie beträgt 13½ Kilometer. In der Nähe von Rolle wurde ein Boot festgelegt, welches eine 130 Pfund schwere Glocke trug. Im Augenblick, wo der Hammer unter Wasser die Glocke berührte, entflammte eine Zündruthe auf dem Verdeck einen Haufen Pulver. Ein zweites Boot lag bei Thonon vor Anker. Die darin befindlichen Beobachter überwachten die Ankunft des Schalls unter Wasser mit Hilfe eines besondern Hörrohrs (Figur 26), welches aus einer 5 Meter langen konischen, unten erweiterten Blechröhre bestand, deren untere Oeffnung durch eine Membran verschlossen war. Die Membran wurde im Wasser nach der Schallseite gerichtet; der Beobachter legte das Ohr an die Spitze des Rohrs, indem er aufmerksam nach dem zweiten Boote sah. Beim Erscheinen des Blitzes setzte er ein Zählwerk in Gang, dessen Zeiger bei der ersten Wahrnehmung des Schalls wieder arretirt wurde und auf diese Weise die Zwischenzeit unmittelbar angab; dieselbe betrug etwas über 9 Secunden. Indem man die Entfernung der Boote durch die Anzahl der Secunden dividirte, fand man die Schallgeschwindigkeit im Wasser gleich 1435 Meter, d. h. 4⅓ mal so groß als in der Luft.

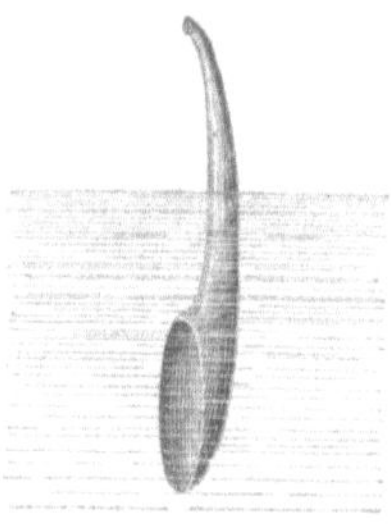

Fig. 26.

Bei diesen Versuchen wurden übrigens interessante Wahrnehmungen über das Verhalten des Schalls im

Wasser gemacht. Der Ton der Glocke erscheint hier nicht anhaltend, gleichsam summend, wie in der Luft, sondern kurz abgebrochen, wie das Zusammenschlagen zweier Messerklingen. Die geringe Elasticität des Wassers beraubt ihn seines dröhnenden Klanges. In einer Entfernung von 300 Meter wurde der Schall über dem Wasser kaum mehr gehört, und in größerer Entfernung bald gar nicht mehr. Am letzten Tage war der See so unruhig, daß die Boote nur mit Mühe festzuhalten waren, aber die Wellen blieben ganz ohne Einfluß auf das Resultat der Beobachtungen.

Wertheim hat später die Geschwindigkeit des Schalls in verschiedenen Flüssigkeiten auf indirectem Wege bestimmt, indem er Orgelpfeifen darin tönen ließ. Im Aether und im absoluten Alkohol fand er dieselbe gleich 1160 Meter, in einer Lösung von Chlorkalk gleich 1980 Meter u. s. w.

In den festen Körpern verbreitet der Schall sich noch schneller als in den luftförmigen oder flüssigen. Die ersten Beobachter, welche die Schallgeschwindigkeit in Holzplatten, Seilen u. dgl. zu bestimmen versuchten, fanden dieselbe so groß, daß es unmöglich schien, sie zu messen. Hassenfratz bemühte sich vergeblich, dieselbe in den Wänden der Steinbrüche bei Paris zu beobachten. Die ersten einigermaßen brauchbaren Messungen sind von Biot und Martin mit Hilfe der gußeisernen Röhren einer Wasserleitung von 950 Meter Länge angestellt. Der Ton einer kleinen, an dem einen Ende befestigten Glocke gelangte an's entgegengesetzte Ende auf zwei verschiedenen Wegen: zuerst durch die metallische Leitung, dann, um 2½ Secunden später, durch die Luft. Nun wußte man, daß er in der Luft die gegebene Entfernung in 2,85 Secunden durchlaufen mußte; nach Abzug von 2,50 Secunden blieben also 0,35 Secunde für die Fortpflanzung in den Röhren übrig. Daraus schloß Biot eine Geschwindigkeit von 2700 Meter in der Secunde. Doch konnte diese Bestimmung nicht für genau gelten, denn die einzelnen Röhren waren durch Rondellen von Blei verbunden, welche die Fortpflanzung des Schalls hindern mußten. Das Resultat ist in der That viel zu klein. Spätere Messungen von Breguet und Wertheim, an Telegraphendrähten angestellt, ergaben 3485 Meter für die Geschwindigkeit, mit welcher der Ton eines Hammerschlags einen Eisendraht durchläuft.

Durch ein indirectes, auf die Vibrationstheorie gegründetes Verfahren fand Wertheim ferner die Schallgeschwindigkeit in einigen andern Metallen. Im Blei ist sie viermal so groß als in der Luft (etwas geringer als im Wasser und nur wenig größer als im Wasserstoffgas); sie beträgt hier ungefähr 1300 Meter. Für Silber und Platin fand Wertheim 2700 Meter; für Zink und Kupfer 3700 Meter, für Eisen und Stahl 5000 Meter, für Spiegelglas 5200 Meter in der Secunde. Die größte bekannte Geschwindigkeit ist die, welche Chladni durch ähnliche Beobachtungen für Tannenholz erhielt: 6000 Meter oder 18 mal so viel als in der Luft. Weiter unten werden wir diese Methoden kurz erklären.

Um die verschiedenen Geschwindigkeiten des Schalls miteinander zu vergleichen, denken wir uns einmal, daß der projectirte Tunnel unter dem Kanal zwischen England und Frankreich ausgeführt sei. Die Entfernung der Endpunkte, Cap Grinez und Eastware, beträgt 33 Kilometer. Ein am Cap Grinez abgefeuerter Kanonenschuß würde auf der englischen Station nach 97 Secunden durch die Luft gehört werden; das Meerwasser würde die Erschütterung in

23 Secunden fortpflanzen; durch die Schienen der projectirten Eisenbahn käme derselbe bereits nach $6^{1}/_{2}$ Secunden an. Hätte man nun noch eine Latte aus Tannenholz von hinreichender Länge, um die beiden Ufer zu verbinden, so würde diese den Schall in $5^{1}/_{2}$ Secunden von Frankreich nach England tragen, also in der Zeit, welche man braucht, um drei Hexameter sehr rasch hintereinander auszusprechen.

Die Geschwindigkeit des Schalls in der Luft als bekannt vorausgesetzt, ist es leicht, eine Entfernung annähernd durch die Zeit zu messen, welche zwischen Blitz und Schall verstreicht, wenn ein Schuß in dieser Entfernung abgefeuert wird. Jede Secunde gilt hier ungefähr 340 Meter. So berechnet man die Entfernung eines Gewitters aus den Pulsschlägen, die zwischen Blitz und Donner gezählt werden; 4—5 Pulsschläge geben 1 Kilometer. Vorschläge zu solchen Messungen finden sich schon bei Mersenne. Herr von Abbadie hat auf seinen Reisen in Afrika davon Nutzen gezogen und mehrere Standlinien wirklich durch den Schall gemessen. So wird z. B. auf der Insel Mussaua während der Dauer des Monats Ramadan jeden Abend nach Sonnenuntergang ein Kanonenschuß abgefeuert, welcher den Muhamedanern das Ende der Fasten verkündigt. Abbadie benutzte diesen Umstand dazu, die Entfernung der Insel vom Ufer zu bestimmen. Er postirte sich auf einer Anhöhe in der Nähe des Dorfes Oemkullu und wartete, bis die Kanone auf dem Fort Mudir abgeschossen wurde. Er hörte den Knall 18 Secunden nach dem Blitz, bei einer Temperatur von nahe 36 Grad; die Entfernung betrug sonach 6440 Meter. Ein anderes Mal maß er auf dieselbe Art die Distanz zwischen der Stadt Adua und dem Berge Saloda. Sein Bruder Arnold ging auf den Berg mit einer Lunten=

flinte, er selber blieb auf dem Dache eines Hauses in der Stadt, mit einer Muskete bewaffnet. Die Schüsse wurden abwechselnd gefeuert, und auf beiden Seiten die Intervalle zwischen Blitz und Knall notirt. Die Entfernung wurde durch diese Experimente zu 3 Kilometer gefunden; man hatte aber wohl zu viel Geräusch gemacht, denn die beiden Brüder wurden aus dem Lande Tigray verbannt.

Newton hat eine Formel gegeben, nach welcher man die Tiefe eines Brunnens aus der Zeit berechnen kann, welche verfließt, bis man den Hall eines hingeworfenen Steines hört. Für Leser, welche das Experiment machen wollen, setzen wir einige Zahlen her:

Intervall:	Tiefe:	Intervall:	Tiefe:
2 Secunden.	18,7 Meter.	7 Secunden.	200,5 Metr.
3 „	40,7 „	8 „	256,2 „
4 „	70,4 „	9 „	317,4 „
5 „	107,2 „	10 „	383,8 „
6 „	150,8 „	15 „	784,4 „

Der tiefste artesische Brunnen ist der bei Mondorf in Luxemburg; das Bohrloch geht 730 Meter unter die Oberfläche. Dieser Tiefe entspräche ein Intervall von 14½ Secunden.

Man könnte auch, um die Tiefe eines Sees oder die des Meeres zu ermitteln, das Echo eines Schalls beobachten, welcher kräftig genug wäre, um aus dem Grunde zurückzukommen. Arago schlug dieses Experiment schon 1826 dem Physiker Colladon vor; es wurde aber erst im Jahre 1838 von Ch. Bonny-Castle an der Küste von Virginien, auf Verlangen der Admiralität der Vereinigten Staaten, ins Werk gesetzt. Der amerikanische Gelehrte fand, daß der Schall in der Luft besser als im Wasser gehört wurde, und daß die größte Entfernung, bis zu welcher der Schall unter Wasser drang, 3000 Meter nicht überstieg. Colladon bestritt dieses Resultat und wiederholte sofort seine früheren Versuche auf dem Genfersee. Im Jahre 1826 hatte er den Ton einer 130 Pfund schweren Glocke unter Wasser auf 13 Kilometer gehört; im Jahre 1841 bediente er sich einer 1000 Pfund schweren Glocke, welche von der Kirche eines benachbarten Cantons hergeliehen wurde, und es zeigte sich nun, daß der Ton zwischen Promenthoux und Grandvaux bei Cully bis auf 35 Kilometer vernehmlich war. Die Glocke befand sich in einer Tiefe von 15 Meter unter dem Wasserspiegel und wurde mit einem 20 Pfund schweren Klöppel angeschlagen. Colladon schloß aus diesen Versuchen, daß der Schall unter günstigen Umständen im Wasser auf 100 Kilometer gehört werden könnte. Die Schaufelräder eines Dampfers bringen nur eine Art Summen hervor, welches unter Wasser nicht über 1 Kilometer weit vernommen wird. Das Klirren einer Kette wird dagegen so deutlich gehört, daß man dadurch sofort benachrichtigt wird, wenn ein Boot in einer Entfernung von 3 bis 4 Kilometer den Anker lichtet. Wohlverstanden muß zu diesen Versuchen ein Wasserhörrohr, wie das oben beschriebene, angewandt werden. Als man mit der großen Glocke experimentirte, konnten die einzelnen Schläge des Klöppels in einem 3 Kilometer entfernten, an einem Schuttdamm gebauten Hause gezählt werden, obgleich dasselbe von der Glocke durch eine Landspitze getrennt war; der Ton schien aus den Grundmauern des Gebäudes zu kommen. Was den Hauptgegenstand dieser Versuche, nämlich das Messen der Seetiefe durch das Echo vom Grunde anlangt, so läßt sich Colladon hierüber nicht näher aus.

VI. Die Zurückwerfung des Schalls.

Gesetze der Reflexion. — Wiederhall. — Mehrsilbiges Echo. — Vielfaches Echo. — Scherzhaftes Echo. — Wiederhall und Nachhall. — Berühmte Echo's. — Anecdoten darüber. — Brechung der Schallstrahlen.

Die Reflexion oder der Rückprall der Schallstrahlen bringt einen gewissen Zusammenhang in die Lehren vom Schall und vom Licht. Wie die Lichtstrahlen, werden auch die Töne von festen Wänden zurückgeworfen und, ganz so wie die glatte Oberfläche eines Spiegels mehr Licht reflectirt als eine rauhe Fläche, sind auch gewisse Körper mehr als andere geeignet, die Schallwellen zurückzusenden. Harte und starre Körper reflectiren den Schall besser als weiche und biegsame, die dem Stoß zu sehr nachgeben.

Es scheint jedoch, daß die Gesetze der Schallreflexion bei weitem nicht so einfach sind als diejenigen des Lichts. Die Schallwellen verbreiten sich mit Leichtigkeit auf krummen Wegen; der Schall geht, so zu sagen, um die Ecke. Trotzdem mag es erlaubt sein, der Einfachheit wegen, von Schallstrahlen wie von Lichtstrahlen zu sprechen; wir verstehen darunter die gradlinigen Richtungen, in welchen der Schall am stärksten ist, wenn er sich in der Luft verbreitet. Demgemäß sagt man vom Schall, wie vom Licht, daß der einfallende und der reflectirte Strahl mit der Spiegelfläche gleiche Winkel bilden, und daß beide in einer zu dieser Fläche senkrechten Ebene liegen. Dasselbe Gesetz gilt für den Stoß elastischer Körper. Billardspieler wissen, daß der Ball, welchen man gegen die Bande treibt, in einer mit dem Stoße symmetrischen Richtung zurückkommt. Trifft also die Stimme, welche von A ausgeht (Fig. 27), eine Mauer M in der Richtung AM, so wird sie in der symmetrischen Richtung MB,

Fig. 27. Rückprall der Schallstrahlen.

wie der Pfeil andeutet, zurückgeworfen; die beiden Richtungen sind symmetrisch in Bezug auf die Wand oder, was dasselbe ist, in Bezug auf die Normale MN, welche auf dieser Wand senkrecht steht. Den Winkel zwischen AM und der Normale nennt man den Einfallswinkel, denjenigen, welchen die Normale mit MB macht, den Reflexionswinkel. Diese beiden Winkel sind sich immer gleich, außerdem liegt der reflectirte Strahl MB in derselben Ebene mit AM und der Normale MN.

Nähert sich die Schallquelle A der Normale, so nähert sich der Punkt B, wo der Schall gehört wird, derselben ebenfalls, und er fällt mit A zusammen, wenn der Schall in der Richtung der Normale, d. h. senkrecht zu der Wand auffällt. Geht die Stimme von N aus, so kommt sie auch wieder nach N zurück, indem sie den Weg MN hin- und hergeht.

Auf diesem Gesetze fußt die Erklärung des Wiederhalls oder Echos. Das Echo entsteht durch die Zurückwerfung der Schallstrahlen. Nehmen wir vorerst an, daß wir es nur mit einer einzigen Wand zu thun haben. Will man das Echo der eigenen Stimme hören, so muß man sich in die Richtung einer zu dieser Wand senkrechten Linie MN stellen; will man aber das Echo eines in einem beliebigen Punkte A ausgestoßenen Rufes vernehmen, so muß man sich in einem symmetrischen Punkte B befinden. Bevor man das Echo hört, wird man außerdem den directen Schall in der Richtung von A nach B empfangen, weil dieser einen kürzern Weg durchläuft; vorausgesetzt natürlich, daß zwischen A und B kein Hinderniß existirt, welches den Schall aufhält. Der Beobachter hört also im Allgemeinen den Schall zweimal, und das Echo unterscheidet sich von dem ursprünglichen Schall, wenn es nicht zu früh ankommt, d. h. nicht bevor der ursprüngliche Schall aufgehört hat. Diese Bedingung, von welcher die Deutlichkeit des Echos unzertrennlich ist, hängt offenbar von der Entfernung der reflectirenden Wand ab.

Betrachten wir zuerst den Fall der senkrechten Reflexion. Der Beobachter befindet sich im Punkte N; er hört seine Stimme zuerst, indem er sie erklingen läßt, dann von neuem, wenn der Schall zweimal den Weg MN zurückgelegt hat. Um eine Silbe auszusprechen, braucht man wenigstens $^1/_{10}$ Secunde, und da muß man noch sehr schnell sprechen; gewöhnlich kommen wohl nur fünf Silben auf eine Secunde. Ist daher die Wand sehr nahe, so kommt die erste Silbe zurück, ehe man die letzte ausgesprochen hat, und der Hall vermischt sich mit dem Wiederhall. Das Echo wiederholt dann nur die letzten Silben oder kommt überhaupt gar nicht zu Stande.

Wir haben oben gesehen, daß der Schall im Mittel 340 Meter in der Secunde durchläuft, also 34 Meter in $^1/_{10}$, 68 Meter in $^1/_5$ oder $^2/_{10}$ Secunde. Eine in gerader Linie 34 Meter entfernte Wand wird den Schall also nach $^1/_5$ Secunde zurücksenden, da er $^1/_{10}$ Secunde zum Hin- und $^1/_{10}$ Secunde zum Hergang gebraucht. Eine Distanz von 34 Meter (100 Fuß oder 50 Schritt in runder Zahl) ist daher nöthig, um ein einsilbiges Echo, welches eine einzelne Silbe oder die letzte Silbe eines Wortes wiederholt, zu erhalten. Dieselbe auszusprechen, braucht man eine $^1/_5$ Secunde; im Augenblick, wo ich die Silbe beendige, kommt der Anfang schon zurück, denn der Schall hat mittlerweile die Entfernung von 50 Schritt hin und her zurückgelegt; die folgenden Theile der Silbe kommen darauf der Reihe nach an, und nach einer weitern $^1/_5$ Secunde ist die ganze Silbe wieder da. Ist die Wand näher als 50 Schritt, so vermischt sich der Wiederhall schon mit dem ursprünglichen Schall, und die Silbe erscheint nur verlängert; ist die Wand dagegen weiter entfernt, so verstreicht eine gewisse Zeit, bis man die Silbe zurückkommen hört.

Alles, was hier von dem einsilbigen Echo gesagt worden ist, läßt sich unmittelbar auf das mehrsilbige anwenden; die Entfernung braucht nur mit der Silbenzahl multiplicirt zu werden. Für ein zweisilbiges Echo ist die Distanz also 100 Schritt, für ein dreisilbiges 150 u. s. w. Diese Entfernungen können verringert werden, wenn man mehr als fünf Silben in der Secunde ausspricht, müssen dagegen größer sein, wenn man langsamer spricht. Das Princip ist immer dasselbe: die Distanz muß so groß genommen werden, daß der Schall die Zeit hat, zwischen dem Beobachter und der Wand hin- und herzugehen, während man das Wort oder den Satz ausspricht, welchen das Echo wiederholen soll. Es kann hier angenommen werden, daß die Dauer der Silben kürzer ist, wenn man mehrere hintereinander, als wenn man einzelne hervorbringt; dadurch erklärt sich, warum Kircher für mehrsilbige Echos beständig kleinere Entfernungen beobachtet hat. Während er für eine Silbe 100 Fuß findet, giebt er für zwei Silben 190 statt 200 an, und nur 600 anstatt 700 für ein Echo, welches die sieben Silben

Arma virumque cano ...

deutlich wiederholt. Er bemerkt übrigens, daß diese Entfernungen sehr veränderlich sind; der Wiederhall einer Trompete ist deutlich zwischen 90 und 110 Fuß; die Entfernung eines siebensilbigen Echos kann auf 400 Fuß heruntergebracht werden, während in andern Fällen 600 Fuß für dieselbe Silbenzahl nicht ausreichen. Das ist nun wohl ganz natürlich.

Spricht man mehr Silben aus, als das Echo repetiren kann, so werden die ersten, welche zurückkommen, von den letzten, welche erklingen, verdeckt, und man hört nur eine theilweise Wiederholung. Diesen Umstand benutzt man leicht, um mit dem Echo ein Frag- und Antwortspiel auszuführen. Das Ende der Frage muß schon die Antwort vorstellen, z. B.:

Was gereicht uns zum Heile?
— — — — — — Eile!

Wir haben bisher vorausgesetzt, daß der Beobachter das Echo eines Schalls hört, den er selbst hervorbringt und der zur Quelle zurückkehrt. Ganz ähnlich verhält es sich, wenn der Schall in der Ferne entsteht, z. B. im Punkte A der Fig. 27, während der Beobachter sich in B befindet. Die Entfernung, auf welche es ankommt, ist hier die Differenz zwischen dem geraden Wege AB und dem Umwege AMB; sie stellt wieder den Vorsprung des directen Schalls gegen den reflectirten vor, und muß für eine Silbe wenigstens 50 Schritt, für zwei 100 Schritt u. s. w. betragen.

Wir kommen nun zu dem vielfachen oder mehrstimmigen Echo, welches denselben Ton oder dieselben Worte mehrmals hinter einander repetirt. Ein solches erhält man, wenn mehrere reflectirende Wände in verschiedenen Entfernungen vorhanden sind. Der Schall kehrt hier entweder von jeder einzelnen Wand zum Beobachter zurück, oder läuft erst von der einen zur andern. Die beistehende Abbildung (Fig. 28), die wir von Kircher entlehnen, stellt ein siebenfaches Echo vor. Die Wände A, B, C, D, E, F, G folgen sich hier in gleichen Abständen; die Stimme kehrt zuerst von A, dann von B u. s. w. zurück. Soll das Echo nur eine Silbe siebenmal repetiren, so müssen je zwei Wände um 50 Schritt von einander abstehen, soll es zwei Silben versiebenfachen, so müssen die Abstände 100 Schritt betragen u. s. f. Aus je größerer Ferne das Echo zurückschallt, um so schwächer wird es, weil der Schall unterwegs einen Theil seiner Intensität einbüßt; daher kommt es, daß die Stimme immer leiser wird und allmälig in der Ferne verstirbt.

Wenn die reflectirenden Wände nicht in gleichmäßigen Zwischenräumen vertheilt sind, sondern in der Ferne

Fig. 28. Siebenfaches Echo.

immer näher zusammenrücken, so greifen die sich folgenden Wiederholungen über einander, indem die zweite ankommt, ehe noch die erste verklungen ist, die dritte vor dem Ende der zweiten u. s. f. Kircher zeigt, wie man diesen Umstand benutzen kann, um aus einem Wort einen ganzen Satz zu bilden. Denken wir uns ein fünfstimmiges Echo (Fig. 29) so disponirt, daß die erste Wand deutlich das Wort Clamore wiederholt. Wäre die zweite doppelt so weit, die dritte dreimal so weit entfernt u. s. w., so hätten wir ein fünffach-dreisilbiges Echo. Rückt aber die zweite Wand um so viel näher, daß die Wiederholung der Consonanten Cl mit dem Ende des von der ersten Wand zurückgekehrten Wortes Clamore zusammenfällt, so hören wir das zweitemal blos Amore. Durch Näherrücken der übrigen Wände erzielen wir die folgenden Abkürzungen: More — Ore — Re; fragt also jemand laut:

Tibi vero gratias agam quo clamore?

so klingt die Antwort zurück:

Fig. 29. Echo mit Variationen.

Clamore — Amore — More — Ore — Re.*)
Das Wort Constabis giebt auf diese Weise stabis, abis, bis, is, aber ohne verständlichen Sinn.

Kircher stellt sich endlich noch die Aufgabe, ein Echo zu construiren, welches etwas anderes antwortet, als was schon in der Frage liegt. Er hilft sich hier folgendermaßen. Gegenüber der vorspringenden Ecke, welche zwei Mauern bilden (Fig. 30), wird eine zur Schallreflexion geeignete Wand so aufgebaut, daß sie die rufende Stimme nicht nach dem Ausgangspunkt zurück, sondern um die Ecke hinter die eine Mauer wirft; hier muß nun ein Gehilfe versteckt sein, welcher die Frage hört und beantwortet; die Antwort geht rückwärts denselben Weg, wie die Frage, und der Hörer wird mystificirt. In der nachstehenden Figur wird auf der einen Seite gefragt: quod tibi nomen? (wie heißt du?) Das trügerische Echo ant-

*) Frage: Wie soll ich dir danken? Antwort: Durch Wort, Liebe, Betragen, Lippen und That!

wortet: Constantinus! Kircher erzählt, er habe auf einer Wiese in der Umgegend von Rom ein solches Echo eingerichtet und sich dann zu öfteren Malen an dem Erstaunen seiner Freunde geweidet, wenn dieselben auf ihre Fragen die merkwürdigsten Antworten bekamen. Damit die Täuschung vollständig sei, muß der Gehilfe die Stimme des Fragenden gut nachahmen können.

Fig. 30. Heterophones Echo.

Es wäre vielleicht möglich, den Wiederhall in Kirchen als Zierrath des Gesanges zu verwerthen durch Anbringung von geschickt vertheilten Pausen, welche das Echo auszufüllen bestimmt wäre. Kircher giebt mehrere Beispiele von musikalischen Phrasen, welche zu diesem Zwecke dienen könnten. Er bemerkt außerdem, daß die Peters- und Jakobuskirche in Rom sich für die Ausführung dieses Kunststückes besonders eignen würden.

Das Echo heißt bei den Hebräern Bat kol, die Tochter der Stimme. Den Alten ist es eine Nymphe, die für den schönen Jüngling Narziß in Liebe entbrennt; die Verschmähte löst sich in Thränen auf und es bleibt von ihr nur die Stimme, welche fremder Leidenschaft gehorcht:

Nec prior ipsa loqui didicit resonabilis Echo.

Der Wiederhall, der von Berg zu Thal erklingt, knüpft gewissermaßen ein Freundschaftsband zwischen dem Menschen und der Natur, die seinem Rufe zu antworten scheint. Der Wald nimmt Theil an unserer Lust, er wiederholt Jagdruf und Hörnerklang. So hat der Schöpfer den Wäldern, den Strömen, den Bergen ihre Sprache gegeben, die bald neckisch, bald herzerhebend, bald schreckhaft klingt.

Das Echo wohnt in Städten, in jeder bergigen Landschaft; je nach den Umständen ändert sich die Erscheinung ab. Die antwortende Stimme ist meistens dumpf, unverständlich, wie ein Ruf, der aus der Tiefe kommt, zuweilen aber hell und deutlich, laut tönend und wohlartikulirt. Diese Unterschiede hängen von der Beschaffenheit der reflectirenden Oberfläche ab und scheinen zu beweisen, daß beim Echo noch andere Umstände als der einfache Rückprall der Schallstrahlen mitwirken. Die Erscheinungen der Resonanz oder des Nachhalls, wovon später mehr, spielen hier jedenfalls auch eine wichtige Rolle. Alles weist übrigens darauf hin, daß der Schall von rauhen, unebenen Flächen sehr vollständig und rein zurückgeworfen werden kann; ein altes Bollwerk, ein verfallener Thurm, ein Baum, ein Hügel, eine Waldschlucht, das sind die

Gegenstände, welche den Wiederhall am besten hervorbringen. Das sichtbare Spiegelbild ist desto reiner, je glätter die spiegelnde Oberfläche ist, das Schallbild scheint von dieser Bedingung nicht abzuhängen. Vielleicht läßt sich daraus schließen, daß die Flächen, welche ein Echo bilden, gewöhnlich nach Art der Hohlspiegel wirken, indem sie die Schallstrahlen sammeln. Außerdem trägt wohl die Resonanz oder das Mitklingen der vom Schall getroffenen Gegenstände und der in denselben enthaltenen Luftmassen viel zu der Bildung des Echos bei. Die Wahrheit ist, daß die Umstände, auf welche es hier ankommt, bis jetzt nur sehr unvollständig bekannt sind. Theorie und Erfahrung lassen uns hier beide im Stich. In einigen Fällen gaben zwar die örtlichen Dispositionen, von welchen man nach der Reflexionstheorie ein Echo erwarten konnte, dasselbe wirklich, noch öfter indeß wird die Erwartung auf unbegreifliche Weise getäuscht.

Das Echo der Wälder hängt wahrscheinlich von der Gruppirung der Bäume ab. Einige Beispiele sollen dies beweisen. Gay Vernon kannte in seiner Jugend ein schönes Echo, welches die Gebäude einer Mühle erzeugten. Nachdem er einige Jahre in Paris zugebracht, kehrte er in sein Dorf zurück. Er suchte sein Echo und findet es nicht. An der Mühle war nichts geändert, es fehlten nur einige Bäume, die früher dort standen.

In der Ebene von Montrouge, auf der Südseite von Paris, gab es ehemals auch ein merkwürdiges Echo; es rührte von einer Mauer her, vor welcher einige Reihen Bäume standen. Hassenfratz stellte in einiger Entfernung einen Gehilfen auf, welcher die Töne hervorbringen mußte, während er selber horchend gegen die Mauer vorging. Daher verschwand das Echo allmälig, es blieb aber eine gewisse Resonanz, die im Umkreise der Bäume am stärksten war und hinter denselben wieder abnahm; als er das Ohr an die Stämme legte, fühlte er in der That, daß dieselben zitterten, was bei der Mauer nicht der Fall war. Hassenfratz fand auch, daß die Wände von Häusern ein Echo gaben, wenn die Fenster geschlossen, oder aber die Fenster geöffnet, dagegen die innern Thüren geschlossen waren. In manchen unterirdischen Gewölben erhält man ein Echo nur durch bestimmte musikalische Töne. Im alten Collegium von Harcourt wurden nach Hassenfratz die von einem in der Mitte des Hofes stehenden Menschen hervorgebrachten Töne in der Art repetirt, daß die tiefen Töne in der Richtung der Straße Laharpe, die hohen aber in einer 50 Grad nördlichen Richtung wiederhallten.

Auch die Wolken reflectiren irdisches Geräusch. Als das Längenbureau von Paris die Geschwindigkeit des Schalls durch die Beobachtung von Kanonenschüssen bestimmte, wurde kräftiger Wiederhall jedesmal gehört, wenn Wolken über der Station hinzogen. Das Rollen des Donners erklärt sich auch durch die Annahme, daß zwischen der Wetterwolke und der Erdoberfläche vielfache Reflexion stattfindet. Luftschiffer hören ihre Stimme vom Boden wiederhallen; dies Echo wäre das letzte Band, welches sie noch an die Erde fesselte, wenn die Schwerkraft und Lecke im Ballon sie nicht schließlich doch heimschickten.

Die Segel der Schiffe und hohe Meereswogen erzeugen gleichfalls häufig ein Echo. Die Worte, welche man ins Sprachrohr ruft, kommen zurück, wenn sie auf die convex geblähten Segel eines Geschwaders treffen. Brandes behauptet sogar, daß man an stillen Sommerabenden am Seeufer nach der Seeseite hin ein Echo hören könne, daß namentlich Hundegebell sich vernehmlich wiederhole. Die Thatsache, daß ein vielfaches Echo aus heiterer Luft kommen kann (durch Reflexion an unsichtbaren akustischen Wolken), wird durch die Versuche von Tyndall bestätigt, von denen oben, im 4. Kapitel, die Rede war. Biot hörte ferner ein Echo aus einer offenen Röhrenleitung. — Besonders deutlich werden die Echos in der Nachtstille. Mersenne berichtet, daß ein Echo zu Ormesson im Thale von Montmorency bei Nacht vierzehn, bei Tage aber nur sieben Silben wiederholt.

Mehrfache Echos beobachtet man leicht unter den Bogen großer Hängebrücken, deren Pfeiler durch hinreichende Zwischenräume getrennt sind. Die wechselseitige Reflexion zwischen den gegenüberstehenden Pfeilern vervielfältigt den Schall ins Unbegrenzte, wenn er einigermaßen kräftig ist. In Thalschluchten bilden sich Echos ebenfalls sehr leicht. Hohle Flußufer erzeugen oft sehr merkwürdige Effecte dieser Art.

Bekannt ist das Echo zwischen Koblenz und Bingen, da, wo die Nahe sich in den Rhein ergießt. Es repetirt ein Wort siebzehnmal. Der ursprüngliche Schall wird wenig gehört, das Echo aber sehr deutlich; die Stimme scheint bald näher, bald ferner, abwechselnd sehr leise und dann wieder sehr laut; verschiedene Personen glauben das Echo die eine links, die andere rechts zu hören. Man pflegt es durch Pistolenschüsse zu wecken, um die Passagiere der vorüberfahrenden Dampfböte zu amüsiren.

Nach Ebell giebt es ein Echo zu Derenburg bei Halberstadt, welches deutlich die 27 Silben: Conturbabantur Constantinopolitani innumerabilibus sollicitudinibus wiederholt. Aber Ebell bemerkt noch, daß die Entfernung des Echos nur 254 Schritte beträgt: für 27 Silben ist das viel zu wenig. In der Umgegend von Brüssel soll ein Echo fünfzehnmal repetiren.

Anderthalb Meilen von Verdun bilden zwei um 50 Meter von einander abstehende, von dem Hauptgebäude, zu dem sie gehören, getrennte und mit Wölbungen versehene Thürme ein Echo, welches ein in der Mitte der Verbindungslinie gesprochenes Wort zwölf- bis dreizehnmal immer schwächer wiederholt.

In der Umgegend von Heidelberg giebt es ein Echo, welches das Rollen des Donners nachahmt. Man weckt dasselbe durch einen Pistolenschuß am Fuße des Heiligenbergs; eine gegenüberliegende Bergschlucht reflectirt denselben in der Art, daß man etwas weiter aufwärts, zur Seite und hinter der Schallquelle, nicht den Schuß selbst, wohl aber den donnerähnlichen Wiederhall mit öfters wiederkehrenden Verstärkungen hört.

Bei Adersbach in Böhmen bilden einzelne im Umkreise von 3½ Meilen zerstreut liegende Felsspitzen eine Art Circus; da, wo die Gruppe sich schließt, ist ein Echo, welches sieben Silben dreimal wiederholt, ohne sie zu verwirren. Man hört dasselbe an einer Stelle nahe bei der höchsten Felsenspitze, und hier wird auch das leiseste Wort vernommen; wenige Schritte davon giebt selbst ein Schuß kein Echo.

In den Mauern von Avignon hat Kircher achtfachen Wiederhall beobachtet. In Rom klingt die Stimme an manchen Stellen zwei- bis siebenmal zurück. Boissard beschreibt in seiner Topographia Romana das Grab der Cäcilia Metella, welches auch durch ein sehr auffallendes Echo berühmt ist. Man sieht da einen runden Thurm mit Mauern von 24 Fuß Dicke, und an denselben zweihundert marmorne Stierhäupter; zur Erinnerung an zwei beim Begräbniß der Tochter des Metellus Crassus geopferte Hekatomben. Das Volk nennt dies Monument Capo di bove, es liegt in der Nähe von Sanct-Sebastian. Spricht man am Fuße des Hügels, welcher das Grabmal trägt, ein Wort mit lauter Stimme, so hört man es vielfältig wiederhallen. Boissard berichtet, daß er diesem Echo den ersten Vers der Aeneïde zugesungen, worauf er denselben erst achtmal deutlich, dann noch mehrmals verwirrt wiederklingen hörte.

Eins der berühmtesten Echo ist das beim Schlosse Simonetta unweit Mailand, von dem wir eine Zeichnung nach Kircher geben. Die Länge des Hauptgebäudes beträgt 62 Mailänder Ellen (37 Meter), an der innern Seite gemessen, die Seitenflügel sind 20 Meter lang. Die Höhe des Oberstocks beträgt 10 Meter zwischen der Gallerie und dem Dach; die Gallerie ist 5 Meter breit. Schießt man aus dem großen Fenster in der Wand des linken Flügels (rechts in der Figur) eine Pistole ab, so repetirt das Echo den Schall vierzig- bis fünfzigmal; ein lautes Wort wird vierundzwanzig- bis dreißigmal wiederholt. Addison und Monge haben das Factum bestätigt; Bernoulli will gar eine sechzigfache Wiederholung gehört haben.

In gewölbten Gebäuden beobachtet man häufig sonderbare akustische Effecte, welche sich durch die Eigenschaften gewisser krummer Linien erklären lassen. Nehmen wir z. B. die Ellipse; es ist dies eine längliche Curve, eine Art plattgedrückter Kreis; im Innern sind zwei Punkte f, f (Fig. 32), welche Brennpunkte heißen, weil in jedem derselben sich alle Strahlen sammeln, die, von dem andern ausgehend, an dem Umkreise reflectirt werden. Stellt man sich in den einen Brennpunkt eines elliptischen Gewölbes, so hört man deutlich, was in dem andern

Villa Simonetta.

Brennpunkte leise gesprochen wird. Zwei Personen, die sich an die Enden einer in länglichem Bogen gebauten Wand begeben, können sich daher mit leiser Stimme ver-

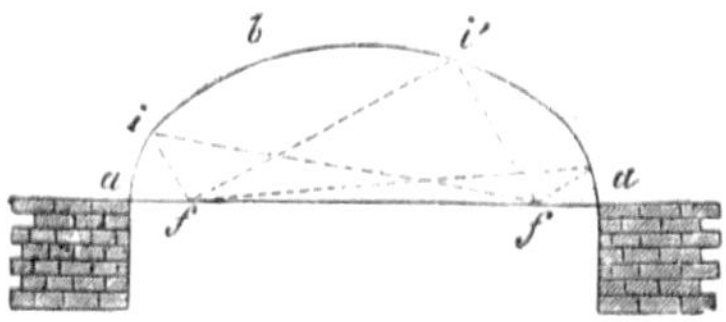

Fig. 32. Ellipsenbogen.

ständigen, ohne daß die Umstehenden etwas hören. Dies ist das Geheimniß der meisten Flüstergewölbe.

Parabolische Flächen haben nur einen Brennpunkt, in welchem sich die parallel ankommenden Strahlen sam-

Fig. 33. Parabolische Spiegel.

meln; Strahlen, welche von diesem Punkte ausgehen, werden dagegen durch die Reflexion parallel. Stellt man nun zwei parabolisch gekrümmte Hohlspiegel vor einander auf, wie Fig. 33 zu sehen ist, so hört man im Brennpunkt des einen das leiseste Geräusch, z. B. das Ticken einer Uhr, welches im Brennpunkt des gegenüberliegenden Spiegels stattfindet. Wegen dieser Eigenschaft wählt man die parabolischen Spiegel zu Reflectoren für Leuchtthürme, von denen sie das Licht oder den Schall über das Meer in große Entfernungen senden, indem sie die vom Brennpunkte ausgehenden Strahlen in ein paralleles Bündel zusammenfassen. Weniger berechtigt ist die Wahl der Parabelform für Hörrohre. Hier setzt man nämlich voraus, daß der Hohlraum die ankommenden Strahlen in seinem Brennpunkte, wo sich das Ohr befindet, gerade so concentrirt, wie der Hohlspiegel z. B. die Sonnenstrahlen sammelt; die ankommenden Schallstrahlen sind aber selten parallel. Schiffssegel wirken z. B. in dieser Weise. So wurde nach Arnott in dem aufgespannten Segel eines Schiffes, welches an der Küste von Brasilien hinfuhr, der Schall so sehr condensirt, daß man an einer bestimmten Stelle vor demselben die Glocken von San Salvador auf 100 englische Meilen weit hörte.

Ringmauern, Kirchengewölbe, Keller u. dgl. bieten oft zufällig diese Disposition, und es erklären sich dadurch einige akustische Wirkungen, von denen bereits in einem früheren Kapitel die Rede war. In einem elliptischen Gewölbe kann der Schall, der von einem Punkte ausgeht, sich in einem andern bestimmten Punkte nach einfacher Reflexion an der Wand vollständig concentriren. Zwischen zwei Parabelbogen, die sich wie im Spiegel gegenüberstehen, wird dasselbe Resultat durch doppelte Reflexion erzielt; die Strahlen finden sich hier indessen nicht vollständig wieder, es verlieren sich alle, die nicht direct aus dem Brennpunkt auf die zugehörige Parabel fallen. Man könnte sich nun noch eine Menge anderer Systeme von krummen Flächen denken, welche dasselbe Endresultat durch mehrfache Reflexionen erreichen ließen; so könnten z. B. zwei Parabeln, wie die Fig. 34 zeigt, mit einer geraden Wand combinirt werden, was dreifache Reflexion voraussetzt. Man sieht sofort, daß wiederholte Zurückwerfung der Schallstrahlen von verschiedenen Flächen in vielen Fällen die Wirkungen der Sprachgewölbe oder Flüstergallerien

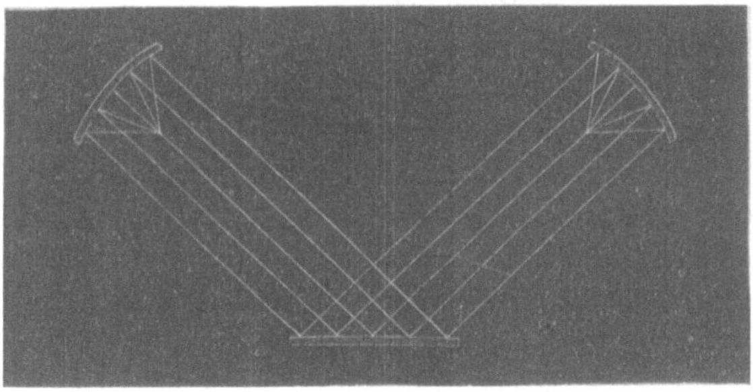

Fig. 34. Reflexion.

erklären mag. So läßt sich z. B. ein Echo dieser Art, welches an zwei im ägyptischen Museum des Louvre aufgestellten steinernen Schalen beobachtet wird, durch die Wölbung der Decke des Saales ganz gut erklären. In andern Fällen dagegen (wir erinnern nur an die früher erwähnten runden Kuppeln gewisser Kirchen) ist nicht einzusehen, wie die beobachteten Effecte durch Reflexion hervorgebracht werden könnten; hier läßt uns die Theorie wieder im Stich. Was die Erklärung solcher Erscheinungen sehr erschwert, ist, daß die begleitenden Umstände, worauf Alles ankommt, von den Schriftstellern, welche darüber berichten, selten genau angegeben werden, so daß man schon zu allerlei Hypothesen greifen muß, um sich von den Localverhältnissen ein Bild zu machen.

In geschlossenen Gewölben verstärkt der Wiederhall zuweilen jedes Geräusch in sehr auffallender Art. In den Kellern des Pariser Pantheon braucht der Führer, der dieselben den Fremden zeigt, nur einen kurzen Schlag auf den Rockschoß zu thun, so klingt das wie Kanonendonner. Auch im Ohr des Dionys und in der berühmten Mammuthsgrotte in Kentucky (südlich von Louisville) beobachtet man eine ähnliche Erscheinung.

Olaus Magnus erzählt von einer wunderbaren Höhle bei Viborg in Finnland, in welche man nur ein lebendes Thier zu werfen braucht, um ein furchtbares Heulen und Brausen darin zu wecken. Sie heißt die Smellenhöhle. Aehnliches berichtet auch Plinius von einer Höhle im Lande Dalmatien, in welcher ein hineingeworfener Stein eine Windsbraut erzeugt.

St. Clemens von Alexandrien behauptet, es gäbe bei den Persern drei Berge im flachen Land, wo es nicht geheuer ist. Wenn man dem ersten sich nähert, hört man verworrene Stimmen, welche rufen und zanken; beim zweiten wird der Spektakel noch lauter; beim dritten aber vernimmt man Freudengesänge und Loblieder, wie nach einem Siege.

Der panische Schreck, welcher die Gallier vor dem delphischen Tempel ergriff, dessen Vertheidigung der Gott Pan übernommen hatte, wird auch der Wirkung der Echos zugeschrieben.

Es besteht zwischen dem Schall und dem Licht noch eine weitere Aehnlichkeit: die Schallstrahlen werden wie die Lichtstrahlen gebrochen, wenn sie aus einem Mittel in ein anderes übergehen.

Jedermann weiß, daß ein Löffel, den man in ein Wasserglas taucht, sich zu biegen oder in zwei Stücke zu zerfallen scheint; dies ist eine Wirkung der Refraction oder Brechung des Lichts.*) Die Strahlen, welche aus dem Wasser in schräger Richtung austreten, brechen sich an der Oberfläche, d. h. sie ändern ihre ursprüngliche Richtung, sobald sie in die Luft gelangen; die Abweichung ist um so stärker, je schräger sie gegen die Oberfläche ankommen. Die Wirkung der Prismen und Glaslinsen, der Brillen und Fernröhre, beruhen eben auf der zweimaligen Brechung, welche die Lichtstrahlen erleiden, wenn sie einerseits aus der Luft in das Glas, andererseits aus dem Glase in die Luft treten. Der Optiker bearbeitet seine Glasflächen so, daß dieselben eine bestimmte Ablenkung der einfallenden Strahlen hervorbringen; so erreicht er z. B., daß eine Linse alle auffallenden Strahlen in einem Brennpunkte vereinigt, wie dies bei jedem Brennglase augenscheinlich ist.

Die Schallstrahlen werden in ähnlicher Weise von ihrer Bahn abgelenkt, sobald sie aus einem Mittel in ein anderes übergehen. Hajech hat dies folgendermaßen bewiesen. Er ließ in die Wand zwischen zwei benachbarten Zimmern ein Loch bohren, in welches er eine durch zwei Membranen geschlossene Röhre schob. In die Röhre that er zuerst Wasser, dann Kohlensäure, Wasserstoff, Ammoniakgas u. s. w. An das eine Ende wurde eine zweite

*) Wohl mit Unrecht wendet man das Wort „Brechung" zuweilen als gleichbedeutend mit „Zurückwerfung" an; daraus entsteht leicht Begriffsverwirrung.

Röhre angesetzt, die nur Luft enthielt und in einen inwendig wattirten Kasten ausging, worin ein Schlagwerk verborgen war. Der Schall der Glocke konnte also nur durch die beiden Röhren ins Nebenzimmer dringen, und hier wurde nun die Richtung aufgesucht, in welcher der Ton am lautesten zu hören war. Diese Richtung fiel mit der Achse des Rohrs zusammen, wenn die Membranen beide senkrecht zu dieser Achse standen; hier war also keine Abweichung vorhanden. Stand aber die vordere Membran schief zur Achse, so wich der austretende Strahl seitlich ab, und man konnte seine Richtung an einem auf der Diele verzeichneten Gradbogen bestimmen, auf welchen man ein Bleiloth vom Ohre niederließ. Diese Messungen zeigten, daß die Refraction des Schalls ganz ähnlichen Gesetzen folgt, wie die Brechung der Lichtstrahlen. Sie hängt ab von dem Einfallswinkel, unter welchem die Strahlen die Grenze der beiden Medien treffen, und von den Geschwindigkeiten, mit welchen der Schall sich in diesen Medien fortpflanzt. Da die Schallgeschwindigkeit im Wasser und im Wasserstoff ungefähr dieselbe ist, so bleibt auch die Brechung nahezu dieselbe für Strahlen, die aus Wasser oder Wasserstoffgas in die Luft treten; dagegen ist sie eine ganz andere für Strahlen die durch Kohlensäure gegangen sind. Betrug z. B. der Einfallswinkel 36 Grad, so war der beobachtete Brechungswinkel 8 Grad bei Anwendung von Wasserstoff oder Brunnenwasser, 50 Grad für Kohlensäure, 25 Grad für Ammoniakgas u. s. w.

Sondhauß hat die Brechung des Schalls mit Hilfe einer aus zwei Collodionhäuten gebildeten Linse beobachtet, welche er durch Kohlensäure aufblies. Hielt man eine Uhr in die Achse der Linse, so fand sich immer, daß der Schall auf der andern Seite in einem entsprechenden Punkte concentrirt war, wo das Ticken deutlich vernommen wurde; hob man die Linse fort, so war nichts mehr zu hören; sie wirkte also wie ein akustisches Brennglas. Die Beobachtung wird erleichtert durch Anwendung eines Helmholtz'schen Resonators, welchen man vor der Linse hin- und herführt, während man die Elfenbeinspitze eines an der Kugel befestigten Gummischlauchs ins Ohr steckt.

VII. Die Resonanz.

Mittönen und Nachhall. — Vitruv'sche Gefäße. — Resonanzboden. — Helmholtz'sche Resonatoren. — Die verwandte Saite. — Zerschreien der Trinkgläser. Die Akustik der Gebäude. — Kirchen und Hörsäle.

Wenn wir früher gesagt haben, der Schall könne Hindernisse, die ihm im Wege stehen, umgehen, so darf das nicht in allzu absoluter Weise verstanden werden. Sehr massive Gegenstände halten die Schallwellen auf, wie ein undurchsichtiger Schirm das Licht. Zwei Personen, welche durch eine Erhöhung des Bodens getrennt sind und sich nicht sehen können, verstehen einander dennoch, weil der Schall über die Anhöhe dringt, über welche das Licht nicht hinüber kann; die Stimmen würden aber deutlicher gehört werden, wenn der Boden eben wäre, denn der Schall wird durch die Unterbrechung der geradlinigen Bahn doch geschwächt. Die Abnahme der Intensität ist weit weniger merklich, wenn der Schall durch einen geschlossenen Kanal, eine Röhrenstrecke oder dergl. fortgeleitet wird; in diesem Falle haben die Biegungen wenig Einfluß, während sie in der freien Luft großen Kraftverlust nach sich ziehen. Dies ist eine Beobachtung aus dem täglichen Leben. Der Schall ist am stärksten, am deutlichsten in der Richtung, in welcher er ausgeht. Um einen Redner zu verstehen, sucht man sich der Tribüne gegenüber zu placiren; seitwärts oder im Rücken hört man weniger gut. So kehrt man auch das Ohr nach einem schwachen Geräusch, damit der Schall nicht nöthig hat, um den Kopf herumzugehen.

Wenn also der Schall ein Hemmniß auf seinem Wege trifft, kann er es zwar umgehen, wie ein Strom, der sich hinter einer Insel wieder schließt, aber er verliert dabei einen Theil seiner Stärke. So wirken auch die Sieb-Deiche — zerstreut in ein Flußbett geworfene Felsstücke; sie hemmen den Strom, verlangsamen seinen Lauf.

Ein sehr ausgedehntes und massenhaftes Hinderniß amortirt den Schall fast ganz und wirft so zu sagen Schatten. Unter einer großen Brücke findet sich leicht eine Stelle, wohin kein Geräusch von außen dringt. Hinter der Wassermasse des Rheinfalls von Schaffhausen ist man wie vom Tagesgeräusch isolirt. In den Straßen, dicht an den Häusern, hört man oft die Glocken in einer ganz falschen Richtung; das kommt daher, daß die Häuser den directen Schall ganz abhalten, so daß man nur den von der andern Seite der Straße reflectirten, gewissermaßen das Spiegelbild des erstern, vernimmt. Der taube Fels in Schottland, den Kircher erwähnt, und der so heißt, weil man unter demselben kein Geräusch von außen her vernimmt, liefert ein auffallendes Beispiel von akustischen Schatten.

Elastische Körper, besonders solche von geringer Masse, hindern die Fortpflanzung des Schalls in der Luft nur wenig; er zieht durch dieselben mit klingendem Spiel. Körper dieser Art schützen daher ebensowenig gegen Geräusch, als ein Glasschirm gegen die Sonne. Eine Bretterwand läßt jeden Schall mit Leichtigkeit durch; das macht eben die Gasthauszimmer für Reisende so unangenehm.

Der Durchgang des Schalls durch elastische Körper ist immer von Resonanz begleitet. Die Körper tönen mit, man fühlt, wenn man die Hand an dieselben legt, daß sie erzittern. Dies findet auch statt, wenn eine elastische Fläche den Schall reflectirt; er stößt davon ab, wie von einem Schwungbrett, welches nun selber einige Zeit in Bewegung bleibt. Dadurch begreift man auch, warum manches Echo so laut wiederhallt. Außerdem mischen sich in den Hall zuweilen neue Töne, die ihren Ursprung in den reflectirenden Körpern haben; der Schall wird gleichsam mit einer Escorte von Eingeborenen zurückgeschickt. Ganz ebenso ist es, wenn eine spiegelnde Fläche sich unter dem Einfluß der Sonnenstrahlen erwärmt und dann selber Wärme nach allen Seiten strahlt.

Unter Resonanz versteht man indeß gewöhnlich nicht nur das Mittönen der vor den Schallwellen getroffenen Körper, sondern auch den Nachhall oder die Verlängerung des Schalls durch einfache Reflexion. Wird der Schall z. B. von den Mauern eines Gewölbes zurückgeworfen, so kommt er zu schnell zurück, um ein deutliches Echo zu bilden, aber doch nicht schnell genug, um mit der ursprünglichen Schallempfindung sich zu verschmelzen, wie das in dem engen Raume eines Zimmers der Fall wäre. So entsteht der Hall oder Nachhall, welcher den ursprünglichen Schall verstärkt und verlängert. Außerdem kommt durch das Erbeben der Mauern ein neues Element in die Erscheinung. Jedem Ruf antworten tausend verworrene Stimmen, deren chaotisches Durcheinander die sonderbaren Effecte hervorbringt, von denen schon bei Gelegenheit der Echos die Rede war. Man beobachtet dieselben z. B. auch, wenn man auf einem Dampfschiffe unter einer Brücke hinfährt, deren Pfeiler und Bogen das

Plätschern der Schaufelräder verstärkt zurücksenden. Passirt eine Locomotive unter einer Brücke, so entsteht durch die plötzliche Resonanz eine Art Explosion. In einem Tunnel von einiger Länge wird der Spektakel ohrenzerreißend.

Wasserflächen begünstigen diese Wirkungen durch kräftige Reflexion des Schalls. So hat Cagniard-Latour gefunden, daß von zwei Silos (Korngruben), von denen nur einer Wasser enthielt, dieser letztere die lauteste Resonanz zeigte. Unter den Brücken hallt die Stimme weit schwächer, wenn kein Wasser da ist. Die Fischer wissen sehr gut, daß ihre Stimme auf dem Wasser lauter klingt. Daß fester Eisboden die Tragweite der Stimme zu erhöhen scheint, haben wir schon oben erwähnt. Dagegen amortirt eine weiche Schneedecke den Ton. In dem englisch-amerikanischen Kriege standen einst beide Armeen auf frischem Schnee einander gegenüber. Auf der einen Seite rührte der Tambour die Trommel; ein Offizier sah dies auf der andern Seite ganz deutlich, trotzdem aber hörte er von dem Trommelschlag nicht das Mindeste. Daß Wasserdampf auch bei heiterer Luft eine atmosphärische Resonanz verursacht, ist schon bei Gelegenheit der Tyndall'schen Versuche bemerkt worden.

Ein Raum, in welchem die Resonanz sehr kräftig ist, wird schallend oder sonor genannt; er heißt dumpf, wenn darin keine Resonanz zu Stande kommt. Vorhänge, Teppiche, alle weichen Stoffe, bringen diese Wirkung hervor, sie machen einen Saal dumpf, wie dunkelfarbige Stoffe ihn verfinstern. Deshalb hat auch das beste Piano wenig Ton in einem mit Teppichen und weichgepolsterten Möbeln angefüllten Zimmer. Für die Nachbarn ist's nicht unangenehm. Leere Stuben hallen gewöhnlich stark.

In Kirchen und andern Gebäuden, die zu Vorträgen

bestimmt sind, beeinträchtigt eine starke Resonanz das Verständniß, indem der Nachhall die Worte des Redners gleichsam bedeckt und dadurch verworren macht. In einem Concertsaal ist dieser Uebelstand weniger fühlbar; hier sucht man im Gegentheil die Sonorität der Wände durch dünnes Holzgetäfel zu erhöhen.

Zu Rousseau's Zeit galten die Orchester der italienischen Theater für die am besten gebauten. Man machte Boden- und Seitenwände aus leichten Tannenbrettern, brachte darunter einen weiten Hohlraum an, und hielt die Zuschauer im Parterre durch ein vorspringendes Gitter ab. So schwebt das Orchester gewissermaßen in der Luft und erzittert beim Spiel wie ein mächtiger Resonanzboden, welcher die Instrumente unterstützt. Solche Schallgruben sind seither bei vielen Opertheatern eingeführt worden, doch ist die Meinung der Sachverständigen darüber getheilt.

Nach Vitruv suchten die Griechen die Sonorität ihrer großen Theater durch eherne Glocken zu verbessern, welche auf kegelförmige Untersätze gestülpt und in verschlossenen Nischen unter den Stufen angebracht waren. Diese Schallglocken (Echea) waren besonders in Korinth beliebt, von wo sie Mummius nach Rom brachte. Zuweilen begnügte man sich, der Billigkeit wegen, mit irdenen Gefäßen. Vitruv giebt an, daß die Glocken eigens für gewisse Töne abgestimmt wurden; er erklärt weitläufig, wie dieselben zu fabriziren und längs der Wände zu vertheilen sind. Die Figur 35 stellt den Plan eines solchen Theaters nach Kircher vor, der ihn den Andeutungen des römischen Baumeisters gemäß entworfen hat. Vitruv räth, die Glocken für die Quarte, Quinte, Octave, Undecime, Duodecime und Doppeloctave zu stimmen, also etwa für die Noten G C D g c d g. Kircher findet diese Reihenfolge

Fig. 35. Vitruv's Theater.

unharmonisch und setzt dafür: G H D g h d g, indem er die Terz statt der Quarte einschiebt, um einen reinen Accord zu erhalten. Wahrscheinlich tönten die ehernen Gefäße selber gar nicht und die Wirkung kam blos von den in ihnen und in den Nischen enthaltenen Luftmassen her.

Die Resonanzboden der musikalischen Instrumente sind Holzplatten, welche den dünnen Klängen der Saiten durch kräftiges Mittönen Mark und Fülle geben sollen. Die Saiten bieten nicht genug Fläche, um eine große Luftmasse direct zu erschüttern, sie durchschneiden die Luft, ohne sie in Schwingungen zu versetzen; spannt man sie aber auf eine Holztafel, so muß diese mitschwingen und wirkt nun ihrerseits mit größerer Fläche. So hat auch eine Stimmgabel weit mehr Ton, wenn man sie auf eine hölzerne Unterlage stützt. Am besten klingt sie, wenn sie auf die Deckplatte eines Resonanzkastens geschroben wird: die Platte, auf welcher die Gabel sitzt, erschüttert die im Kasten befindliche Luft, und von hier aus verbreiten sich die kräftigsten Wellen. Nothwendig ist aber, daß der Rauminhalt des Kastens zu dem Tone der Stimmgabel in einem ganz bestimmten Verhältnisse steht, sonst bleibt die Verstärkung aus.

Helmholtz hat hierauf seine Resonatoren gegründet, welche aus einem verworrenen Geräusch einzelne bestimmte Töne herauszuhören gestatten. Der Resonator ist eine Hohlkugel aus Glas oder Blech, mit zwei gegenüberstehenden Oeffnungen; an der größern sitzt ein kurzer Schallbecher, die kleinere trägt einen zugespitzten Fortsatz, der in den Gehörgang gedrückt wird. Der Apparat läßt sich bequemer handhaben, wenn man die Spitze des Resonators durch einen Gummischlauch mit dem Ohre in Verbindung bringt. Der Schlauch endigt in eine Elfen=

beinspitze, welche in den Gehörgang eingeführt wird; gut ist es, dabei das andere Ohr mit einem Wachspfropfen zu schließen. Der Ton des Resonators hängt von dem Volumen der Kugel und von dem Durchmesser der vordern Oeffnung ab; um ihn zu erkennen, braucht man nur

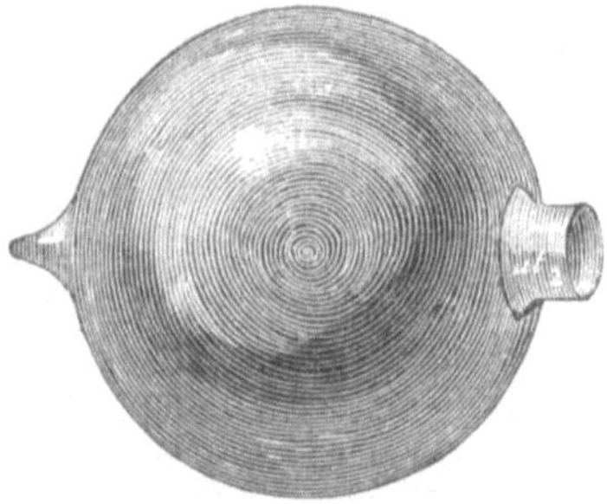

Fig. 36. Resonator.

gegen den Rand der Oeffnung zu blasen, die innere Luftmasse giebt dann den betreffenden Ton. Existirt nun derselbe Ton in einem Geräusch, so wird er vom Resonator verstärkt und gellt ins Ohr; alle andern Töne bleiben schwach. Ein solcher Apparat gestattet daher, einen bestimmten Ton in einem Gemisch zu erkennen, aus welchem man ihn mit dem bloßen Ohre nicht herauszuhören im Stande wäre. Hat man eine stufenweis geordnete Reihe von Resonatoren, so kann man damit alle möglichen Geräusche gleichsam analysiren, besonders wenn man denselben die Form von Cylindern mit beweglichem Boden giebt, deren Eigentöne durch Ausziehen innerhalb gewisser Grenzen verändert werden können.

Mit zwei Stimmgabeln, die unisono klingen, kann man ebenfalls ein interessantes Resonanzphänomen beobachten. Man stellt dieselben in gehöriger Entfernung von einander so auf, daß die Resonanzkästen sich ihre Oeffnungen zukehren. Nun versetzt man die eine durch Bogenstriche in Schwingung und erhält sie darin einige Secunden lang, dann dämpft man sie plötzlich durch Handauflegen. Der Ton hört in diesem Falle nicht auf, er scheint nur aus größerer Ferne zu kommen: die zweite Stimmgabel ist auch in Bewegung gerathen, und sie überholt die erste: et sese lampada tradunt.

Bei den Versuchen, die Regnault mit Dr. König in der Pariser Wasserleitung anstellte, wurde auch der Resonanzkasten einer Stimmgabel vor die Röhrenstrecke gehalten, deren Länge fast 2 Kilometer betrug; nachdem die Gabel bereits gedämpft war, wurde sie zum zweitenmale durch das wiederkehrende Echo zum Tönen gebracht. Die Schwingungen übertragen sich in diesen Fällen offenbar durch die Luftmassen der Resonanzkästen; die Bewegung der Gabel theilt sich der Deckplatte und durch diese der Luft im Kasten mit, von wo aus die Wellen durch die Atmosphäre weiter gehen und wieder umgekehrt die zweite Stimmgabel durch Einwirkung auf deren Resonanzkasten in Bewegung setzen.

Eine Violine oder ein anderes Saiteninstrument tönt leise mit, wenn in der Nähe ein Ton erklingt, welcher einer der Saiten entspricht. Ist der fremde Ton mit keiner Saite in Einklang, so bleiben dieselben stumm. Daher stammen auch die Redensarten: „Anklang finden" und „eine verwandte Saite anschlagen". Will man den Versuch mit zwei Flöten machen, so muß die, welche mittönen soll, einen halben Ton tiefer gestimmt sein, als die, welche man anbläst, weil die Lippe das Mundloch zum Theil verdeckt und dadurch den Ton der Flöte vertieft.

Die wahlverwandte Resonanz erscheint häufig nur als stummes Erzittern des mittönenden Körpers, weil wir den Resonanzton nicht von dem Ton der Schallquelle unterscheiden. Schon Kircher erzählt von einem großen Steine, der immer erbebte, wenn eine bestimmte Orgelpfeife ansprach; Mersenne berichtet ganz Aehnliches. Boyle bemerkt, daß die Kirchenstühle unter dem Orgelton erzittern, daß aber die massiveren nur bei gewissen Noten in Bewegung gerathen. Man hat auch häufig jenen Pfeiler einer Kirche zu Rheims citirt, der immer erbebt, sobald eine gewisse Glocke geläutet wird, während alle andern Pfeiler in Ruhe bleiben.

Hier müssen wir auch das vielbesprochene Kunststück erwähnen, welches darin besteht, daß man ein Trinkglas zerschreit. Bekanntlich hat jedes Glas seinen Ton, den es z. B. hören läßt, wenn man mit einem Löffel daran schlägt, wenn man damit anstößt, oder wenn es zerbricht. Es wird nun behauptet, daß ein Mann, der den betreffenden Ton mit starker und sicherer Stimme in das Glas hineinsingt, dasselbe dadurch zersprengen kann. Nach Bartoli und Morhof genügt es mitunter, die Octave des Eigentones anzugeben; dünne und bauchige Gläser eignen sich dazu am besten; der Ton einer Violine bringt dieselbe Wirkung hervor, nicht aber ein Trompetenton. Ein deutscher Philosoph, Feder, erzählt, er habe in seiner Jugend dies Kunststück in einer Schenke gesehen, wo es ein Mann für Geld zeigte. Er stellte mehrere Gläser vor sich auf den Tisch in einer Reihe, schlug an jedes mit einem kleinen Schlüssel, um seinen Eigenton zu erkunden, beugte sich dann darüber und gab den entsprechenden Ton kurz und heftig an, worauf das Glas immer zersprang. Allerdings ist nicht bewiesen, daß die Gläser nicht vorher präparirt waren; man würde das Kunststück gewiß durch einen feinen Ritz mit einem Demant erleichtern.

Merkwürdig ist, daß die Sache bereits im Talmud erwähnt wird. Es findet sich darin folgende Stelle (Baba kama, f. 18 c. II.): „So spricht Rame, der Sohn Jecheskel's: hat ein Hahn seinen Hals in ein Glas gestreckt und hineingekräht, so daß es zerbrochen ist, so soll der ganze Schaden erstattet werden. Und Raf Joseph spricht: dies sind die Worte der Schule unseres Meisters: ein Pferd, das wiehert, oder ein Esel, der schreit, und zerbricht ein Gefäß, zahlt die Hälfte des Schadens."

Wir haben nun gesehen, daß alle Resonanzerscheinungen von einem fühlbaren Erzittern der mittönenden Körper begleitet sind. Bald werden wir diese Bemerkung verallgemeinern und zu der Erkenntniß gelangen, daß jeder Schall durch Schwingungen eines elastischen Körpers entsteht, so daß sich also der Schall überhaupt als eine den Gehörsinn afficirende Vibrationsbewegung definiren läßt. Ehe wir aber näher hierauf eingehen, müssen wir einen Augenblick bei einem Gegenstand verweilen, der mit dem bisher Entwickelten innig zusammenhängt, ich meine die Akustik der Gebäude: Theater, Hörsäle, Kirchen, Musikhallen u. s. w., ein schwieriges und bisher noch wenig ergründetes Problem. Es handelt sich hier darum, einen geschlossenen Raum so zu construiren, daß der Schall, der von einem bestimmten Punkte ausgeht, nach allen Seiten deutlich vernommen wird

Die Alten hatten kreisrunde oder länglichrunde Amphitheater, welche sich in Stufen um die Arena erhoben, und im Halbkreis gebaute Theater, mit einer Bühne von geringer Tiefe, die zwischen dicken Mauern eingeschlossen war. Die Stufen entwickelten sich von dem

Schauplatz aus in der Art, daß die Sitze der Zuschauer einen Hohlkegel bildeten, gleichsam ein ungeheures Sprachrohr, welches die Schauspieler an den Mund setzten. Diese Bauwerke standen aber dem Himmel offen, nur ausnahmsweise deckte man darüber die velaria, weite Linnentücher, welche die Bühne und das Publikum vor der Sonne schützten. Diese Draperien mußten den Schall

Fig. 37. Arena von Nimes.

zurückwerfen, aber darauf rechneten die Baumeister gerade nicht. Sie begnügten sich, die Sitze so anzubringen, daß die Stimme der Schauspieler ohne Hinderniß zu jedem Hörer dringen konnte, und deren waren oft einige Tausende. Wahrscheinlich wußten sie ihren Zweck zu erreichen, das scheint wenigstens aus den Schalleffecten hervorzugehen, die wir noch heute an den Ruinen alter Römerbauten beobachten. Man hört daselbst deutlich auf den entlegensten Plätzen das geringste Wort, was in der Arena gesprochen wird. Das Theater in der Villa Hadrian's zu Tivoli, der Circus von Murviedro, das Amphitheater von Nimes liefern davon sehr merkwürdige Beispiele. Das Einzige, was die Alten zur Erhöhung der Sonorität gethan haben, ist die Anwendung der bereits erwähnten Echea.

Die öffentlichen Angelegenheiten wurden ebenfalls im Freien auf dem Forum verhandelt. Man vergnügte sich, rathschlagte und hielt Reden unter dem blauen Himmelsdach. Jetzt hat die Cultur ihre Wege verlassen und ist unter rauherem Klima heimisch geworden; die alte naive Architectur hat dem modernen Bedürfniß weichen müssen, welches wohlüberdachte Schauspielhäuser und Concertsäle, Amphitheater, Auditorien, Parlamentsgebäude und Kirchen verlangt. Die Decken, Pfeiler, Gallerien und Logen stören die Ausbreitung des Schalls durch vielfache Reflexion und Resonanz. Daraus entstehen ganz neue Rücksichten, welche die Akustik der modernen Bauwerke ins Unentwirrbare verwickeln.

Halbkugelförmige Kuppelgewölbe sind im Allgemeinen von schlechter Wirkung, sie veranlassen eine zu starke und lang andauernde Resonanz. In der Kuppel der Paulskirche in London scheint der Schall an den Wänden herumzulaufen. Die Rotonda in Rom soll ein so merkwürdiges Echo besitzen, daß Viele die Predigt nur dieses Echos wegen besuchen. Die nach dem Muster der Rotonda erbaute katholische Kirche zu Darmstadt hat denselben Fehler, so daß die Gläubigen jedes Wort des Priesters zweimal hören. Man würde den Uebelstand theilweise beseitigen, wenn man die blos gemalten Cassetten der

Kuppel wirklich ausführen wollte[1]). In dem runden Concertsaal der Berliner Singakademie ist jeder störende Nachhall dadurch vermieden, daß die Wände von tiefen Fensternischen durchbrochen sind. Die Kuppel der Marienkirche zu Dresden ist gleichfalls durch die Abwesenheit jeder Art von Wiederhall merkwürdig. Dagegen soll die Universitätsaula zu München im Besitz eines fünffachen Echos sein.

Elliptische Wölbungen oder Säle sind zwecklos, da die Ellipse doch nur Strahlen, die aus dem einen Brennpunkt kommen, in dem zweiten Brennpunkt vereinigt. Die Parabel, welche divergirende Strahlen parallel macht, wäre eher zu empfehlen; der Redner müßte im Brennpunkte der Curve stehen.

Fig. 38.

Chladni schlägt vor, den Hintergrund eines rechteckigen Saals parabolisch abzurunden, wie Figur 38 zeigt; man trifft diese Form in einigen alten Basiliken. Der Effect würde noch vollständiger sein, wenn man die Decke ebenfalls parabolisch wölbte. Kanzeldecken, welche diese Gestalt haben, finden sich in manchen Kirchen, sie wirken wie die Reflectoren der Leuchtthürme.

In einem Concert- oder Conferenzsaal könnte es vortheilhaft sein, über der Estrade ein Stück eines Kuppelgewölbes mit geneigter Achse anzubringen. Chladni schlägt vor, die Tribüne unter einem Halbkegel zu stellen, der sich sprachrohrartig nach den Zuhörern erweitert, wie in der Figur 39 angedeutet ist; er gibt aber selber zu, daß diese Bauart häßlich und unbequem sein würde. Der Redner

---

[1]) Zamminer, Die Musik. S. 65.

säße da wie in einer Höhle, und könnte sich beständig den Kopf an den Mauern seines Sprachrohres stoßen.

In den Theatern muß man von vornherein auf jede Art von Reflectoren hinter der Bühne verzichten. Das

Fig. 39.

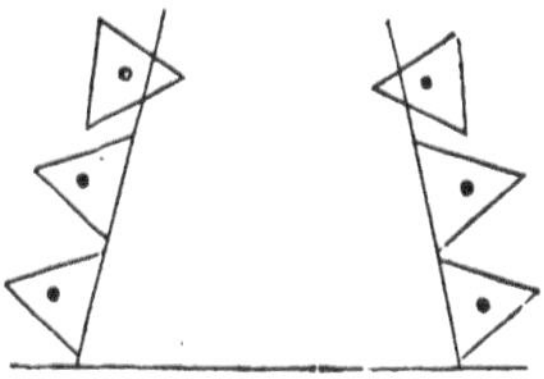

Fig. 40.

Einzige, was vielleicht Beachtung verdienen könnte, sind die dreieckigen Coulissen der Alten, welche um ihre Achsen drehbar waren und weniger Schallverlust nach sich zogen, als unsere einfachen Schirme (Fig. 40). Was die Einrichtung der Sitzplätze betrifft, so läßt sich die Halbkreisform nicht mehr mit der Kleinheit der modernen Bühnen

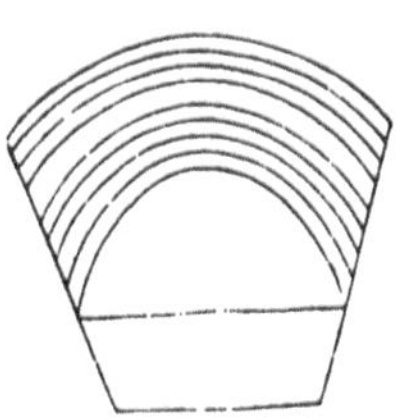

Fig. 41.

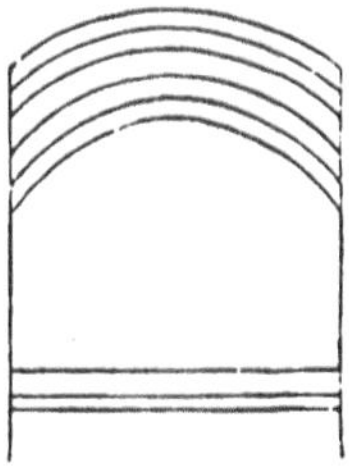

Fig. 42.

vereinbaren. Eine vortheilhafte Form, welche man bei einem alten Theater in Athen antrifft, ist in Figur 41 dargestellt. Die Figur 42 zeigt den Plan des Theaters von Parma, welches durch seine akustischen Eigenschaften berühmt ist. Man hat an der Form der Theater viel herumgekünstelt, und ist endlich bei derjenigen geblieben, welche sich hinsichtlich der Raumersparniß als die ökonomischste bewährt hat. Dabei läßt freilich die Akustik viel zu wünschen übrig. „Die Prosceniumslogen", sagt Zamminer, „machen die größte akustische Sünde der modernen Theater aus, und wenn außerdem noch die Wände des Zuschauerraums bis in die Nähe der Bühne hin mit tiefen, von hohen Seitenwänden eingeschlossenen Logen bedeckt sind, in welchen die Schallwellen wie in Fallen gefangen und erstickt werden, dann kann es nicht Wunder nehmen, wenn Vorschläge auftauchen, wie die, welche Chladni's Akustik verewigt hat ..." Leider muß der Baumeister, der ein Theater errichtet, auch an die Leute denken, welche nicht hineingehen, um zu sehen, sondern um gesehen zu werden.

Bei dem Bau unserer Amphitheater, Hörsäle und Kirchen werden häufig die elementarsten Regeln der Akustik vernachlässigt, und demzufolge abscheuliche Wirkungen erzielt.

Der Fehler, dem man am häufigsten begegnet, ist eine lästige Sonorität, wodurch die Worte des Redners unverständlich werden. Die Aula der Pariser Kunstakademie ist aus diesem Grunde einer der schlechtesten Hörsäle, die es giebt, trotz der prachtvollen Fresken. Verschiedene Auditorien im Jardin des plantes und im Collège de France leiden an denselben Uebelständen. Man hat dieselben durch Anbringung von Draperien und von Holzstücken, die unter die Bänke geschoben wurden, um das Zittern derselben zu vermindern, zu beseitigen gesucht; es ist aber nur unvollständig gelungen. Das chemische

Auditorium in München ist aus demselben Grunde inwendig mit Wollenzeug ausgekleidet worden.

Im Allgemeinen wird der lästige Nachhall durch Draperien, Logen, Gallerien und Schalllöcher in der Decke sehr vermindert. In einem mit Zuhörern gefüllten Raum ist außerdem der Nachhall immer weit weniger merklich, als wenn derselbe Raum leer steht. Auch die Rauhigkeit der Wände hindert die Resonanz, wie man dies z. B. in auffallender Weise bei der ersten Hauptversammlung der freien schottischen Kirche in einem roh gemauerten Gebäude zu Edinburg, Canon Mills genannt, beobachtet hat. Als man später ganz ähnliche Gebäude mit glatten Wänden und glatter Decke errichtete, zeigten sich darin unerwartete akustische Mängel. So stellte sich auch lästiger Nachhall ein, als man viele Kirchen ihres überladenen Schmuckes zu entledigen begann. In der Paulskirche zu Boston versteht man den Prediger nur einmal im Jahre, um Weihnachten, weil an diesem Tage die Kirche ausnahmsweise ausgeschmückt wird. Weit besser in dieser Hinsicht ist das Tabernakel der Mormonen, ein weites, ovales Gewölbe, das, wie ein riesiger Heuschober, ohne Seitenmauern direct auf dem Boden ruht und wohl 12,000 Zuhörer faßt, die alle den Redner ohne Mühe verstehen.

Die Halbkreisform, welche man häufig für die Amphitheater wählt, läßt zwischen den dem Katheder gegenüberliegenden Plätzen und den seitwärts gelegenen ein merkliches Mißverhältniß bestehen, wie dies besonders bei dem physikalischen Auditorium der Sorbonne auffällt. Die beste Form ist jedenfalls die, welche sich am meisten einem Kreisquadranten nähert, hier leiten die Wände den Schall am gleichmäßigsten vom Mittelpunkte nach den Zuhörern.

Was die stufenweise Erhebung der concentrischen Sitzreihen betrifft, so läßt man dieselben gewöhnlich längs einer geraden Linie aufsteigen, die vom Fußboden nach dem Rande der Decke gezogen wird. Eine concave Linie dürfte aber zweckmäßiger sein, weil dadurch die hintersten Sitze mehr degagirt und hineichend über vie vordern emporgehoben würden. Scott, Russel u. A. haben bestimmte Curven für diesen Zweck angegeben.

Der originalste Einfall, der noch zur Verbesserung der Akustik unserer Schauspielhäuser aufgetaucht ist, dürfte wohl derjenige sein, welchen der Geheime Oberbaurath Langhans an Chladni mittheilte. Sein Vorschlag ging dahin, von der Bühne nach den Zuschauern einen kräftigen Luftstrom zu leiten, welcher durch eine geschickte Ventilation hervorgebracht werden und die Worte der Schauspieler dem Publikum zuführen sollte!

VIII. Die Lehre von den Schwingungen.

Mechanischer Ursprung der Töne. — Saiten und Orgelpfeifen. — Trevelyan's Wackler. — Die Memnonssäule. — Singende Flammen. — Stroboskop. — Empfindliche Flammen. — Pendel. — Wasserwellen. — Fortschreitende und stehende Wellen. — Die Schwingungen der Saiten, Stäbe und Platten. — Die Chladni'schen Klangfiguren. — Die Kuhn'schen Staubfiguren in Röhren. — Die König'ichen Flammen. — Die graphische Methode.

Bis hieher haben wir den Schall nur als sinnliche Erscheinung aufgefaßt, ohne uns um die Ursache und innere Natur desselben zu kümmern. Es ist Zeit, diesen wichtigen Punkt ins Klare zu setzen und festzustellen, daß jeder Schall durch Schwingung irgend eines Körpers entsteht.

Die Resonanzerscheinungen führten bereits zu diesem Schlusse. Wie kann man in der That das Erbeben der Kirchenstühle beim Brausen der Orgel, das Zittern des Resonanzbodens im Piano und andere dergleichen Beobachtungen anders erklären, als daß man annimmt, der Schall komme von gewissen Schwingungsbewegungen der tönenden Körper her, welche durch die Luft oder ein sonstiges Mittel auf größere Entfernungen sich fortpflanzen?

Die tägliche Erfahrung zeigt übrigens, daß jeder starke Schall von fühlbaren Vibrationen begleitet wird. Wird auf der Straße die Trommel gerührt, so zittern die

Fensterscheiben. Ein Kanonenschuß macht den Boden erbeben, alle Umstehenden erhalten wie einen Schlag auf die Brust. Im Concert mag man den Hut mit der Oeffnung nach dem Orchester kehren und den Finger hinten an den Deckel legen, so wird man daran das Zittern der Luft deutlich spüren.

In vielen Fällen überzeugt man sich leicht auf directe Weise, daß der Schall nicht ohne Vibrationen bestehen kann. Eine gespannte Saite, die man zum Tönen bringt, führt Schwingungen aus, welche durch die Dauer des Lichteindrucks sichtbar werden; die Saite erscheint uns nämlich spindelförmig (Fig. 43), weil wir sie in ihren aufeinanderfolgenden Lagen gleichzeitig erblicken. Aus demselben Grunde erscheinen auch die Umrisse einer großen Stimmgabel unbestimmt und verwachsen, sobald sie in Schwingung versetzt wird: ganz ebenso hören ja auch die Speichen eines schnelldrehenden Rades (z. B. am Spinnrocken) auf, einzeln sichtbar zu sein, und stellen eine volle Scheibe vor, bis eine langsame Umdrehung sie wieder einzeln hervortreten läßt.

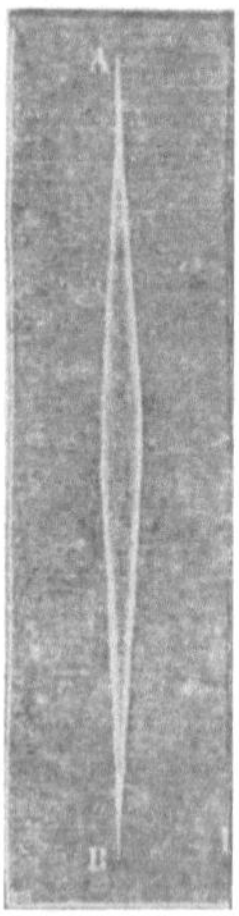

Fig. 43.

Um die Oscillationen einer horizontal gespannten Saite zu beobachten, kann man papierene Reiterchen aufsetzen: man sieht dieselben tanzen, sobald die Saite tönt, und sie werden von den Stellen, wo die Bewegung am heftigsten ist, fortgeschleudert.

Wird eine Glasglocke durch einen Bogenstrich oder durch Anschlag mit einem Holzklöppel erschüttert, so ertheilt sie einer kleinen Elfenbeinkugel, die man, an einem Faden hängend, behutsam nähert, heftige Stöße. So oft die Kugel den Rand der Glocke berührt, wird sie fortgeschleudert, fällt wieder zurück und hämmert so in immer schnellerm Takt gegen das Glas. Hält man einen Bleistift gegen den Rand der Glocke, während sie tönt, so hört man ihn gegen das bebende Glas knirschen. Bringt man ein Weinglas dadurch zum Tönen, daß man mit dem nassen Finger auf dem Rande herumfährt, so fühlt man deutlich ein Schwirren in der Fingerspitze. Ein in der Mitte festgeklemmter Metallstab kann dadurch zum Tönen gebracht werden, daß man ihn zwischen Daumen und Zeigefinger faßt, die man vorher mit Kolophon bestreut hat, und ihn dann der Länge nach reibt. Er giebt dann einen sehr hohen Ton von sich; ist er horizontal aufgestellt, und nähert man dem einen Ende das Elfenbeinpendel, während man die entgegengesetzte Hälfte des Stabes frottirt, so wird die Kugel mit großer Heftigkeit fortgeschleudert. Während er tönt, dehnt sich der Stab hier also der Länge nach aus. Man hat für eine Messingstange von etwas mehr als 140 Centimeter Länge und über 3½ Centimeter Dicke die Entfernung gemessen, in welcher eine Metallspitze von dem freien Ende der ruhenden Stange bleiben mußte, um von derselben beim Tönen nur noch eben berührt zu werden: diese Entfernung war 0,6 Millim. Die Stange verlängerte sich also um diese Größe, und verkürzte sich darauf um ebensoviel, was im Ganzen einen Unterschied von 1,2 Millimeter zwischen der größten und kleinsten Länge ergiebt. Hätte man die Stange um diesen Betrag durch eine Belastung mit Gewichten ausdehnen wollen, so wären dazu 1700 Kilogr. erforderlich gewesen.

Eine Scheibe von Holz, Metall oder Glas, die man durch einen über den Rand geführten Bogenstrich in Schwingung versetzt, giebt einen Ton, der je nach dem Angriffspunkt verschieden ausfällt. Streut man nun Sand darauf, so sieht man die Körnchen hüpfen und sich endlich in symmetrischen Furchen sammeln, wo sie ruhig liegen bleiben; dies sind die Chladni'schen Klangfiguren, welche auf den Scheiben die Knotenlinien oder Ruhestellen markiren. Man kann die Schwingungen einer Glasplatte auch dadurch veranschaulichen, daß man nur eine gewisse Anzahl Punkte derselben durch eine Lichtquelle beleuchtet, welche hinter einem durchlöcherten Schirme steht; die hellen Punkte scheinen sich dann lebhaft zu bewegen, sobald die Glasscheibe ins Tönen kommt.

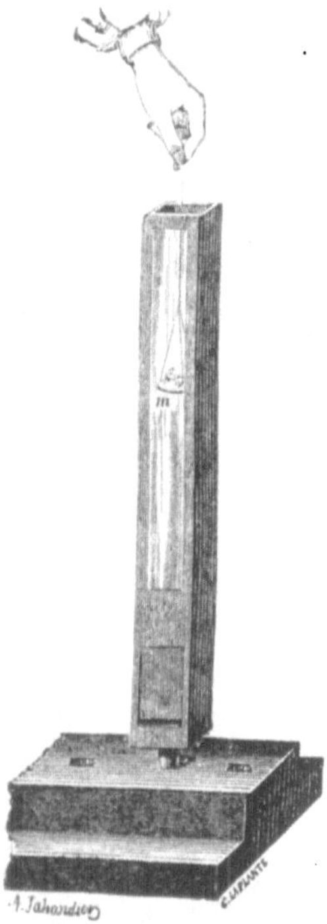

Fig. 44. Fensterröhre.

Läßt man in eine tönende Orgelpfeife eine kleine, auf einen Papprahmen gespannte Membran hinab, die an drei Fäden hängt und mit einem trockenen Pulver bedeckt ist (Fig. 44), so sieht man das Pulver aufwirbeln und die Membran verlassen; nur an gewissen Stellen der Röhre, den sogenannten Knoten=

punkten, ist die tönende Luft in Ruhe; hier bleibt das Pulver auf der Membran. Um diese Erscheinung beobachten zu können, ersetzt man die vordere Wand der Röhre durch ein Glasfenster.

Ein Jeder weiß, daß man Töne durch rasch wiederholte mechanische Bewegungen erzeugen kann. Das Schwirren und Zirpen der Heuschrecken, das Summen der Fliegen, das Schnurren eines Rades, zeigt uns den Ursprung des Tons augenfällig. Ein biegsames Kartenblatt, welches man mit dem Rande gegen ein Zahnrad hält, so daß jeder vorübergehende Zahn dasselbe umbiegt, giebt einen um so höhern Ton, als die Zähne sich schneller folgen, wie dies schon Hooke vor zweihundert Jahren beobachtete. Hierauf beruht die S c h n a r r e (Rassel, Ratsche). Der Ton der Sirene, die weiter unten beschrieben werden soll, entsteht dadurch, daß ein Luft- oder Wasserstrom gegen eine durchlöcherte Scheibe getrieben wird, die man in schnelle Umdrehung versetzt; er geht hindurch, so oft er auf eine Oeffnung trifft, und staut, so oft er sich einer vollen Stelle gegenüber befindet, und diese intermittirenden Impulse werden ein Ton. In den Zungenpfeifen entsteht der Ton durch die Vibrationen einer metallenen Zunge. Bläst man die Flöte oder das Waldhorn, so fühlt man deutlich das Schwirren der Lippen.

In gewissen Fällen hat es den Anschein, als könnte man Töne auch durch anhaltende, gleichförmige Bewegung hervorbringen; dies ist z. B. der Fall bei den Flötenpfeifen und bei der gewöhnlichen Pfeife, wo der Ton durch einen continuirlichen Luftstrom zu entstehen scheint. Es bricht sich hier aber der Strom an einer scharfen Kante und theilt sich in zwei Arme, einer dringt in die Röhre, der andere tritt in die umgebende Luft. Der Stromtheil, welcher in die Röhre eingeht, comprimirt die Luftschicht nahe bei der scharfen Kante; diese Luftschicht reagirt vermöge ihrer Elasticität und drängt den Strom zurück, so geht es hin und her, und wir haben es in Wirklichkeit mit einer periodischen, einer Schwingungsbewegung zu thun. Wertheim ist es gelungen, auf diese Weise Röhren auch in einer Flüssigkeit zum Tönen zu bringen, indem er durch eine Pumpe einen Strom in dieselben injicirte. Die Töne zeigten denselben musikalischen Charakter, wie in der Luft. Schon früher hatte Cagniard de la Tour Wasser in Glasröhren dadurch zum Tönen gebracht, daß er die Röhren der Länge nach rieb.

Es ist hier der Ort, von Trevelyan's Wackler zu sprechen, wo der Ton durch den Contact eines heißen und eines kalten Metalls entsteht. Im Jahre 1805 legte Inspector Schwarz in einer Schmelzhütte in Sachsen zufällig eine noch heiße silberne Schale auf einen kalten Amboß und hörte mit Verwunderung einen musikalischen Ton von der Silbermasse ausgehen. Im Herbst desselben Jahres besuchte Professor Gilbert die Hütte und wiederholte den Versuch; er fand, daß die Silberschale zitterte, so lange der Ton anhielt, und in Ruhe kam, wenn er aufhörte. Gilbert machte diese Beobachtung bekannt, ohne eine Erklärung zu versuchen.

Im Jahre 1829 wollte Arthur Trevelyan eine Harzmasse mit einem Löthkolben platt streichen; er sah, daß das Eisen dazu noch zu heiß war und lehnte dasselbe an einen Bleiklotz, um es abkühlen zu lassen. Kaum berührte das Eisen das Blei, als Trevelyan einen hellen Ton, wie von einer Northumberländischen Pfeife hörte; dabei schien der Kolben sich in schnellem Wechsel hin und her zu wiegen. Trevelyan untersuchte die Erscheinung näher und gab davon folgende Erklärung, welche die richtige zu sein scheint. Das beobachtete Wiegen des Eisens rührt von dem plötzlichen Aufblähen der kalten Bleimasse beim Contact des heißen Kolbens her. So oft die Massen sich berühren, bildet sich auf dem Blei eine Wulst, welcher das Eisen fortstößt und dadurch Berührung an einer andern Stelle veranlaßt, wo nun dieselbe Wirkung stattfindet, während die vorher berührte Stelle sich abkühlt und der Wulst daselbst schwindet. Durch dieses abwechselnde Aufblähen und Zusammenfallen und die daraus folgenden Berührungen entsteht der singende Ton des Wiegers oder Wacklers (Fig. 45). Gewöhnlich wird der Kolben

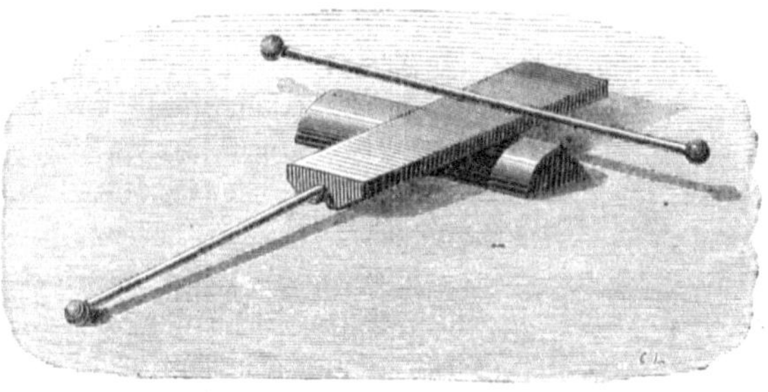

Fig. 45. Trevelyan's Wackler.

aus Kupfer gemacht: die Fläche, auf welcher er ruht, ist mit einer Rinne versehen, und der Stiel gehörig abgerundet. Man erhitzt ihn etwas über die Siedetemperatur und legt ihn dann auf einen Bleiklotz. Eine kleine Balancirstange, die man quer darüber legt, macht die Bewegung noch auffälliger. Tyndall stellt das Experiment auch mit einem Löffel oder einer eisernen Schaufel an, die er am Feuer erhitzt und dann quer über zwei, in einen Schraubstock geklemmte, dicke Bleistreifen legt, wie Figur 46 zeigt. Die Schaufel wiegt sich dann im Takt

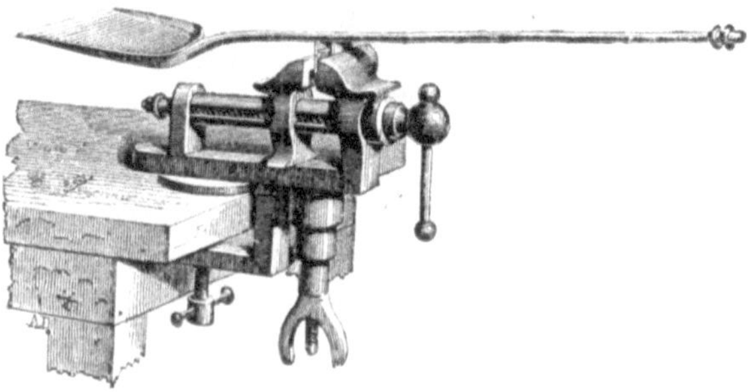

Fig. 46. Tyndall's Versuch.

und bringt einen Ton hervor, den man dadurch modificiren kann, daß man den Stiel ein wenig unterstützt. Der Versuch gelingt zuweilen sogar mit einem Ringe oder einem Geldstück, welches man erhitzt und dann mit der Kante auf eine Bleifläche stellt.

Fig. 47. Die Rijke'sche Röhre.

Wenn ein Luftstrom an einer bestimmten Stelle abwechselnd erwärmt und abgekühlt wird, so erfährt er eine Reihe von periodischen Ausdehnungen und Zusammenziehungen, welche gleichfalls die die Ursache eines Tons werden können. Das sieht man deutlich bei der Rijke'schen Röhre. Es ist dies eine Glasröhre, in welcher, ungefähr im ersten Drittel der Länge, ein kleines Drahtnetz angebracht ist; man erhitzt dasselbe durch eine Spritusflamme (Fig. 47). Wird der Draht rothglühend, so zieht man die Flamme zurück. Nach einigen Augenblicken hört man einen leisen Klageton durch die Luft winseln, der allmälig an Stärke zunimmt und endlich hell und laut erklingt; wie der Draht sich aber abkühlt, schwindet der Ton und verstummt zuletzt. Es ist leicht zu erweisen, daß derselbe von dem aufsteigenden Luftstrom herrührt, dessen Schichten sich erwärmen, indem sie durch das Netz passiren, und sich abkühlen, sobald sie dasselbe verlassen haben. Hält man die Röhre nämlich horizontal, so hört der Ton augenblicklich auf, weil der Luftzug aufhört, er kommt aber wieder, sobald man die Röhre wieder aufrichtet. Sehr wahrscheinlich ist dies die Entstehungsweise des singenden Tons, welchen die Memnonssäule (Fig. 1) bei Sonnenaufgang hören ließ. Wenn die ersten Sonnenstrahlen das Steinbild erwärmten, so bildeten sich in den Spalten und Rissen desselben mannigfache Luftströmungen, welche wohl Töne verursachen konnten. Bekanntlich wurde der Ton zum ersten Mal unter der Regierung des Kaisers Augustus gehört, bald nachdem das Steinbild zerbrochen war; er verschwand zwei Jahrhunderte später, als Septimus Severus den Koloß wieder ergänzen ließ. Aehnliche Töne hat man übrigens noch anderswo an Granitmassen, z. B. in den Steinbrüchen von Syene, den Palästen von Karnak, den Tempeln zu Philä, in der Nähe der Maladetta in den Pyrenäen, am Orenoco in Südamerika beobachtet.

Man hört eine Gasflamme zuweilen singen, wenn die Oeffnung des Brenners theilweise verstopft ist. Dies rührt daher, daß der Gasstrom, anstatt continuirlich auszutreten, nur noch intermittirend oder pulsirend hervorbricht. Läßt man Wasserstoffgas durch eine feine Oeffnung in eine weite Glasröhre strömen und darin zu Wasser verbrennen, so erhält man auch einen hellen Ton, wie dies schon Higgins im Jahre 1777 bemerkte. Darauf beruht die sogenannte chemische Harmonika, mit welcher Chladni viele Versuche angestellt hat. Statt Wasserstoff kann man aber gewöhnliches Leuchtgas nehmen, und damit haben neuere Physiker, insbesondere Graf Schaffgotsch, sehr interessante Resultate erzielt. Die singenden Flammen werden erhalten, indem man einen feinen Gasbrenner (Fig. 48) unter eine Glasröhre von mäßiger Weite schiebt. Die Flamme muß spitz sein, und die passende Stellung der Röhre durch den Versuch ermittelt werden. Giebt man nun in einiger Entfernung den Ton an, auf welchen die Röhre abgestimmt ist, so setzt sich die innere Luftsäule in Schwingung, die Flamme pulsirt ebenfalls, verlängert sich, wird ganz blau und fängt an, auf eigene Hand zu singen. Man bringt sie zum Schweigen, indem man die Glasröhre mit der Hand zudeckt; um den Ton von Neuem hervorzurufen, braucht man blos die Note laut zu singen oder auf der Geige oder einer Pfeife anzugeben. Singt man aber falsch, so bleibt die Flamme stumm. Einen eigenthümlichen Eindruck macht es aber immer, wenn man eine Flamme auf diese Weise der Stimme gehorchen und dann unverwüstlich fortsingen hört. Mit vier Röhren von passender Länge und vier Brennern kann man eine kleine Orgel zusammensetzen, welche auf Befehl einen reinen Accord erklingen läßt. Oft erhebt sich der Gesang ganz von selbst, wenn die Flamme einen bestimmten Punkt der

Fig. 48. Singende Flamme.

Röhre erreicht. Hierauf beruht das von H. Kastner angegebene Pyrophon.

Man überzeugt sich nun ohne Schwierigkeit, daß der Ton der singenden Flammen durch ein Pulsiren des Gasstroms bedingt ist. Die Flamme wird in schnellem Wechsel blau oder gelb, je nachdem der Andrang des Gases nachläßt oder zunimmt. Man braucht den Kopf nur rasch hin und her zu drehen, so sieht man die Flamme sich in eine Reihenfolge von dunkeln und hellen Bildern auflösen, welche sich nicht mehr zu einem Gesammteindruck verschmelzen, weil sie auf verschiedene Stellen der Netzhaut fallen. Statt den Kopf zu bewegen, kann man auch ein Opernglas vor dem Auge hin- und herführen. Das beste Mittel, die Flammenbilder der Zeit nach zu trennen, liefert jedoch der Drehspiegel (s. weiter unten Fig. 98). Es ist dies eine mit zwei, drei oder vier Spiegeln bekleidete aufrecht stehende Welle, die man durch eine Kurbel in rasche Drehung versetzt. Die rotirenden Spiegelflächen werfen das Bild der Flamme jeden Augenblick nach einer andern Richtung, dieselbe erscheint daher, wenn sie ruhig brennt, wie ein breites, feuriges Band, da wir die aufeinanderfolgenden Eindrücke alle gleichzeitig zu empfangen glauben (so erscheint ja auch eine im Kreise umgeschwungene Kohle als ein feuriger Reif). Flackert die Flamme aber in kurzen Zwischenräumen auf, vibrirt sie, so wird der Lichtstreif ausgezackt, er verwandelt sich in eine Perlenschnur: man sieht eine Reihenfolge heller Sternchen mit tiefblauem Schatten, der durch einen völlig dunkeln Zwischenraum von dem nächsten Lichtpunkt getrennt ist, als ob die Flamme für einen Augenblick ganz verlöschte, um dann wieder hell aufzulodern.

Man kann die singenden Flammen auch, wie es

Töpler gethan hat, mit Hilfe des Stroboskops, einer drehenden, am Rande durchlöcherten Scheibe studiren*). Ein in periodischer Schwingung begriffener Körper, den man durch eine solche schnell vorüberziehende Löcherreihe betrachtet, scheint die Hast seiner Schwingungen zu mäßigen. Man kann dieselben beliebig langsam erhalten oder gar zum scheinbaren Stillstand bringen, indem man die Rotationsgeschwindigkeit der Scheibe so wählt, daß immer ein Loch vor dem Auge vorübergeht, wenn der tönende Körper dieselbe Lage hat. Es ist so, als hätte man ein Mikroskop für die Zeit.

Nehmen wir eine Scheibe mit 20 Löchern und lassen dieselbe fünf Umdrehungen in der Secunde machen, so gehen in jeder Secunde 100 Oeffnungen vor dem Auge vorüber. Betrachten wir nun durch die Scheibe z. B. eine Saite, welche 100 oder 200 oder 300 Schwingungen in der Secunde macht, so führt dieselbe zwischen je zwei Erscheinungen je eine, oder zwei, oder drei vollständige Schwingungen aus, wir erblicken sie jedesmal in derselben Lage, und sie scheint völlig still zu stehen. Geht nun aber die Scheibe ein wenig schneller oder langsamer, so erblicken wir die Saite bei jeder Erscheinung in einer andern Lage, und die aufeinanderfolgenden Eindrücke setzen sich zu scheinbaren, beliebig langsamen Schwingungen zusammen. Bei der gewöhnlichen Anwendung der stroboskopischen Scheiben als Spielzeug setzen sich ganz ebenso die aufeinanderfolgenden, auf einer Drehscheibe abgebildeten

*) Das Stroboskop ist von Plateau 1832, von Stampfer 1833 erfunden. Schon Plateau, und später (1845) auch Doppler, empfehlen dasselbe für die Beobachtung der Tonschwingungen.

Positionen einer und derselben Person dergestalt zusammen, daß im Auge der täuschende Eindruck lebendiger Beweglichkeit des Bildes hervorgebracht wird. Macht die Saite nur 100 Schwingungen, während in derselben Zeit 200, 300, ... Löcher vor dem Auge vorüberstreifen, so setzen sich die Eindrücke gruppenweis zusammen, und wir sehen die Saite doppelt, dreifach u. s. w., d. h. unbeweglich in zwei, drei, ... Stellungen. Statt einer Löcherscheibe kann man übrigens eine lange, dünne Stimmgabel benutzen, die an einem Ende einen, mit einer feinen Oeffnung versehenen, Schirm trägt: schwingt dieselbe, so geht der Schirm vor dem Auge hin und her, und die Wirkung ist ganz ähnlich.

Wir mögen hier noch die interessanten Erscheinungen der empfindlichen Flammen erwähnen, welche zuerst von Lecomte und in jüngster Zeit vollständiger von Barrett und Tyndall untersucht worden sind. Eine frei brennende Gasflamme zeigt oft für gewisse Töne eine Art nervöse Empfindlichkeit, indem sie heftig zusammenzuckt, so oft der Ton in einiger Entfernung erklingt. Man hat besonders gute Resultate mit Spitzflammen von 40 Centimeter Höhe erhalten, wenn das Zuleitungsrohr ein Kaliber von 8 Millimeter und die Brennöffnung $1^{1}/_{2}$ Millimeter im Durchmesser hatte. Der leiseste Ton, der im Zimmer erklingt, wird von einer solchen Flamme gleichsam gefühlt. Thut man einen Schritt, schlägt man ein Buch zusammen, rückt man einen Stuhl von der Stelle, so duckt sich die Flamme plötzlich und zittert noch einige Male auf und nieder, ehe sie ihre ursprüngliche Höhe wieder annimmt. Besonders scheinen ihr hohe Töne diesen Schreck einzujagen; tiefe Töne scheinen ohne Wirkung zu sein. Ein pfeifender oder zischender Ton bringt auffallende Wirkung hervor, selbst noch aus beträchtlicher Entfernung. Die Flamme verkürzt sich, wird divergirend und brennt weit heller als vorher; eine kurze Fächerflamme wird dagegen durch den Pfeifenton lang, spitzig und kohlig. Hier sieht man also die Töne mechanische Effecte hervorbringen und dadurch ihren Ursprung bekunden.

Es gehören hieher auch die interessanten Versuche von Savart über den Einfluß der Töne auf feine Wasserstrahlen, Versuche, die in neuester Zeit von Tyndall in sinnreicher Weise entwickelt und vervollständigt worden sind.

Man nennt Schwingungen solche Bewegungen, die hin- und hergehend, in gleichmäßigem Takte wiederkehren. Das einfachste Beispiel davon liefert das Pendel.

Fig. 49. Pendel.

Aus seiner Ruhelage entfernt, strebt es sogleich, in dieselbe zurückzukehren; die Schwerkraft zieht es hinab. Es fällt also zurück, doch im Fallen erlangt es eine gewisse Geschwindigkeit und geht nun über das Ziel hinaus. Es steigt nach der entgegengesetzten Seite empor, ebenso hoch als es gefallen ist. Höher kann es nicht steigen, denn die Schwere zieht es beständig rückwärts und bringt es für einen Augenblick zum Stillstand, wenn es den Gipfelpunkt seiner Bahn erreicht hat. Nun befindet sich das Pendel wieder in derselben Lage, wie im Anfange der Bewegung; es geht wieder mit wachsender Geschwindigkeit abwärts, passirt durch die Ruhelage mit dem Maximum der

Geschwindigkeit, und klimmt dann wieder mit abnehmender Geschwindigkeit aufwärts, bis es im Ausgangspunkt seiner Bewegung angekommen ist. Jetzt hat es eine ganze Schwingung gemacht, d. h. einen Hin- und Hergang, oder zwei halbe Schwingungen in entgegengesetzten Richtungen. Stellt sich der Bewegung kein Hinderniß entgegen, so fährt das Pendel in derselben Weise fort; es geht vor seiner senkrechten Ruhelage wie eine Schildwache vor dem Schilderhäuschen auf und ab. In Wirklichkeit hat es freilich gegen Widerstand der Luft, gegen die Reibung am Aufhängepunkt und andere dergleichen Hemmnisse zu kämpfen, welche allmälig die Schwingungsweite verkleinern und am Ende unser Pendel zum Stillstand bringen. So geht es ja auch anderswo: jede Kraft erlahmt schließlich im Kampf gegen den hartnäckigen Widerstand der Umgebung.

Obgleich indessen die Schwingungen des Pendels an Weite abnehmen, so werden sie doch alle in derselben Zeit vollendet. Ein Pendel von ungefähr 1 Meter Länge macht eine einfache Schwingung in einer Secunde. Man nennt einfache Schwingung eine halbe Schwingung, d. h. einen Hin- oder Hergang; ebenso nennt man Doppelschwingung die ganze Schwingung, nämlich einen Hin- und Hergang. Diese verschiedenen Bezeichnungen haben sich in der wissenschaftlichen Sprache eingebürgert, und wir werden dieselben abwechselnd gebrauchen.

Die Kraft, welche die Bewegung des Pendels unterhält, ist die Schwere. Die Schwingungen der tönenden Körper werden von einer andern Kraft, der Elasticität (Feder- oder Schnellkraft) unterhalten. Wie die Pendelschwingungen, hören sie unter dem Einfluß der äußern Widerstände allmälig auf; wie jene, wiederholen sie sich in constanten Perioden, d. h. sie sind isochron. Die aufeinanderfolgenden Schwingungen haben alle dieselbe Dauer; gehen hundert derselben auf eine Secunde, so dauert jede genau $\frac{1}{100}$ Secunde. Jeder Ton hat also seine bestimmte Schwingungsdauer; für die verschiedenen Töne liegt dieselbe zwischen $\frac{1}{16}$ und $\frac{1}{38000}$ Secunde.

Was nun die besondere Beschaffenheit der Vibrationsbewegungen anlangt, welche im Ohre die Empfindung eines Tones veranlassen, so kann dieselbe sehr verschiedenartig sein. In der Luft haben wir es mit abwechselnden Zusammenziehungen und Ausdehnungen zu thun. Ein gerader Eisenstab kann sich der Länge nach ausdehnen und zusammenziehen, oder sich abwechselnd krumm und gerade biegen, oder endlich auch sich um seine Achse zusammen- und wieder aufdrehen. In den Flüssigkeiten nehmen die Schwingungen die Form von Wellen an.

Wenn der Schall sich fortpflanzt, so rücken die schwingenden Theilchen selber nur sehr wenig von der Stelle; sie entfernen sich nur unmerklich aus ihrer Ruhelage; die Bewegung allein schreitet in der Masse des tönenden Körpers fort. Dies kann man sich am Wasser deutlich machen, wenn man einen Stein hineinfallen läßt. Um den Punkt, wo er versunken ist, bilden sich kreisförmige Wellenzüge, die sich immer mehr ausbreiten und nach allen Richtungen fortschreiten. Unterwegs treffen dieselben allerlei schwimmende Körper: Strohhalme, welke Blätter u. s. w. So leicht diese auch sind, sie werden von den Wellen nicht fortgerissen; jeder ankommende Schwall hebt sie ein wenig, sie fallen aber wieder zurück und bleiben schließlich doch an derselben Stelle. Man sieht daraus, daß die Welle nicht ein Wasserstrom ist, der sich fortbewegt, sondern nur fortschreitende Bewegung, fortschreitendes An- und Abschwellen. Der Wellenberg verschwindet an einer Stelle und baut sich dann in geringer Entfernung von neuem aus andern Wassertheilchen auf, die gleich darauf auch wieder zur Ruhe kommen. Denken wir uns nun statt eines Steines eine ganze Reihe von Steinen, die in regelmäßiger Folge an demselben Punkte ins Wasser fallen; dieselben werden ebenso regelmäßige Wellenzüge hervorbringen, die hinter einander herschreiten, ohne jedoch die Wassertheilchen selber mit sich fortzuführen; nur die Bewegung wird weiter geschickt. Nach den schönen Untersuchungen der Brüder Ernst Heinrich und Wilhelm Weber beschreiben die Wassertheilchen gewöhnlich Kreise, während eine Welle in der Masse fortschreitet. Nehmen wir z. B. an, jedes Theilchen gehe einmal herum in der Zeit, in welcher die Welle vom Punkte 0 bis zum Punkte 12 in der Figur 50 fortschreitet; jedesmal, wenn dieselbe ein

Fig. 50.

Zwölftel dieser Entfernung durchläuft, wird das Theilchen ein Zwölftel eines Kreisumfangs zurücklegen. Wenn also die Welle im Punkte 3 (Fig. 51) ankommt, hat das mit 0

Fig. 51.

bezeichnete Theilchen $^3/_{12}$ oder $^1/_4$ des Kreisumfangs beschrieben; das Theilchen 1 hat dann seinerseits $^2/_{12}$ oder $^1/_6$, und das Theilchen 2 auch schon $^1/_{12}$ eines Kreises zurückgelegt; das Theilchen 3 beginnt sich eben erst zu regen. In diesem Augenblick befindet sich das Theilchen 0 im tiefsten Punkt seiner Bahn; von nun an wird es steigen.

Die Figur 52 zeigt uns die Lage der Wassertheilchen im Augenblick, wo die Welle bis zum Punkte 6 vorgeschritten ist; das Theilchen 0 hat einen halben, das

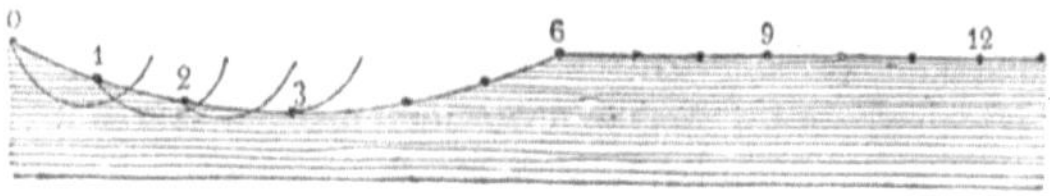

Fig. 52.

Theilchen 3 einen Viertelkreis gemacht; es befindet sich jetzt im tiefsten Punkt, während das Theilchen 0 wieder auf die Höhe der ruhigen Oberfläche gekommen ist. Zwischen 0 und 6 ist ein Wellenthal.

In der Figur 53 hat das vorderste Theilchen drei Viertel einer Kreisbahn beschrieben und steht im höchsten Punkt, während Nr. 3 einen Halbkreis und Nr. 6 einen

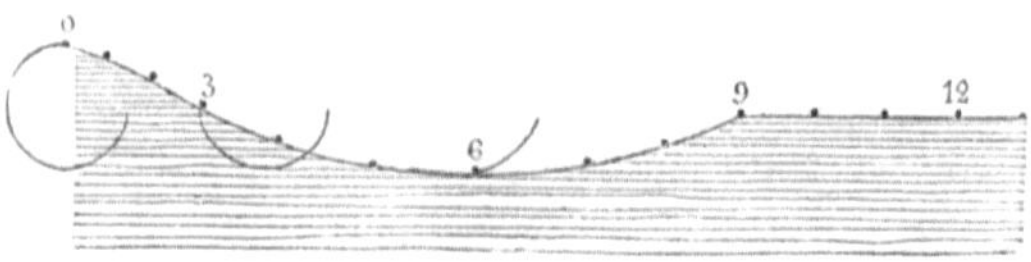

Fig. 53.

Viertelkreis gemacht hat. Zwischen 3 und 9 ist ein Thal, zwischen 0 und 3 die Hälfte eines Berges.

In der Figur 54 ist das Thal wieder um drei Zwölftel weiter gerückt; es befindet sich jetzt zwischen 6 und 12; der Punkt 3 steht im Gipfel seiner Bahn, während 0 einen ganzen Kreis gemacht und wieder seine frühere Lage eingenommen hat. Zwischen 0 und 6 ist ein Wellenberg, welcher mit dem Wellenthal zusammen eine ganze Welle bildet. Der Zwischenraum von 0 bis 12 heißt die ganze Wellenlänge. Man sieht, daß im Grunde

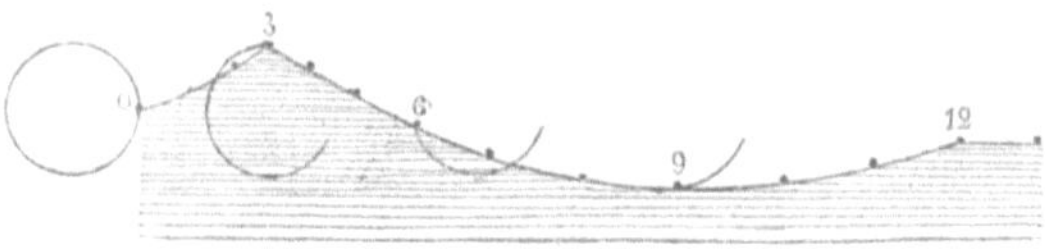

Fig. 54.

des Thals die Theilchen auseinander gerückt sind, während sie sich dagegen auf der Höhe des Berges aneinander drängen.

Die verschiedenen Bewegungen, welche wir hier beschrieben haben, wiederholen sich nun in immer gleichen Zeiträumen. Wenn das Theilchen 0 zum zweitenmal einen Kreis beschrieben hat, so hat das Theilchen 12 denselben Weg einmal zurückgelegt, es befindet sich dann eine ganze Welle zwischen 0 und 12 und eine andere zwischen 12 und 24 (Fig. 55). Ist das Theilchen 0 dreimal im

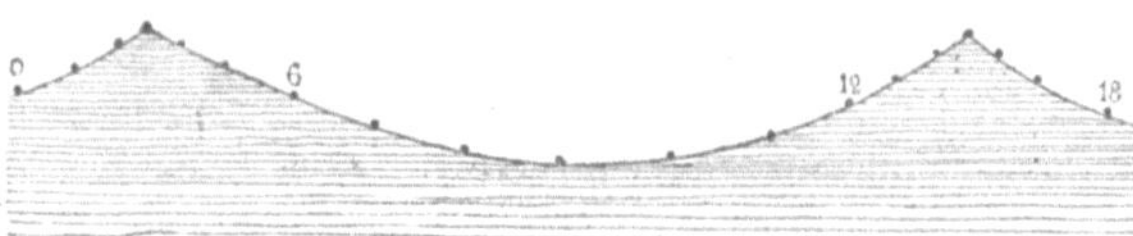

Fig. 55.

Kreis herumgegangen, so sind die Wellen bis zum Punkte 36 vorgeschritten, ist es viermal herumgekommen, so sind die Wellen bei 48 angelangt u. s. w. Während eines vollen Umgangs (einer ganzen Schwingung) rücken die Wellen immer um eine ganze Wellenlänge weiter.

Die augenblickliche Stellung eines jeden Theilchens in seiner Bahn nennt man seine Phase. Jedes Theilchen beginnt seinen Lauf etwas später als das vorhergehende, und bleibt deshalb auch während der ganzen Dauer der Bewegung um ein Gewisses hinter demselben zurück. Diese relative Verspätung, resp. Voreilung, der einzelnen Theilchen in ihren Bahnen, nennt man ihren Phasenunterschied. Er beträgt $\frac{1}{4}$ zwischen den Theilchen 0 und 3, $\frac{1}{2}$ zwischen 0 und 6, $\frac{3}{4}$ zwischen 0 und 9. Dem Theilchen 12 ist das Theilchen 0 um eine ganze Phase voraus, was auf dasselbe hinauskommt, als ob der Phasenunterschied gleich Null wäre, da sich ja beide Theilchen in diesem Fall beständig in gleichen Lagen befinden. Die Fortpflanzung der Bewegung geht ganz so von Statten, als ob jede Phase des Theilchens 0 der Reihe nach bei allen folgenden Theilchen ankäme; man sieht z. B. die Phase $\frac{1}{4}$, d. h. den tiefsten Punkt der Bahn, allmälig von 0 bei 3, dann bei 6, dann bei 9 u. s. w. ankommen.

Anstatt der Kreise können die Wassertheilchen auch Ellipsen beschreiben, und diese Ellipsen können sich so stark abplatten, daß sie zu geraden Linien werden. Es kann also z. B. vorkommen, daß die Theilchen einfach in einer senkrechten Linie auf- und niedersteigen, d. h. eigentliche Transversalschwingungen ausführen, wie die Theilchen eines gespannten Seils. Die Form der Welle bleibt hier dieselbe, wie bei den Kreisschwingungen, der einzige Unterschied ist, daß der Wellenberg nun zu dem Wellenthal symmetrisch wird und so zu sagen ein umgekehrtes Thal vorstellt. Die Figur 56 veranschaulicht das allmälige Fortschreiten einer solchen Querschwingung an einem gespannten Seile. Die Bewegung der Aethertheilchen, welche das Licht hervorbringt, ist von ganz ähnlicher Art.

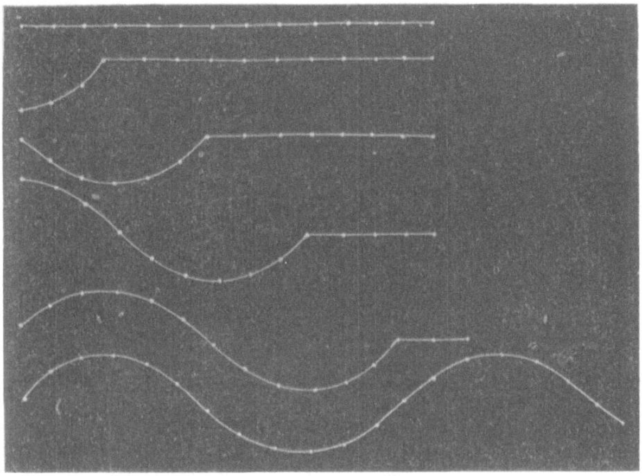

Fig. 56. Fortschreitende Querschwingung.

Wenn die Bahnen der Theilchen nicht vertikale, sondern horizontale Linien würden (wir setzen immer voraus, daß die Welle sich in horizontaler Richtung fortpflanzt), so hätten wir longitudinale oder Längsschwingungen, wie dieselben hauptsächlich bei luftförmigen Körpern vorkommen. Alle Theilchen einer Welle bleiben hier in gerader Linie, sie rücken blos abwechselnd aneinander und auseinander, wodurch stellenweise Verdichtungen und Verdünnungen entstehen. Diese Vorgänge veranschaulicht die Figur 57, in welcher das allmälige Weiterrücken einer Compression und einer Dilatation abgebildet ist.

An cylindrischen Stäben kann man noch eine dritte Schwingungsform, die drehenden oder Torsionsschwingungen beobachten. Die Theilchen oscilliren hier in Kreisen um die Achse des Stabs, der sich abwechselnd zusammendreht und aufdreht, und die Bewegung

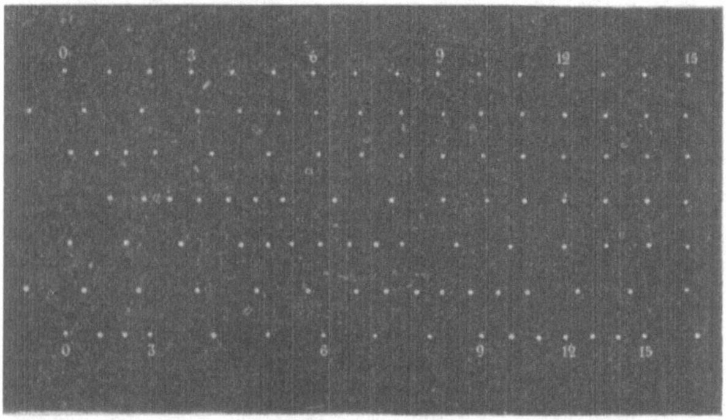

Fig. 57. Fortschreitende Längsschwingung.

pflanzt sich von einem Ende zum andern in derselben Art, wie die schon betrachteten Schwingungen, fort. Die aufeinanderfolgenden Phasen des ersten Theilchens kommen allmälig bei allen übrigen an, und der einmal vorhandene Phasenunterschied erhält sich während der ganzen Dauer der Bewegung. In der Figur 56 sehen wir den Gipfel des Wellenbergs, in der Figur 57 die Compression oder die Dilation allmälig weiter rücken; ganz ähnlich ist es bei den Torsionsschwingungen.

Diese verschiedenen Beispiele werden hinreichen, dem Leser einen Begriff davon zu geben, wie sich fortschreitende Wellen oder Schwingungen in einem unbegrenzten Mittel fortpflanzen. So wandert der Schall in der freien Luft, das Licht im Aether, eine Wasserwelle an der Oberfläche der See. Man kann progressive Wellen auch mit

Leichtigkeit an einem langen Gummischlauch hervorbringen, dessen eines Ende man irgendwo festknüpft, während man das andere in der Hand behält. Ein kleiner Schlag auf dies Ende genügt, eine Welle hervorzurufen, die an dem Schlauch hinläuft, wie in Figur 61 angedeutet ist. Ein zweiter Schlag bringt eine neue Welle hervor, welche sich der ersten nachschlängelt, und so kann man fortfahren, bis ein vollständiger Wellenzug zwischen der Hand und dem Ende des Schlauchs besteht.

Von diesem Augenblick an ändert sich die Erscheinung. Da die Wellen nicht über den Endpunkt hinaus können, so gehen sie rückwärts, und die rückkehrenden kreuzen sich mit den ankommenden. Es bilden sich *stehende Wellen*.

Wir treffen diese Art von Wellen überall, wo elastische Körper zum Tönen kommen, sei es, daß sie Eigentöne hervorbringen, oder daß sie durch beständige mechanische Erregung zum Mittönen gezwungen werden. Die stehenden Wellen unterscheiden sich von den fortschreitenden durch folgende Kennzeichen. Während in den letztern die Theilchen *eins nach dem andern* sich regen, schwingen in den stehenden Wellen *alle Theilchen zugleich* in denselben Phasen, gehen alle zugleich durch die Ruhelage und kommen zugleich in den höchsten und tiefsten Punkten ihrer Bahnen an. Die stehenden Wellen rücken nicht von der Stelle; sie entstehen, vergehen und auferstehen wieder am selben Ort.

Diese Umwandlung der Wellensysteme beruht auf dem Zusammentreffen der directen und der reflectirten Wellen. Die Gesetze, nach welchen dieselbe erfolgt, sind ziemlich verwickelt und wir müssen uns begnügen, davon eine oberflächliche Anschauung zu geben. Nehmen wir wieder unsere in Kreisbahnen schwingenden Wassertheilchen. Der directe Wellenzug wird durch eine continuirlich sich ändernde Schlangenlinie dargestellt, welche die im Ruhezustande geradlinig aneinander gereihten Theilchen bilden. Innerhalb einer Wellenlänge sind die Phasen verschieden, dagegen haben die Theilchen, welche um eine Wellenlänge von einander entfernt sind, dieselbe Phase. Denken wir uns nun, daß der reflectirte Wellenzug dem directen begegnet. An irgend einem Punkte der sich kreuzenden Züge wird der Phasenunterschied genau $^1/_2$ sein, d. h. die Phasen werden um einen halben Kreis differiren. Während also die directe Welle das Theilchen in einen Punkt der Kreisbahn zu bringen strebt, wird die rückgängige Welle dasselbe nach dem entgegengesetzten Punkte des Kreises ziehen, und da gleiche und entgegengesetzte Kräfte sich das Gleichgewicht halten, so wird das Theilchen ruhig im Mittelpunkt bleiben; es wird also an dieser Stelle keine Bewegung stattfinden. Solche Ruhepunkte nennt man Knoten. Dieselben folgen sich in gleichen Abständen von je einer halben Wellenlänge, wie leicht einzusehen. Gehen wir nämlich von einem Knotenpunkt um eine halbe Wellenlänge vorwärts oder rückwärts, so treffen wir sowohl in dem directen als in dem reflectirten Wellenzug eine Phase, die um $^1/_2$ von der im Knotenpunkt herrschenden verschieden ist; es folgt hieraus, daß an der betrachteten Stelle der Phasenunterschied wieder derselbe sein muß, wie im Knotenpunkt, oder daß die betrachtete Stelle gleichfalls ein Knotenpunkt ist.

Es folgen sich also die Knoten der gekreuzten Wellen in Abständen von einer halben Wellenlänge. Dazwischen kreisen die Theilchen in Bahnen von verschiedener Ausdehnung, und zwar sind dieselben auf der einen Seite des Knotens immer in aufsteigender Bewegung, wenn sie auf der andern Seite in absteigender Bewegung begriffen sind, und umgekehrt. Warum dem so ist, lassen wir hier bei Seite gestellt, denn die geometrischen Constructionen, welche sich auf die Zusammensetzung der Wellenzüge beziehen, würden uns zu weit führen. Es genüge, hier zu sagen, daß zwei sich begegnende Wellenzüge von gleichartiger Natur immer auf die beschriebene Weise Knotenpunkte bilden, welche entgegengesetzte Bewegungen von einander scheiden. Sie verwandeln sich, wie man sagt, in stehende Wellen.

Jede ganze stehende Welle wird durch einen Knotenpunkt in zwei halbe oder einfache*) Wellen getheilt, von denen die eine gleichsam das Spiegelbild der andern ist. Innerhalb einer Halbwelle steigen oder fallen alle Theilchen gleichzeitig, am höchsten und am tiefsten das Theilchen, welches in der Mitte zwischen den Knoten liegt. An dieser Stelle ist also die Bewegung am stärksten, man nennt sie den Schwingungsbauch. Nach den Knoten hin nimmt die Bewegung ab, die Theilchen beschreiben immer kürzere Bahnen; in den Knoten selbst ist völlige Ruhe.

In zwei anstoßenden Halbwellen findet die Bewegung immer in entgegengesetztem Sinne statt, wie aus Fig. 58 zu ersehen, wo die Knoten mit N, die Bäuche mit V bezeichnet sind. Steigen die Theilchen einerseits, so fallen sie andrerseits; bleiben sie in gerader Linie, so kommen

*) Eine einfache Welle ist die Hälfte einer ganzen oder doppelten, wie die einfache Schwingung die Hälfte einer ganzen oder Doppelschwingung vorstellt. Ebenso ist die einfache Wellenlänge die Hälfte der ganzen Wellenlänge. Dies zur Vermeidung von Mißverständnissen, da beide Ausdrucksweisen gebräuchlich sind.

sie beim Knoten zusammen und gehen dann wieder auseinander.

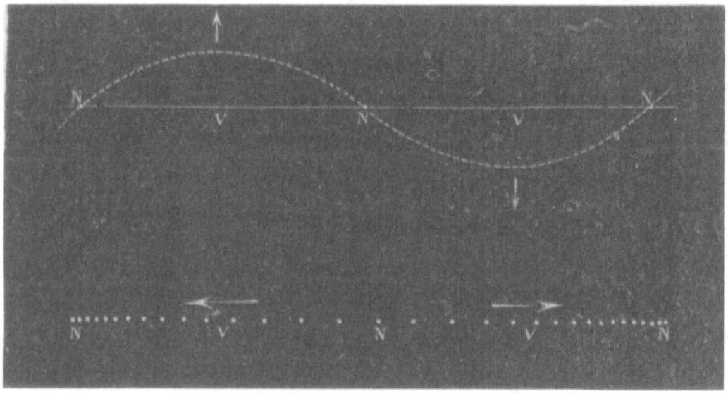

Fig. 58. Knoten und Bäuche.

Der Raum zwischen zwei benachbarten Knoten heißt die einfache Wellenlänge, die doppelte Entfernung ist eine ganze oder volle Wellenlänge. Wir haben bereits gesagt, daß die Wellenlänge diejenige Größe ist, um welche eine fortschreitende Welle während einer Schwingung weiter rückt. Eine ganze Wellenlänge entspricht einer ganzen Schwingung, eine einfache einer einfachen. Handelt es sich um Tonschwingungen, so bedeutet offenbar die Wellenlänge den Raum, welchen der Schall während einer Vibration durchläuft. Dauert also eine Vibration $\frac{1}{1000}$ Secunde, so ist die entsprechende Wellenlänge in der Luft 34 Centimeter, weil der Schall in der Luft 340 Meter in der Secunde, also 34 Centimeter während einer Vibration zurücklegt. Im Wasser wäre die entsprechende Wellenlänge 143 Centimeter u. s. w. Für die tiefsten Töne beträgt die Wellenlänge in der Luft über 10 Meter, für die höchsten 5 Millimeter.

Ehe wir auf eine nähere Betrachtung der stehenden Wellen, wie sie bei tönenden Körpern vorkommen, eingehen, wird es nicht unpassend sein, einige Augenblicke bei den Reflexionserscheinungen zu verweilen, wodurch dieselben hervorgerufen werden. Denken wir uns zunächst zwei Elfenbeinkugeln A, B (Fig. 99) neben einander an

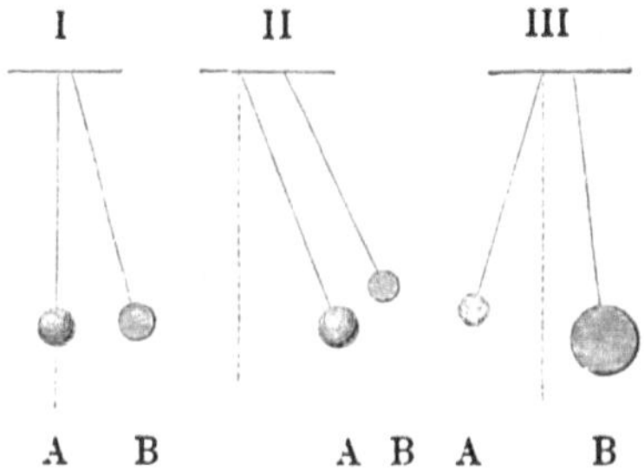

Fig. 59. Stoß elastischer Kugeln.

Fäden aufgehängt. Zieht man die Kugel A zurück und läßt sie dann gegen B fallen, so wird das Resultat je nach dem Verhältniß der beiden Massen ein anderes sein. Sind erstens die Massen gleich, so bleibt A nach dem Stoß in Ruhe, die ganze Geschwindigkeit geht auf B über, und B wird fortgeschleudert. Ist die Kugel A größer als B, so geht sie mit etwas verminderter Geschwindigkeit über die Verticale hinaus und treibt B vor sich her (wie in der mittleren Figur zu sehen ist). Ist endlich A kleiner als B, so wird B nur wenig vorwärts gestoßen, und A prallt zurück. Je größer der Widerstand in B, desto heftiger der Rückprall.

Ganz ebenso verhält es sich, wenn eine Welle in einem elastischen Medium fortschreitet. Die Kugeln A, B stellen in der ersten Lage zwei benachbarte gleichartige

Theilchen vor, welche sich eine fortschreitende Welle mittheilen; B übernimmt die ganze Geschwindigkeit von A, und A kommt augenblicklich zur Ruhe. Wen aber A und B so zu sagen die Grenzsäulen zweier benachbarter Medien von verschiedener Dichtigkeit vorstellen, so befinden wir uns in einem der beiden in Nr. II und III abgebildeten Fälle. Ist nämlich das Mittel B weniger dicht als A, so wird das Theilchen A gewissermaßen ausgleiten, d. h. über die Ruhelage hinausgehen, indem es B vorwärts stößt. Ist dagegen das zweite Mittel dichter als das erste, stellt z. B. die Schicht B eine feste Wand vor, so wird A zurückprallen, dagegen B kaum erschüttert werden.

Was geschieht nun in beiden Fällen? Das Theilchen A ist nicht zur Ruhe gekommen, es bewegt sich noch einen Augenblick fort, nachdem alle vorhergehenden Theilchen bereits zur Ruhe gelangt sind; es wird daher selbst eine Quelle rückgängiger Wellen. Die reflectirte Welle theilt den rückwärts von A gelegenen Theilchen diejenige Bewegungsphase mit, welche in A vorhanden ist, d. h. im Fall II eine Bewegung in gleichem Sinn, wie diejenige, welche A vor dem Stoß besaß, und im Fall III eine Bewegung in entgegengesetztem Sinn.

Der Fall II bezieht sich auf die Reflexion einer Schallwelle im Innern eines festen Körpers, welcher in der Luft vibrirt; A ist ein Punkt der freien Oberfläche, und B das angrenzende Lufttheilchen. Die von A reflectirte Welle trägt in das Innere eine Schwingungsphase, welche mit der an B mitgetheilten gleichgerichtet ist.

Ganz ebenso verhält sich's auch, wenn Schallwellen sich im Innern einer offenen Röhre verbreiten. Die innere Luft stellt gewissermaßen ein dichteres Medium als die äußere vor, weil die letztere nach allen Seiten frei ausweichen kann, die erstere aber nicht. Daher kommt es, daß die aus der Oeffnung tretende Schallwelle theilweise von der äußern Luft reflectirt wird und in die Röhre zurückfährt. Dies bestätigt auch die Erfahrung: in einer langen, am Ende offenen Röhrenstrecke kann ein deutliches Echo zu Stande kommen. Biot hat in der 951 Meter langen Wasserleitung von Arcueil, obgleich sie an beiden Enden offen war, ein sechsfaches Echo beobachtet.

Der Fall III bezieht sich auf die gewöhnliche Reflexion der Schallwellen an festen Gegenständen. Hier wechselt, wie die Mathematiker sagen, die rückwärtsgehende Phase das Zeichen; ist z. B. die ankommende Phase aufsteigend, so ist die reflectirte niedersteigend u. s. w. In dieser Weise reflectiren sich die Schallwellen am Ende einer geschlossenen Röhre, an den befestigten Endpunkten einer gespannten Saite, zwischen zwei gegenüberstehenden Wänden u. s. w.

Bei dieser Art von Reflexion bildet sich immer ein Knoten in nächster Nähe der reflectirenden Wand, da die reflectirte und die directe Phase einander entgegengesetzt (um ½ verschieden) sind. Alle Punkte, in denen der tönende Körper mechanisch befestigt ist, sind nothwendigerweise Knotenpunkte, so die Endpunkte einer Saite, die Unterstützungspunkte einer Scheibe u. dgl. Die Lage der übrigen Knoten hängt von der Form des tönenden Körpers und von der Beschaffenheit des Tons ab, welchen er hervorbringt oder weiter leitet.

Ein elastischer Körper l e i t e t im Allgemeinen alle Töne, die ihn treffen, jedoch ist die Resonanz für verschiedene Töne von sehr verschiedener Stärke. Sie wird nur dann kräftig, wenn die Knoten der stehenden Wellen, die durch Reflexion im Innern des Körpers erzeugt werden, gewisse regelmäßige Anordnungen zeigen. In diesem Fall dauert die Resonanz auch noch fort, wenn die äußere Erregung aufgehört hat. Die Töne, welche in einem Körper die Resonanz hervorrufen, sind im Allgemeinen dieselben, welche er hören läßt, wenn er mechanisch erschüttert wird und welche man seine Eigentöne nennt; alle andern Töne finden in ihm nur ein schwaches Echo.

Nehmen wir z. B. eine 4 Fuß lange Saite, deren Enden fest sind. Alle Wellenzüge, welche dieselben hin und her durchlaufen, finden in den Endpunkten zwei Knotenstellen; stehende Wellen können sich also nur bilden, wenn die Wellenlänge der gegebenen Töne in der Saitenlänge aufgeht, d. h. wenn sie 4 oder 2 oder 1 Fuß u. s. w. beträgt. Ist dies nicht der Fall, so kommen die Wellen nur verkümmert zu Stande. Deshalb tönt die Saite nur für gewisse Töne, welche man auch durch Anschlag hervorrufen kann, kräftig mit.

Warum alle Körper für ihre Eigentöne die stärkste Resonanz zeigen, hat Helmholtz sehr klar auseinander gesetzt. Es ist z. B. bekannt, sagt er, daß die größten Kirchenglocken durch taktmäßiges Ziehen an dem Glockenseil selbst von einem Knaben in Bewegung gesetzt werden können, — Glocken von solchem Gewicht, daß der stärkste Mann sie kaum merklich aus ihrer Lage bringt, wenn er seine Kraft nicht in bestimmten taktmäßigen Absätzen anwendet. Dies läßt sich nun so erklären. Ist eine Glocke einmal in Bewegung, so schwingt sie, wie ein Pendel, noch lange fort, auch wenn sie sich selbst überlassen bleibt; nur ganz allmälig vernichtet die Achsenreibung und der Luftwiderstand die vorhandene Schwungkraft. Während die Glocke aber hin- und herschwankt, hebt und senkt sich auch der Hebel mit dem Glockenseil. Hängt sich nun der Knabe ans Seil, während dasselbe niedergeht, so wird die Bewegung der Glocke befördert, wenn auch nur um ein weniges, und der erreichte Zuwachs der Schwingungsweite ist bleibender Gewinn. Wollte sich der Knabe dagegen an das Seil klammern, während es stiege, so würde er die Schwingung vermindern. Er muß sich also anhängen, so lange es abwärts geht, und loslassen, so lange das Seil steigt; dann sammeln sich die mitgetheilten Impulse allmälig bis zu dröhnender Schwingung an, und der Glöckner hat nur noch bei jedem Hin- und Hergang den durch die Reibung entstehenden geringen Kraftverlust zu decken, um die Bewegung zu unterhalten. Die Anregung muß also periodisch wirken, und ihre Periode muß derjenigen der natürlichen Schwingungen gleich sein, wenn sie Erfolg haben soll. Ganz ähnlich wirken auch kleine, oft unbewußte Verschiebungen der Hand auf ein Pendel, das man zwischen zwei Fingern hält, z. B. auf einen Ring, der an einem Faden hängt; man kann ihn durch ganz unmerkliche, aber taktmäßige Verrückungen in regelmäßige Schwingung versetzen, und daher stammt wohl die abergläubische Anwendung dieses Apparates als Wünschelruthe.

Wir wollen uns nun mit den stehenden Schwingungen verschiedener Körper beschäftigen und die Lage der Knoten aufsuchen, welche ihren Eigentönen entsprechen. Bei einer in Schwingung versetzten Saite trifft man einen Knoten an jedem Ende, weil ja die Enden befestigt sind; außerdem aber kann noch eine beliebige Anzahl von Knoten zwischen den Endpunkten in gleichmäßigen Abständen vorkommen. Schwingt die ganze Saite, wie in Figur 60 zu sehen ist, so beschreiben alle Punkte in gleichen Zeiten ähnliche Bahnen, die nur durch ihre Ausdehnung verschieden sind: am größten ist die Bahn des Mittelpunkts.

Diese Bahn kann übrigens an und für sich eine senkrechte oder wagerechte gerade Linie, eine Ellipse, ein Kreis oder eine sonstige Curve sein, je nach der Art, wie die Saite erschüttert worden ist. Ist die Bahn jedes Punktes eine gerade Linie, so schwingt die Saite in einer Ebene, ist die Bahn kreisförmig, so sieht die Saite wie eine Spindel aus.

Fig. 60. Saite.

Um drei Knoten hervorzubringen, braucht man nur mit dem Finger leise den Mittelpunkt C der vibrirenden Saite AB zu berühren (Fig. 61), während man einen Bogenstrich über die eine Hälfte führt. Es bilden sich dann zwei Abtheilungen, die in entgegengesetztem Sinne schwingen und durch einen Knoten von einander geschieden sind. Legt man die Finger in passender Weise auf die Saite, so kann man ganz ebenso drei, vier, fünf Abtheilungen erhalten (Fig. 62), und jeder Theilung entspricht ein anderer Eigenton der Saite. Zwei Abtheilungen geben die Octave des Grundtons, drei die Duodecime oder Quinte

Fid. 61.

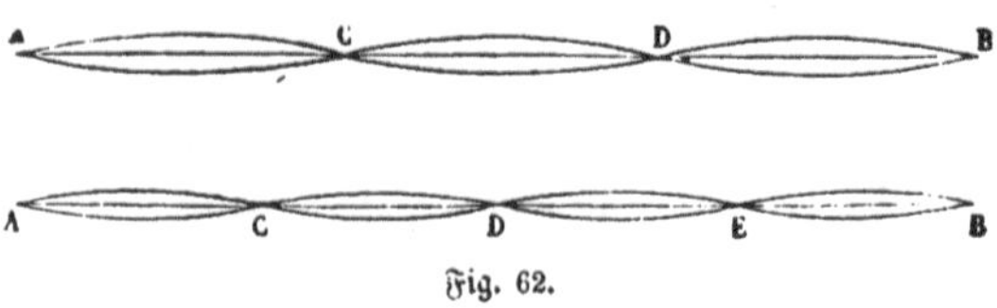

Fig. 62.

der Octave, vier die Doppeloctave u. s. w. Man kann sich von der Unbeweglichkeit der Knotenpunkte überzeugen, indem man papierne Reiterchen auf die Saite setzt; sie werden überall, außer in den Knotenstellen, abgeworfen, sobald die Saite ertönt.

Zieht man die Saite durch zwei Finger, die man mit Kolophon eingerieben hat, so entstehen Längenschwingungen, welche nur abwechselnde Ausdehnungen und Zusammenziehungen sind. Giebt es nur zwei Knoten A, B (Fig. 63),

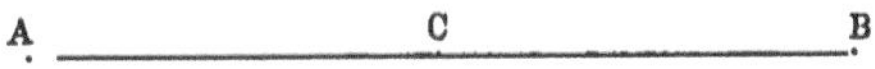

Fig. 63.

so zieht sich die Hälfte A, C zusammen, während B, C sich ausdehnt, und umgekehrt; der Mittelpunkt C wird ein Bauch, die Bewegung der Theilchen ist daselbst am größten, die Dichtigkeit bleibt aber ungeändert; die Endpunkte A, B sind Knoten; hier ändert sich die Dichtigkeit am stärksten, dagegen ist die Bewegung hier kaum merklich. Man begreift, daß dem so sein muß; wenn der Punkt C mehr als alle andern von der Stelle rückt, so schiebt er die ihm vorangehenden Punkte zusammen, während die nachfolgenden Platz finden und sich ausbreiten.

Die Saite kann auch in diesem Falle eine größere Anzahl gleicher Abtheilungen bilden, welche durch Knoten getrennt sind (Fig. 64). Zu beiden Seiten desselben Knotens sind die Bewegungen von entgegengesetzter Richtung; es findet Compression statt, wenn die beiden Be-

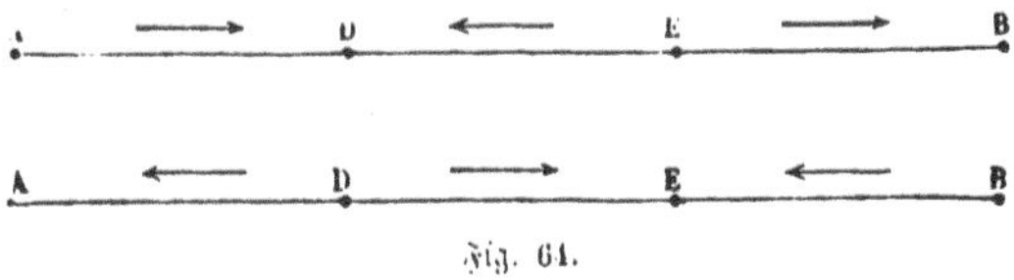

Fig. 64.

wegungen zusammenkommen, Ausdehnung, wenn sie aus-einander gehen.

Häufig kommt es gewiß auch vor, daß eine Saite zu gleicher Zeit longitudinal und transversal schwingt, wozu sich sogar noch drehende Schwingungen gesellen können*). Jedes Theilchen beschreibt dann eine complicirte Spirale.

Um einen prismatischen Stab in Querschwingungen zu versetzen, befestigt man denselben an einem Ende, oder legt ihn (Fig. 65) auf die scharfen Kanten zweier Keile.

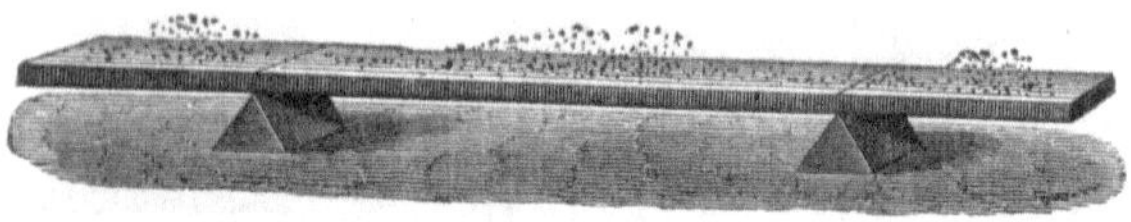

Fig. 65.

Man beobachtet dann eine Reihenfolge von Knoten und Bäuchen, deren Anordnung von der Art abhängt, wie der Stab unterstützt ist. Die Endpunkte sind indeß immer Bäuche, die befestigten Stellen werden Knoten. Man beobachtet letztere in Gestalt von geraden Linien, welche quer über den Stab gehen und sichtbar werden, sobald man etwas Sand auf den Stab streut. Die Sandkörner werden von den Bäuchen fortgeschleudert und sammeln sich an den Knotenstellen, wo Ruhe herrscht; sie bilden daselbst feine Querlinien, die sogenannten Knotenlinien.

Die Stimmgabeln gehören auch zu den prismatischen Stäben. Wenn dieselben vibriren, so bilden sich Bäuche

---

*) Wenn eine Saite eine Querschwingung macht, dehnt sie sich nothwendigerweise aus, und es müssen dadurch Längenschwingungen entstehen. Im A des Violoncells ist der Längenton oft deutlich zu erkennen.

an den freien Enden; die Zinken nähern sich und gehen dann wieder aus einander, wie die Pfeile in der Figur andeuten. Ganz nahe beim Stiel bilden sich zwei Knoten (in der Figur punktirt). Ein dritter Bauch existirt in der Mitte, er hebt und senkt abwechselnd den Stiel der Gabel, und daher kommt das Dröhnen, wenn man den Stiel auf eine Holzplatte stemmt.

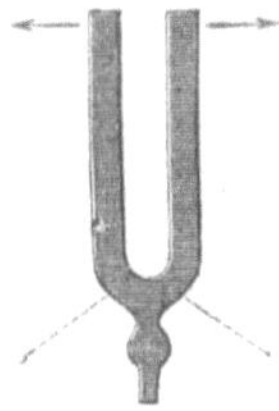

Fig. 66.

Wir haben bereits oben bemerkt, daß die Longitudinalschwingungen der Stäbe eine außerordentliche Kraft entwickeln, und daß man bei einem 140 Centimeter langen Stabe eine Ausdehnung beobachtet hat, welche ohne die Schwingungen nur durch Anhängen einer Last von 17 Centnern wäre erhalten worden. Man sieht daraus, daß ein Draht durch Längenschwingungen sehr beträchtlich angespannt wird, und folglich während derselben dem Zerreißen ausgesetzt ist. Wenn ein Gewicht nicht hinreicht, um einen Metalldraht zu zerreißen oder denselben blos dauernd zu verlängern, so braucht man nur den Draht in Längenschwingung zu versetzen, während das Gewicht daran hängt; und man wird in den meisten Fällen den beabsichtigten Erfolg erreichen. Aus diesem Grunde muß man sich auch hüten, die Ketten der Hängebrücken in regelmäßige Vibrationen zu versetzen. In Nordamerika und in anderen Ländern, wo Hängebrücken für die Eisenbahnen gebaut worden sind, ist es verboten, Compagnien von Soldaten oder Viehheerden im regelmäßigen Marsch darüber passiren zu lassen, weil man den Einfluß der daraus entstehenden Vibration fürchtet.

Will man eine Platte aus Metall, Holz oder Glas

in Schwingung versetzen, so führt man einen Bogenstrich über den Rand. Um die Platte dabei horizontal zu erhalten, kann man sie, wenn sie klein ist, zwischen Daumen und Zeigefinger nehmen; ist sie zu groß dazu, so balancirt man sie auf drei Fingerspitzen. Am bequemsten ist jedoch zu diesem Behufe die Klemme (Fig. 67), ein Bogen mit einer Schraube, deren Spitze mit Kork ausgefüttert ist; drei oder vier solche Klemmen dienen dazu, drei bis vier Punkte der Platte zu fixiren, ohne dieselbe zu beschädigen. Ein barbarisches Verfahren, welches in vielen Schulen gebräuchlich ist, besteht darin, die Platte zu durchbohren und auf einen Stiel festzuschrauben.

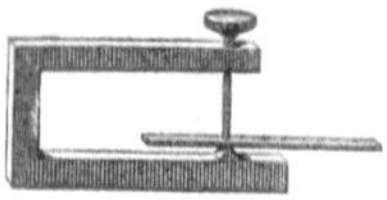

Fig. 67. Klemme.

Streut man, während die Platte vibrirt, trockenen Sand darauf, so sieht man die Sandkörner erst einen Augenblick durcheinander wirbeln und bald darauf zierliche Figuren bilden, welche die Knotenlinien oder Ruheplätze bezeichnen. Jede Knotenlinie scheidet zwei Abtheilungen, die in entgegengesetzter Richtung schwingen, die eine steigt, wenn die andere sich senkt. Die Figuren 68 und 69 stellen einige dieser Curven für verschieden gestaltete Platten dar. Man erhält dieselben in völliger Regelmäßigkeit auf Metallplatten nur dann, wenn dieselben mit einem Holzhammer sorgfältig plattirt und dann geglüht sind. Diese hübschen Erscheinungen heißen, nach dem Namen ihres Entdeckers, die Chladni'schen Klangfiguren.

Ernst Florens Friedrich Chladni, Doctor der Rechte und der Philosophie, war beständig auf Reisen und gab akustische Vorstellungen in den Städten Deutschlands, Frankreichs und Italiens, wohin ihn gerade seine rastlose Wanderlust führte. Er beschrieb seine Klangfiguren

Fig. 68. Klangfiguren.

um 1787. Er hat auch den ersten Katalog von Meteorsteinen herausgegeben, und den außerirdischen Ursprung derselben, lange bevor man ihn allgemein anerkannte, behauptet.

Die Theorie der Klangfiguren hat den Gelehrten viel Mühe gemacht, und ist bis heute noch unvollendet; nur für die Kreisscheiben ist es Kirchhoff gelungen, sie zu Ende

Fig. 69. Klangfiguren.

Fig. 70. Chladni.

zu führen. Savart hat einen praktischen Kunstgriff angegeben; streut man statt des Sandes rothes Schminkpulver auf die Platte und preßt dann ein feuchtes Papierblatt darauf, so drucken sich die Figuren deutlich ab. Faraday hat eine andere Beobachtung gemacht: er nahm Hexenmehl statt des Sandes und sah nun das leichte Pulver sich über den Schwingungsbäuchen statt auf den Knotenlinien ansammeln. Diese Erscheinung erklärt sich durch Luftwirbel, denn im leeren Raum bleibt auch das Hexenmehl auf den Knotenlinien. Ein Goldschlägerhäutchen wird über einem Schwingungsbauch der Platte aufgeblasen und schwebt dann frei in der Luft.

Die Glocken, Schellen, Gläser u. s. w. vibriren mit Knotenlinien, welche wie Nähte über die Mantelfläche laufen. Man kann sie dadurch sichtbar machen, daß man in das Glas oder in die Glocke Wasser gießt; man sieht dann, wie dasselbe von den Bäuchen fortgeschleudert wird und in den Knotenstellen ruhend bleibt. Auch kann man von außen ein kleines Pendel, ein Kügelchen an einem Faden, der Glocke nähern, und die Stöße in den Schwingungsbäuchen beobachten. Bringt man in die Nähe der tönenden Glocke ein Stückchen Papier an einem Faden, so wird dasselbe angezogen und klebt an dem Metall, so lange dasselbe tönt; dies erklärt sich wieder durch die Luftwirbel.

Alle Membranen: ausgespannte Häute, Papierbogen, Collodionblätter, theilen sich durch Knotenlinien in ähnlicher Weise wie die Platten, und ein wenig Streusand genügt, um ihre Zerrbilder sichtbar zu machen.

Da die Membranen jedem Eindruck leicht nachgeben, so lassen sie sich leicht durch jeden Ton in Mitschwingungen versetzen; dies ist ein mechanisches Mitschwingen, verschieden von den Eigenschwingungen, welche nicht willkührlich sind. Das Trommelfell liefert dazu das beste Beispiel. Dasselbe wird von jedem Ton erregt, und es ist nicht denkbar, daß es für jeden Ton, den wir hören, erst seine Spannung ändert, es schwingt gewiß auch bei unveränderter Spannung mit.

Man kann diese Eigenschaft der Membranen benutzen, um die Bäuche und Knotenstellen in einer vibrirenden Luftsäule ausfindig zu machen. Dazu dient das Ohr oder eine kleine, auf einen Rahmen gespannte und mit Sand bestreute Membran. Die Luftschwingungen sind longitudinal, in den Bäuchen ist Bewegung ohne Aenderung der Dichtigkeit, in den Knoten aber Ruhe mit Compressionen und Dilatationen. Die Bewegung kann auf eine Membran wirken, wenn sie dieselbe senkrecht trifft, wie wir dies in Figur 44 gesehen haben; die Compressionen erschüttern dieselbe, wenn sie einseitig wirken, wie dies beim Trommelfell der Fall ist. Auf diese Weise macht König auch die Compression in den Knotenstellen der Orgelpfeifen sichtbar. Er bohrt in die Röhrenwand ein kleines Loch, welches er durch eine Membran verschließt; darüber wird eine Kapsel befestigt, durch welche ein Strom von Leuchtgas geleitet wird. Zündet man den Brenner des Gases an, so geräth die Flamme in Zuckungen, wenn die Röhre ertönt, weil die Membran abwechselnd in die Kapsel hineingedrückt wird und aus derselben herausgedrückt wird, wodurch in dem Gasstrom periodische Aenderungen entstehen. Man kann die Knoten aber auch, wie Zamminer angiebt, bei einer aus dünnen Fichtenbrettern gearbeiteten Pfeife durch aufgestreuten Sand beobachten, indem man die Pfeife horizontal hält, wogegen man die Bäuche durch eine vertical hineingesenkte Membran mit Streusand beobachtet.

Die König'schen Flammen, von denen noch weiter unten die Rede sein wird, dienen überhaupt dazu, Luftschwingungen dem Auge sichtbar zu machen. Sie werden, wie so eben gesagt, durch einen Gasstrom unterhalten, auf welchen die Luftschwingung durch eine in die Wand des Gasrohrs eingeschaltete Membran wirken kann. Zu diesem Behufe steht die Membran mit einem Kautschuckrohr in Verbindung, in welches man die Tonschwingung hineinleitet, indem man z. B. ganz einfach hineinspricht. Die Membran wird dann in schnellem Takt hin- und herbewegt und wirkt auf den Gasstrom, der auf der entgegengesetzten Seite vorbeifließt, wie ein Blasebalg; die Flamme erhebt sich und senkt sich demzufolge einige hundert Mal in der Secunde, und erscheint deshalb spitz und

Fig. 71.

bläulich. Um die Erhebungen und Senkungen getrennt zu sehen, muß man den Kopf schnell hin- und herbewegen oder sich eines drehenden Spiegels bedienen; dann sieht man statt der Flamme eine Reihe feurige Zungen (Fig. 71), aus deren Anblick die Natur der Luftschwingung errathen werden kann.

In neuester Zeit hat Kundt interessante Versuche über

akustische Staubfiguren in Glasröhren und Orgelpfeifen angestellt. Er nimmt eine Glasröhre, schüttet leichten Sand oder Hexenmehl hinein, verstopft die Enden mit zwei Propfen und vertheilt das Pulver durch Schütteln so, daß es überall als Staub an den Wänden haftet. Läßt man die Röhre nun longitudinal tönen, so lagert sich der Staub in schönen und regelmäßigen Figuren ab. Es werden dieselben ohne Zweifel durch stehende Luftwellen verursacht. Man kann mit Hilfe dieser Staubfiguren die Wellenlängen der Töne in verschiedenen Gasarten messen.

Ein bewunderungswürdiges Mittel, die Schwingungen tönender Körper zu beobachten, liefert die graphische Methode oder Phonographie, welche zuerst von Wilhelm Weber erdacht wurde.*)

Denken wir uns ein Pendel mit einer Spitze versehen, dessen Schwingungen klein genug sind, daß die Spitze ein darunter liegendes Papierblatt beständig berührt, und nehmen wir an, das Papier sei berußt. Die Spitze wird offenbar in dem Ruß eine weiße Furche ziehen und dieselbe hin und her immer wieder durchlaufen. Fährt man nun aber mit dem Papierblatt unter dem Pendel weg, in senkrechter Richtung zu der Schwingungsebene, so wird die Spitze in jedem Augenblick einen Punkt einer neuen, zu der alten parallelen Furche abfegen und statt einer geraden Linie eine Schlangenlinie im Ruß beschreiben. Ganz ähnlich verhält es sich aber, wenn wir statt des Pendels einen vibrirenden Stab nehmen, vor dem wir eine berußte

*) Schilling's Musikalisches Lexikon. Stuttgart 1830. Artikel: Akustik. — Pisko, Die neueren Apparate der Akustik, Wien 1865.

Glasplatte vorübergleiten lassen. Ist der Stab an seinem freien Ende mit einer biegsamen Spitze versehen, so zeichnet dieselbe ihre krause Bahn auf das Glas. Statt einer Glasplatte, die man zwischen zwei Leisten führt, wendet man bequemer einen drehenden Cylinder (Fig. 72) an, auf den man ein an der Lampe berußtes Papierblatt klebt. Ist die Schrift da, so entfernt man das Papier

Fig. 72.

und taucht es in Spiritus, wodurch der Ruß fixirt wird, so daß man die Schrift aufbewahren kann.

Um eine Stimmgabel zum Schreiben zu bringen, klebt man auf eine Zinke mit Wachs einen spitzen Metallschnitzel oder ein Stück Federspule.*) Will man die

*) Die auf einem berußten (gewöhnlich horizontal gestellten) Cylinder schreibende Stimmgabel wird jetzt viel zu chronographi-

Luftbewegung durch die Schrift einer mittönenden Membran wiedergeben, so fixirt man auf derselben mit Siegellack eine Borste oder einen Federbart oder einen Schnitzel von Rauschgold. Man sieht vorerst, in welcher Richtung der Stift vibrirt, und nähert ihm dann die bewußte Walze so, daß die Achse derselben parallel mit der Schwingungsebene ist. Dreht man die Walze, während der Stift in Ruhe ist, so erhält man eine weiße Furche, welche um den Cylinder herum als einfache Spirale läuft; läßt man aber die Membran dabei vibriren, indem man sie z. B. anschreit, so wird die Spirale ausgezackt, und jede

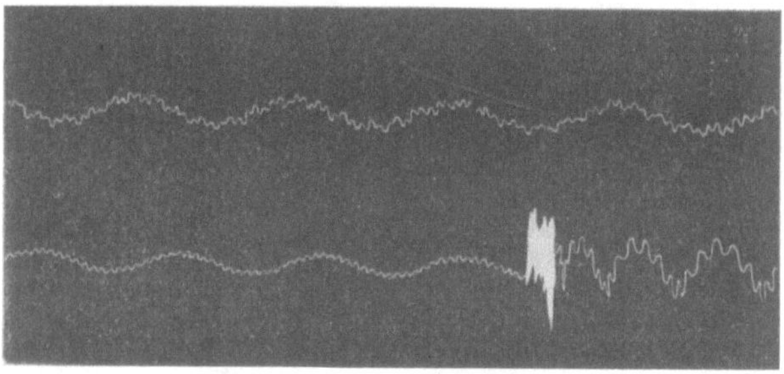

Fig. 73.

Zacke entspricht einer Vibration. Die Figur 73 stellt verschiedene auf diese Weise erhaltene Tonschriften vor.

schen Zwecken, d. h. zur Messung kurzer Zeitintervalle benutzt, da jede Zacke der Spirale einem kleinen Bruchtheile (z. B. $\frac{1}{100}$) einer Secunde entspricht: neben der Zeitspirale werden die Momente irgend eines Phänomens markirt. Die Drehungsgeschwindigkeit einer Axe kann ebenfalls so gemessen werden, indem man die Axe berußt und eine Stimmgabel darauf schreiben läßt.

Leon Scott hat zuerst eine Membran auf diese Art zur graphischen Darstellung der Töne der menschlichen Stimme benutzt. Darauf beruht der Phonautograph, welchen Dr. König zu Paris in großer Vollendung construirt. Eine Membran, auf welche ein Schreibstift gesetzt wird, ist auf einem kreisförmigen Rahmen am vordern Ende eines blechernen Paraboloïds ausgespannt, welches wie ein großes Höhrrohr auf ein künstliches Trommelfell wirkt. Sie ertönt kräftig, sobald man in den Trichter hineinsingt oder eine Orgelpfeife hinter demselben anbläst; die Spitze schreibt dann ihr Pensum auf den Cylinder, der sich drehend weiterschiebt. Es ist König gelungen, aber nur mit Mühe, auf diese Weise eine Melodie von sieben Noten aufzufangen. Daß man es auf demselben Wege wird viel weiter bringen können, etwa gar bis zum Schreiben der Vocale, ist wenig wahrscheinlich, weil die Schrift des Phonautographen kein sehr treues Bild von den erregenden Schwingungen liefert.

Die bereits oben erwähnten stroboskopischen Scheiben, welche Plateau und Doppler, später besonders Töpler in Riga zur Beobachtung der Vibrationen benutzt haben, endlich auch das Vibrations-Mikroskop von Lissajous (Kap. X) gewähren noch andere Hilfsmittel zum Beobachten der Schwingungsformen tönender Körper.

IX. Die Tonhöhe.

Isochronismus. — Messung der Schwingungszahl. — Chladni, Mersenne, Pythagoras. — Das Sonometer. — Die Savart'sche Schnarre. — Die Sirenen. — Grenzen der hörbaren Töne. — Ausdehnung des musikalischen Tongebiets. — Umfang der Stimme.

Es ist uns klar geworden, daß der Ursprung der Töne in den elastischen Schwingungen der Körper gesucht werden muß. Diese Schwingungen sind vor Allem isochron, d. h. daß dieselbe Phase in immer gleichen Zeiten wiederkehrt, und daß eine Oscillation so lange dauert als die andere. Wir können nun die Tonhöhe oder die Eigenschaft, durch welche sich die hohen Töne von den tiefen unterscheiden, definiren: die Tonhöhe ist die Schwingungszahl.

Töne von gleicher Höhe, auf welche Weise sie sonst auch erzeugt werden, vollenden in derselben Zeit dieselbe Anzahl von Schwingungen. Wenn zwei Töne, die von verschiedenen Instrumenten ausgehen, dieselbe Schwingungsdauer oder dieselbe Schwingungszahl besitzen, so sind sie gleich hoch oder im Einklang. Wenn ein Ton uns höher als ein anderer vorkommt, so macht er schnellere Schwingungen als dieser.

Will man daher die Höhe eines Tons genau bestimmen, so muß man die Anzahl der Vibrationen messen, die er in einer Secunde ausführt. Die Methode der

Tonschrift bietet dazu ein sehr einfaches Mittel. Man versieht den zu untersuchenden Körper mit dem nöthigen Schreibzeug: einem feinen Stift und einem berußten Blatt Papier, stellt neben ihn ein Chronometer, welches jede Secunde eine Marke macht, und bringt ihn zum Tönen, während man das Papier in Bewegung setzt. Zählt man nachher die Zacken der Schrift, welche sich zwischen zwei Secundenstrichen vorfinden, so hat man die gesuchte Schwingungszahl. Wer eine Stimmgabel von genau bekannter Tonhöhe besitzt, kann dieselbe anstatt des Chronometers verwenden und neben dem zu bestimmenden Körper schreiben lassen (Fig. 74).

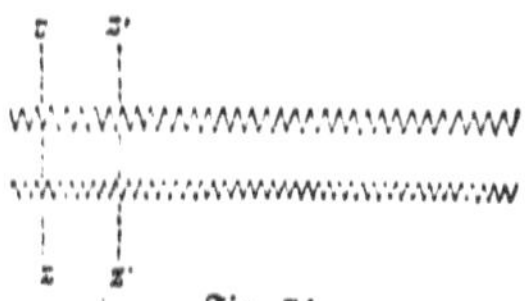

Fig. 74.

Macht die bekannte Stimmgabel z. B. 100 Schwingungen in der Secunde, und finden sich neben 50 ihrer Zacken 220 von dem andern tönenden Körper, so macht derselbe offenbar 440 Schwingungen in einer Secunde.

Chladni war auf ein, zwar sinnreiches, aber wenig genaues Mittel gekommen, um sich Körper von bekannter Tonhöhe zu verschaffen. Er wollte von solchen Vibrationen ausgehen, die, wenn auch zu langsam, um Töne zu erzeugen, doch für das Auge noch deutlich gewesen wären, um direct gezählt werden zu können. Dazu sollte ihm ein langer, dünner Metallstab dienen, der genau 4 Oscillationen in der Secunde gemacht hätte. Die Theorie lehrt, daß ein halb so langer Stab 16 Oscillationen in der Secunde macht, ein viermal kürzerer Stab 64 u. s. w. Durch allmäliges Abkürzen kommt man also auf das Gebiet der hörbaren Schwingungen. Begreiflicherweise ist jedoch dies Mittel praktisch ohne Werth.

Mersenne bestimmte die Höhe der Töne durch die Länge der Saiten, die zu ihrer Hervorbringung dienten. Er hatte gefunden, daß die Schwingungszahlen zweier Saiten von gleicher Beschaffenheit und gleicher Spannung, aber ungleicher Länge, im umgekehrten Verhältniß zu dieser Länge stehen. Eine 15 Fuß lange Saite, die durch ein Gewicht von 7 Pfd. gespannt war, gab ihm 10 Oscillationen in der Secunde; hier war noch kein Ton zu hören; nun wurde aber die Saite auf ein Zwanzigstel ihrer Länge verkürzt, was 200 Schwingungen in der Secunde entsprach, und man erhielt einen Ton, der als Ausgangspunkt für die Bestimmung aller andern dienen konnte.

Auf demselben Princip beruht auch das Sonometer (Fig. 75), ein Instrument, welches zur nähern Bestimmung

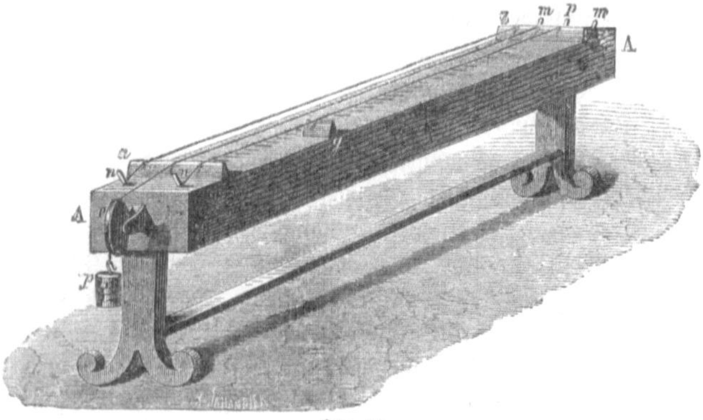

Fig. 75.

der Tonhöhe sehr nützlich ist. Dasselbe besteht aus einer langen und schmalen Kiste von Tannenholz, auf der zwei Stege a, c festgeleimt sind, über welche man eine oder mehrere Saiten von Messingdraht führt. Diese Saiten werden mit einem Ende um eiserne Pflöcke gewickelt, mit dem andern um drehbare Wirbel, durch die man sie spannt, oder man läßt das zweite Ende über eine Rolle gehen und belastet dasselbe mit bekannten Gewichten. Zwischen den beiden Stegen ist eine Theilung, auf welcher ein dritter, beweglicher Steg g hin= und hergerückt werden kann; derselbe dient dazu, die Saite zu verkürzen, bis sie mit dem zu bestimmenden Ton in Einklang steht; man liest alsdann auf der Theilung den Bruch der ganzen Saitenlänge, bei welchem man stehen geblieben ist, und eine sehr einfache Rechnung giebt die entsprechende Tonhöhe, vorausgesetzt, daß die Höhe der ganzen Saite bekannt ist. Diese letztere muß zuvor durch Vergleichung mit einer Stimmgabel fixirt sein.

Mit Hülfe dieses Apparats kann man sich überzeugen, daß die halbe Saite genau die Octave der ganzen Saite gibt; zwei Drittel geben die Quinte, drei Viertel die Quarte u. s. w. Ist der Grundton der ganzen Saite z. B. ein C, so erhält man F, indem man die Saite auf $^3/_4$ verkürzt, G mit $^2/_3$, das nächste höhere C mit der halben Saite, das folgende G mit $^1/_3$, die Doppeloctave des C mit $^1/_4$ u. s. w. Diese Beziehungen zwischen Saitenlänge und Tonhöhe waren den Pythagoräern bereits bekannt. Wir können dieselben heutzutage so auslegen, daß wir sagen: die Octave, Quinte, Quarte u. s. w. sind die Intervalle, welche den Verhältnissen $^2/_1$, $^3/_2$, $^4/_3$ u. s. w. der Schwingungszahlen entsprechen.

Wir sagen demnach: ein Ton ist die höhere Octave eines andern, wenn er in derselben Zeit zweimal so viel Schwingungen macht. Zwei Töne stehen im Intervall der Quinte, wenn drei Schwingungen des einen immer auf zwei des andern kommen; sie bilden eine Quarte, wenn der eine vier Schwingungen macht, während der andere deren drei ausführt u. s. w.

Das Sonometer zeigt auch, was man von einer Anecdote zu halten hat, die sich bei Nikomachus, Jamblichus u. s. w. findet. Es wird hier erzählt, daß Pythagoras, als er einst vor einer Schmiede vorbeiging, in welcher vier Arbeiter Eisen auf einem Ambos hämmerten, mit Verwunderung Töne vernahm, welche nach den Intervallen der Quarte, Quinte und Octave zu einander stimmten, und daß er beim Nachdenken über die Ursache dieser Erscheinung urtheilte, es müsse dieselbe auf dem Gewichte der Hämmer beruhen. Er habe darauf die Hämmer wiegen lassen und gefunden, daß, wenn man das Gewicht des gröbsten Hammers, der dem Grundton entsprach, zu 1 ansetzte, die Gewichte der drei andern, welche die Quarte, Quinte und höhere Octave gaben, sich wie die Zahlen $^3/_4$, $^2/_3$, und $^1/_2$ verhielten. Zu Hause angelangt habe Pythagoras folgenden Versuch gemacht. Er habe eine horizontal befestigte Saite durch Gewichte gespannt und sich überzeugt, daß die Belastungen, welche der Quarte, Quinte und Octave entsprachen, in demselben Verhältnisse standen, als jene Hämmer. Nun zeigt sich aber, daß die Töne einer Saite sich nicht wie die Spannungen verhalten, sondern wie die Quadratwurzeln derselben; um also z. B. die Octave zu erhalten, muß man nicht eine doppelte, sondern eine vierfache Belastung anwenden. Mit den angeblich beobachteten Hammergewichten hätte Pythagoras also nie die Tonleiter hervorgebracht. Ferner würde es sehr schwer halten, mehrere Hämmer zu finden, die Töne im Verhältniß ihrer Gewichte gäben, es wäre das ein reiner Zufall, denn in Wirklichkeit ist das

Gesetz ein ganz anderes. Endlich ist zu bemerken, daß man in der Schmiede wohl nicht die Eigentöne der Hämmer, sondern vielmehr die des gehämmerten Eisens vernimmt.

Die modernen Physiker haben zur Messung der Schwingungszahlen noch ein anderes Verfahren angewandt; es besteht darin, daß man Töne durch die periodischen Stöße eines Zahnrades gegen einen elastischen Körper hervorbringt, und die Umdrehungsgeschwindigkeit des Rades durch ein Zählwerk bestimmt. Bereits 1681 wurde dieses Princip von Hooke benutzt. Er fand u. A., daß man, um die Töne der Stimme nachzuahmen, die Zähne des Rades

Fig. 76. Savart'sche Schnarre.

ungleichmäßig vertheilen mußte, eine Beobachtung, die zu wiederholen der Mühe lohnen dürfte. Auch von Stancari scheinen ähnliche Versuche herzurühren. Er bediente sich eines Rades von 3 Fuß Durchmesser, in dessen Kranz 200 eiserne Spitzen geschlagen waren; dieselben durchschnitten die Luft und brachten einen pfeifenden Ton hervor.

Savart ließ um 1830 zu demselben Zweck seine große Schnarre bauen. Hier treffen die Zähne des Rades ein leicht ausweichendes Blech. Die Bewegung wird durch eine Kurbel und durch ein Schwungrad mit Laufriemen (Fig. 76) hervorgebracht; ein Zählwerk, das auf der Achse des Zahnrades sitzt, giebt die Zahl der Umdrehungen an. Multiplicirt man diese Umdrehungen mit der Anzahl der Zähne, so hat man die Zahl der Stöße, die in einer Secunde stattfinden, und folglich die Tonhöhe. Es ist aber schwer, solche Räder mit gleichmäßiger Schnelligkeit in Drehung zu versetzen, und die Töne, die man hervorbringt, sind ohrzerreißend. Deshalb hat man den unförmlichen Apparat längst aus der Praxis verbannt.

Weit bequemer ist die Sirene. Diese besteht dem Wesen nach in einer durchlöcherten Scheibe, deren Oeffnungen auf einem oder mehreren concentrischen Kreisen vertheilt sind. Man versetzt die Scheibe in schnelle Drehung und richtet zu gleicher Zeit einen Luftstrom gegen einen Punkt eines solchen Kreises. Die Luft wird durchgelassen, so oft ein Loch an der Stelle, wo die Scheibe angeblasen wird, vorübergeht; man erhält also periodische Stöße, aus denen bei hinreichender Schnelligkeit ein Ton wird. Macht die Scheibe zehn Umdrehungen in der Secunde, und besteht die Löcherreihe aus 12 Oeffnungen, so erhält man 120 Stöße, und der entsprechende Ton macht 120 ganze Schwingungen in der Secunde. Die Disposition, die wir hier beschreiben, stammt von Seebeck her und ist viel einfacher als die ursprünglich von Cagniard-Latour angegebene. Sie hat dazu gedient, den Beweis zu führen, daß ein Ton nur durch regelmäßig vertheilte Impulse erhalten werden kann; unregelmäßige Impulse geben mehrere verschiedene Töne.

Man kann die Drehung der Scheibe durch ein Schwungrad mit Kurbel oder durch ein Uhrwerk hervorbringen, welches zugleich die Zahl der Umdrehungen angiebt. Die ursprünglich von Cagniard-Latour im Jahre 1819 angegebene Sirene wird von dem Luftstrom, welcher den Ton erzeugt, in Bewegung gesetzt; es ist eine Art akustischer Windmühle. Der Luftstrom kommt aus einem Blasebalg und tritt durch das Ansatzrohr a (Fig. 78) in eine Trommel, deren Deckel durchlöchert ist. Auf diesem Deckel dreht sich um die senkrechte Achse c eine ebenfalls durchlöcherte Scheibe b, deren Oeffnungen mit denen des Deckels in gewissen Stellungen der Scheibe zusammenfallen, so daß der Wind durchgelassen wird, während derselbe in jeder andern Stellung abgesperrt ist. Wird die obere Scheibe also gedreht, so erhält man periodische Luftstöße, indem der Wind wechselsweise durchbricht und zurückgehalten wird. Damit er nun aber die Scheibe selber treiben könne, sind die Löcher schräg gebohrt, und zwar so, daß ihre

Fig. 77.

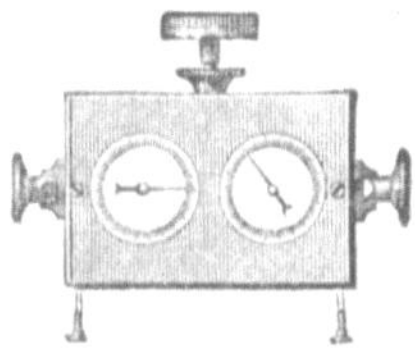

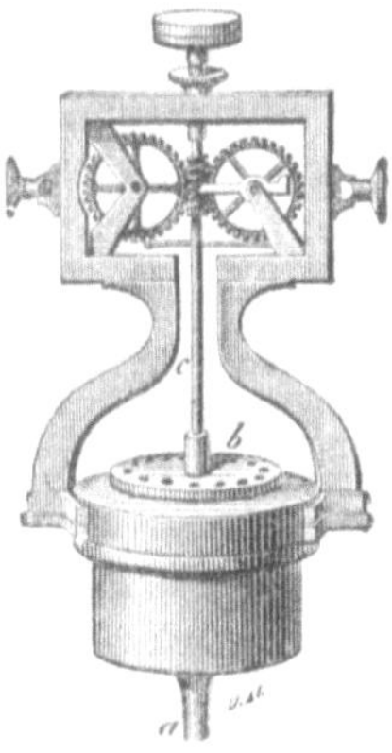

Fig. 78.

Richtung im Deckel mit derjenigen in der Scheibe einen rechten Winkel bildet; fährt also der Wind aus dem Kasten in die Oeffuungen der Scheibe, so muß er seine Richtung um 90 Grad ändern und der Rückstoß setzt die Scheibe in Bewegung. Je mehr man nun den Blasebalg tritt, um so schneller dreht sich die Mühle, um so schneidender wird der Ton. Man kann denselben zwar dadurch tiefer machen, daß man den Luftdruck verringert, aber es ist sehr schwer, ihn gleichförmig zu erhalten, wie dies für Messungen nöthig ist. Man muß eben suchen, den Ton so gut als möglich festzuhalten, sobald er mit dem zu bestimmenden Ton im Einklang ist; dann läßt man die Räder des Zählwerks in das Gewinde der Achse c eingreifen und liest auf den beiden, in unserer Figur 77 besonders abgebildeten Zifferblättern die Anzahl der in einer Secunde vollführten Umdrehungen ab. Das erste Zifferblatt giebt die Hunderte, das andere die Zehner und Einheiten; findet man also nach fünf Minuten den ersten Zeiger auf 66, den zweiten auf 30, so hat die Sirene in dieser Zeit 6630 Umdrehungen gemacht, und wenn wir annehmen, die Scheibe habe 20 Löcher, so giebt das 132600 Luftstöße in 5 Minuten oder 300 Secunden, also 442 in der Secunde. Daraus schließen wir, daß der fragliche Ton 442 ganze oder Doppelschwingungen in der Secunde macht.

Die Sirene tönt auch unter Wasser; daher hat sie ihren Namen. Taucht man sie in irgend eine Flüssigkeit und treibt einen kräftigen Strom dieser Flüssigkeit durch die Löcherscheibe, so erhält man einen Ton der sich von dem in der Luft erzeugten nur durch eine eigenthümliche Klangfarbe unterscheidet. Man bringt auf diese Art das Wasser, das Oel, den Wein zum Singen.

Die Construction der Sirenen ist von Seebeck, Opelt, Dove, Helmholtz und Dr. König vielfach verändert und verbessert worden. Die König'sche Sirene vereinigt die Vorzüge aller andern. Sie wird durch ein starkes Uhrwerk geräuschlos getrieben und gibt Töne von ungewöhnlich reinem Klange. Der Windkasten ist in Kammern getheilt, deren jede eine der concentrischen Löcherreihen der drehenden Scheibe speist, und eine Claviatur dient dazu, diese Kammern nach Belieben zu öffnen oder zu sperren, so daß sich das Instrument wie eine Orgel spielen läßt. Dasselbe ist übrigens mit einem vollständigen Satz von Scheiben, welche die verschiedenartigsten Bohrungen zeigen, versehen, und man kann diese Scheiben der Reihe nach auf die Rotationsaxe schrauben. Endlich gehört zu dieser Sirene noch ein zweiter, dem ersten ähnlicher Windkasten, welcher daraus eine Helmholtz'sche Doppelsirene macht und zu einer Reihe von Experimenten über Schwebungen und Combinationstöne dient, wovon später die Rede sein wird. In neuester Zeit hat Dr. König eine Riesen-Sirene construirt, deren Uhrwerk von einem mehrere Centner schweren Gewichte getrieben wird, das an einem 3 Meter hohen gußeisernen Gestell herabgleitet. Dieselbe dient u. a. zu Versuchen über die Klangfarbe der Töne.

Der Luftstrom wird hier, wie bereits gesagt, durch ein Blaswerk hervorgebracht. Dasselbe ist Figur 79 dargestellt. Es besteht aus einem doppelten Blasebalg, einem Tritt p, einem Handgriff t, einem Windkasten c mit einer Reihe von Oeffnungen, die man beliebig verwenden kann. Man pflanzt auf dieselben die Sirene oder Orgelpfeifen, die man zum Tönen bringen will.

Eine der natürlichsten Fragen, die man sich stellen kann, ist diese: wo liegt die Grenze der hörbaren Töne?

Sauveur, um 1700, nahm an, der tiefste hörbare Ton sei der einer 40füßigen offenen Orgelpfeife, der unge-

Fig. 79.

fähr 25 einfachen Schwingungen entspricht. Eine Pfeife von dieser Länge aus Holzdauben zusammengesetzt und mit Zinnplatten überkleidet, wurde im Herbst 1854 von Walcker in Ludwigsburg auf die Münchener Industrieausstellung gesandt. Die für Orgeln verwandten Pfeifen haben wohl höchstens 32 Fuß Länge; sie geben ein C von

32 Schwingungen. Ob die entsprechenden Töne aber wirklich gehört werden, ist schwer zu entscheiden.

Die tiefsten Töne der sechzehnfüßigen Octave, das C von 65 und das D von 73 einfachen Schwingungen, klingen schon wie ein Schnarren, dessen musikalische Höhe selbst von einem geübten Ohre nur mit Mühe festgestellt werden kann; um die entsprechenden Pfeifen abzustimmen, muß man zu indirecten Mitteln seine Zuflucht nehmen. Auf dem Piano, wo diese Töne die untere Grenze der Claviatur bilden, kann man sich ebenfalls leicht davon überzeugen, wie unbestimmt ihr musikalischer Charakter ist. Im Orchester geht man wohl auch nicht unter das E des Contrabasses von 82 einfachen Schwingungen. In dieser Gegend fängt das Ohr bereits an, die Luftschwingungen als getrennte Stöße zu empfinden. Dies Gefühl wird immer deutlicher, je mehr man in die 32 füßige Octave hineingeräth, und das 32 füßige C ist kaum mehr ein Ton zu nennen, es ist nur ein Rucken im Ohr. Wenn viele Personen dennoch die Töne zu hören vermeinen, so liegt das vielleicht daran, daß die Orgelpfeifen außer ihrem Grundton noch andere, höher liegende Töne hervorbringen, von denen später. Einer Täuschung dieser Art ist wohl auch Savart bei seinen Versuchen über die Grenze der hörbaren Töne anheimgefallen. Er ließ eine eiserne Stange um eine horizontale Axe wirbeln und dabei durch eine Spalte in einem Brett passiren. Bei jedem Durchgang der Stange durch die Spalte gab es einen schwachen Knall, und bei hinreichender Rotationsgeschwindigkeit hörte man einen sehr tiefen Ton, von einem lauten Schnarren oder Rollen begleitet. Sieben oder acht Stöße in der Secunde geben noch einen Ton, und Savart schloß daraus, daß der tiefste noch hörbare Ton 7 bis 8 Doppelschwingungen oder ungefähr 14 einfachen Schwingungen entspricht. Doch ist das Irrthümliche dieses Schlusses leicht zu beweisen. Die natürlichen Töne sind nämlich gewöhnlich von höheren Tönen, den sogenannten Obertönen, begleitet, wie wir bald sehen werden und diese Obertöne werden allein gehört, wenn der Grundton sehr tief liegt. Es ist also sicher, daß Savart nie einen tiefern Ton als das C von 32 Schwingungen gehört hat.

Helmholtz hat sich neuerdings einer anderen Methode zur Entscheidung dieser Frage bedient. Er nahm einen Resonanzkasten, der nur eine Oeffnung hatte, welche mit dem Ohr durch eine Röhre in Verbindung gesetzt wurde, so daß die Luft aus dem Kasten nur in das Ohr entweichen konnte. Auf dem Resonanzboden wurde eine Klaviersaite gespannt, welche in ihrer Mitte ein kupfernes Kreuzerstück trug; so belastete Saiten gaben außer ihrem Grundton nur Obertöne, die mehrere Octaven höher liegen und zu dem Grundton nicht harmonisch sind, also nicht mit ihm verwechselt werden können. Die Töne einer Saite von gewöhnlicher Höhe klingen unter diesen Umständen unerträglich laut; die verwendete Saite aber gab ein D von 74 Schwingungen, welches kaum hörbar war und schon etwas Knarrendes hatte. Als Helmholtz nun bis auf 62 Schwingungen herunterging, war fast nichts mehr zu hören. Er schließt daraus, daß die Tonempfindung bei etwa 60 einfachen Schwingungen beginnt, und daß die Töne einen musikalischen Charakter erst in der sechzehnfüßigen Octave, bei ungefähr 80 Schwingungen annehmen. Es läßt sich indessen denken, daß die Grenze der tiefen Töne nicht für alle Ohren dieselbe ist, daß sie von der Intensität der Töne und von der Gewöhnung des Hörers abhängt, endlich aber, was wohl noch wichtiger ist, daß die ganz tiefen Töne in Verbindung mit höheren eine kräftige Wirkung hervorbringen, ohne daß sie deshalb einzeln eine bestimmte Tonempfindung hervorzurufen brauchen. Um diesen Gegenstand weiter zu untersuchen, hat Dr. König riesige Stimmgabeln (von 1 Meter Länge und 40 Kilogr. Gewicht) construirt, die mit gewaltigen Resonanzcylindern versehen sind und, mit passenden Gewichten belastet, beliebig tiefe Töne geben.

Die obere Grenze der hörbaren Töne ist entschieden nicht dieselbe für jedes Ohr. Viele Personen hören sehr hohe Töne gar nicht mehr, die für andere noch ganz deutlich erkennbar sind. So fand Savart, daß ein Ton von 31000 Vibrationen, welchen er durch die Longitudinalschwingungen eines Glasstäbchens von etwa 6 Zoll Länge erhielt, noch dem größten Theile seiner Zuhörer vernehmlich war, dagegen 33000 Vibrationen, welche ein etwas kürzeres Stäbchen gab, schon von Vielen nicht mehr gehört werden. Mit großen Zahnrädern brachte er ferner einen sehr kräftigen Ton zu Stande, der erst aufhörte, vernehmbar zu sein, als er 48000 Stößen in der Secunde entsprach; doch ist schwer zu beweisen, daß in diesem Fall das den Ton erzeugende Blech noch von allen Zähnen getroffen werde.

Despretz glaubte später, diese Grenze noch viel weiter hinausgerückt zu haben. Er hatte sich Stimmgabeln verschafft, die angeblich bis 73000 einfache Schwingungen gaben. Es sind dies Miniaturgabeln, die sich im physikalischen Kabinet der Sorbonne befinden. Fragt man aber, wie ihre Tonhöhe erhalten wurde, so erfährt man, daß sie von Marloye nach dem Ohre abgestimmt worden sind! Marloye hat zuerst (immer nach dem Gehör) eine Octave von 16000 bis 32000 einfachen Schwingungen verfertigt, dann eine Gabel auf die nächste höhere Octave, also auf 64000, gestimmt, endlich auf dieselbe Weise eine letzte Gabel einen Ton höher, also auf 73000 einfache Schwingungen gebracht. Diese Gabeln werden nur von sehr feinen Ohren überhaupt gehört, ihre Töne thun dem Ohre weh, sie bringen eine eigenthümliche schmerzhafte Empfindung hervor, die noch lange Zeit nachher anhält; von Schätzung ihrer Höhe kann gar nicht die Rede sein. Man darf die angeblichen Bestimmungen von Marloye also nicht für glaubwürdig halten.

In neuester Zeit hat König diesen Gegenstand wieder aufgenommen. Er hat eine Reihe von Stahlstäben construirt, dessen Longitudinalschwingungen bis zu 64000 in der Secunde hinaufgehen; außerdem erhält er diese hohen Töne auch durch Querschwingungen ähnlicher Stäbe. Es hat sich gezeigt, daß nur wenige Personen den Ton von 48000 Schwingungen noch hören, so daß also zwischen 45000 und 50000 die allgemeine Grenze der Hörbarkeit zu liegen scheint, welche bei höherem Alter gegen 32000 oder noch tiefer herabrückt. Wollaston hatte schon früher bemerkt, daß für viele Leute das Gezirp der Grillen auf dem Felde und selbst das Zwitschern der Sperlinge nicht mehr vernehmlich ist. Sollte es nicht Thiere geben, welche Töne, die für das menschliche Ohr schon zu hoch liegen, noch empfinden können?

Es scheinen demnach die Grenzen des Tonreichs im Allgemeinen bei 60 einfachen oder 30 Doppelschwingungen in der Tiefe, und bei 50000 einfachen oder 25000 Doppelschwingungen in der Höhe zu liegen. Erst in weiter Entfernung begegnen wir den wärme- oder lichterzeugenden Aetherschwingungen, die ein Gebiet von vier Octaven umfassen. Die dunkle Wärme beginnt mit 65 Billionen

Schwingungen in der Secunde, die sichtbaren Strahlen liegen zwischen 400 und 800 Billionen, die chemischen Strahlen überschreiten 1000 Billionen. Nun wissen wir aber, daß die Wärme nicht ausschließlich durch die Bewegung des Aethers hervorgebracht wird, sondern daß auch die wägbare Materie vibrirt, wenn sie sich erwärmt; daraus scheint doch hervorzugehen, daß die Atome derselben sich mit unerhörter Schnelligkeit bewegen können. Was wird nun aus den Schwingungen, deren Gebiet zwischen 40000 und 65000,000,000,000 liegt? die zu rapid sind, um Ton zu sein, und zu träge, um Wärme vorzustellen? Haben wir Sinne, auf welche sie wirken, Organe, von denen sie empfunden werden? Dürfen wir dieses herrenlose Gebiet für die Electricität in Anspruch nehmen, welche doch sicher auch nichts anderes als eine Bewegungsform ist?

Zum Schluß wollen wir noch die Grenzen der gebräuchlichsten Musikinstrumente hersetzen. Das reichste von allen ist die Orgel, welche beinahe 10 Octaven, also das ganze Feld der musikalisch verwendbaren Töne umfaßt. Das Piano hat meistens sieben Octaven; die neueren Instrumente beginnen mit dem A von 54 einfachen Schwingungen und gehen oft bis zum C von 8400 Schwingungen.

Die Violine umfaßt zwar eigentlich nur vier Octaven (400 bis 6000 Schwingungen), aber der Bogen entlockt ihr künstlich weit höhere Töne. Der Contrabaß bewegt sich zwischen 80 und 350, doch hatte der riesige Octobaß von Vuillaume eine Saite, die das C von 64 Schwingungen gab. Die Hörner, Posaunen und ähnliche Blasinstrumente können für sehr verschiedene Tonlagen eingerichtet werden. Die höchste Note, die das Orchester gebraucht, ist wohl das fünfgestrichene d von 9500 Schwingungen der Piccoloflöte. Man kann sagen, daß die Töne, welche einen bestimmt ausgeprägten musikalischen Charakter haben, sich innerhalb sechs und einer halben Octave befinden, also zwischen 80 und 8000 einfachen Schwingungen.

Als äußerste Grenzen der menschlichen Stimme darf man wohl das F von 87, und das hohe c von 4200 Schwingungen ansehen:

Die Gebr. Fischer. Die Bastardella.

X. Die Tonleiter.

Tonverhältnisse. — Leiter. — Benennung der Noten. — Notenschrift. — Dur und Moll. — Die Wölfe. — Der Kirchenton. -- Die Normalgabel. — Das Kaleidophon. — Die optische Methode von Lissajous.

In der Musik kommt es bei Weitem weniger auf die absolute Höhe der Töne, als auf ihre Verhältnisse oder Intervalle an. Die Intervalle bestimmen das Vergnügen, welches uns die Verbindung gewisser Töne bereitet. Befinden sich zwei Töne in dem Verhältniß von zwei sehr einfachen ganzen Zahlen, so bilden sie eine Consonanz; die Dissonanzen entstehen aus mehr verwickelten Verhältnissen. In diesem Sinne darf man wohl sagen, die Musik sei Zahl.

Pythagoras wußte sehr wohl, daß wenn eine Saite in zwei ungleiche Theile abgetheilt wird, die Töne der beiden Theile eine Consonanz bilden, so oft ihre Längen sich wie zwei einfache ganze Zahlen verhalten. Das Verhältniß 1 : 2 entspricht der Octave, 2 : 3 der Quinte, 3 : 4 der Quarte, u. s. w. Es ist anzunehmen, daß der griechische Philosoph dies Gesetz von den ägyptischen Priestern erfuhr, daß es also dem grauesten Alterthume bekannt war.

Wir wissen jetzt, daß die Verhältnisse der Saitenlängen die umgekehrten Verhältnisse der Schwingungszahlen vorstellen. Die Consonanzen beruhen also direct auf der relativen Höhe der Töne. Nehmen wir z. B. die Quinte c g. Das Ohr sagt uns zuvörderst, daß ganz dasselbe Intervall zwischen zwei hohen oder zwei tiefen Tönen bestehen kann, daß es folglich keineswegs an die absolute Höhe gebunden ist. Messungen zeigen ferner, daß die Töne, welche eine Quinte bilden, immer in dem Verhältnisse von 3 : 2 stehen, und umgekehrt, daß alle Töne, deren Höhen sich wie 3 : 2 verhalten, eine Quinte geben. Endlich findet man, daß die Consonanz um so reiner klingt, je genauer die Töne den Zahlen 3 und 2 entsprechen. Wir werden daher das Intervall 3 : 2 eine **reine Quinte** nennen; die Instrumentalmusik wendet es wohl nur selten in seiner Reinheit an. Den Consonanzen, welche in der Musik vorkommen, entsprechen folgende Zahlenverhältnisse:

Octave	1 : 2
Quinte	2 : 3
Quarte	3 : 4
Große Terz	4 : 5
Kleine Terz	5 : 6
Große Sexte	3 : 5
Kleine Sexte	5 : 8

Man sagt, eine Note sei die (höhere) Octave einer andern, wenn sie in derselben Zeit die doppelte Anzahl von Schwingungen macht; umgekehrt ist die letztere die tiefere Octave der ersteren. Die aufeinanderfolgenden Octaven unterscheidet man gewöhnlich durch Striche oder Ziffern, es ist aber in letzter Zeit in diese Schreibart eine große Verwirrung gekommen. Wir setzen die gebräuchlichsten Bezeichnungsweisen nebeneinander her:

	$\underline{\underline{C}}$	$\underline{C}$	C	c	$\overline{c}$	$\overline{\overline{c}}$	$\overline{\overline{\overline{c}}}$	$\overline{\overline{\overline{\overline{c}}}}$	. . .
	C,,	C,	C	c	c′	c″	c‴	c⁗	. . .
	C_2	C_1	C	c	c_1	c_2	c_3	c_4	. . .
	c^{-3}	c^{-2}	c^{-1}	c^0	c^1	c^2	c^3	c^4	. . .
(franz.)	ut_{-2}	ut_{-1}	ut	ut_2	ut_3	ut_4	ut_5	ut_6	. . .

Wie man die Striche oder Ziffern hier über, unter oder neben das c schreibt, werden dieselben auch zu den übrigen Noten derselben Octave geschrieben, wenn man eben nach Octaven abtheilen will. Uebrigens wird durch diese Bezeichnung auch die absolute Höhe der Noten nahezu festgestellt. C,, entspricht 33 einfachen Schwingungen; C, ist das Contra-C und entspricht 66 einfachen Schwingungen; das große C entspricht 132, das kleine oder ungestrichene c 264, das eingestrichene c′ 528, das zweigestrichene c″ 1056 einfachen Schwingungen, u. s. w. Man spricht ebenso von der Contra-Octave, der großen, der kleinen, der eingestrichenen Octave, u. s. w.*)

Es ist leicht zu begreifen, daß Töne, die paarweise consonant sind, es auch bleiben, wenn man sie zu Accorden von mehr als zwei Noten vereinigt. Die angenehmsten Dreiklänge sind:

der Duraccord $4:5:6$,
der Mollaccord $\frac{1}{6}:\frac{1}{5}:\frac{1}{4}$.

Diese Accorde, die Grundaccorde der Dur- und der Molltonart, enthalten jeder eine Quinte ($6:4$ oder $3:2$), eine große Terz ($5:4$) und eine kleine Terz ($6:5$), sie unterscheiden sich aber durch die Lage der Terzen; die große

*) Dem Baßschlüssel entspricht das ungestrichene f, dem Diskantschlüssel das eingestrichene g (g′).

Terz liegt im Duraccord tiefer, im Mollaccord höher als die kleine Terz.

Um Accorde ausführen zu können, theilt man die Töne in Stufen, deren Aufeinanderfolge eine **Tonleiter** heißt. Die gebräuchlichste Tonleiter ist die folgende, die aus sieben, oder wenn die Octave mitzählt, aus acht Noten besteht:

c d e f g a h c,

dazu die Verhältnißzahlen;

24 27 30 32 36 40 45 48

Indem man statt jeder Note ihre Octave nimmt, erhält man eine zweite, der ersten ganz ähnliche Tonleiter, und so kann man fortfahren bis an die Grenze der Hörbarkeit. Die Verhältnisse der aufeinanderfolgenden Töne zu dem ersten heißen die musikalischen Intervalle und lassen sich durch die beistehenden Zahlen ausdrücken.

C — c	Prime oder Einklang	1 : 1
c — d	Secunde	8 : 9
c — e	Terz	4 : 5
c — f	Quarte	3 : 4
c — g	Quinte	2 : 3
c — a	Sexte	3 : 5
c — h	Septime	8 : 15
c — c′	Octave	1 : 2
c — d′	None	4 : 9
c — e′	Decime	2 : 5
c — f′	Undecime	3 : 8
c — g′	Duodecime	1 : 3
. . . .	. . . . . .	. . .
c — c″	Doppeloctave	1 : 4

c — e''	Septemdecime	1 : 5
. . . .		. . .

u. s. f.

Die Namen der Intervalle bedeuten einfach die Ordnungszahl der aufeinanderfolgenden Noten. Die Einfachheit der Verhältnisse 1 : 2, 1 : 3, 1 : 4 u. s. w. zeigt schon, daß die Octave, die Duodecime, die Doppeloctave, u. s. f. die vollkommensten Consonanzen abgeben. Wir haben sie vorhin nicht alle aufgezählt, weil man sie als Verdoppelungen der einfachen Intervalle betrachtet, aus denen sie abgeleitet werden, indem man um eine oder mehrere Octaven steigt.

Verbindet man zwei Noten der Tonleiter, so erhält man durchaus nicht immer eine Consonanz; diese entsteht nur durch gewisse Verbindungen. Wir wissen aber, daß die Dissonanzen in der Musik auch eine bedeutende Rolle spielen. Das Intervall c — d, welches durch das Verhältniß 8 : 9 ausgedrückt wird und große Secunde heißt; das Intervall d — e, 9 : 10, oder die kleine Secunde; die Intervalle e — f und h — c, beide gleich 15 : 16 und Halbtöne genannt, sind entschiedene Dissonanzen.

Wie wir die Tonleiter eben erklärt haben, hängt dieselbe nur von der verhältnißmäßigen Höhe der Töne ab, nicht aber von ihrer absoluten Höhe. Die erste Note oder die T o n i c a ist willkürlich; hat man sie aber einmal gewählt, so bestimmt sie alle übrigen. Dies merkt man deutlich, wenn man die Tonleiter c d e f g a h zu singen versucht; das c mag liegen, wo es will, aber was darauf folgt ist nun gesetzmäßig gegeben. Macht das c z. B. 240 Schwingungen in der Secunde, so muß das d nothwendig deren 270 machen, das e 300, das f 320 u. s. w. oder man singt falsch.

Die Bezeichnung der Noten durch die ersten Buchstaben des Alphabetes ist älter, als ihre Bezeichnung durch die Silben ut-re-mi-fa-sol-la-si, welche sich bei den Völkern lateinischer Abkunft erhalten hat. Gewöhnlich wird angegeben, diese Silben seien von dem Benedictiner Guido von Arezzo um 1026 eingeführt; jedoch findet man in einem Werke aus dem 15. Jahrhundert (vielleicht auch bei Gerbert) die Behauptung, daß dieselben von einem deutschen Musiker, Phontus Teutonicus genannt, herstammen. Es wurden zuvörderst nur die sechs ersten gebraucht; sie beginnen die Worte in der Hymne an Sanct Johannes:

> *Ut* queant laxis *re*sonare fibris
> *Mi*ra gestorum *fa*muli tuorum,
> *Sol*ve polluti *la*bii reatum,
> *S*ancte *I*ohannes.

Das *si* aus dem letzten Verse genommen (S, I), wurde viel später hinzugefügt. In Italien ersetzte man bald das ut durch das besser klingende do. In Paris sang man die Tonleiter im 14. Jahrhundert noch auf die Silben pro, to, no, do, tu, a. Bald wurden jedoch die Silben do, re, mi, fa, sol, la, si allgemein üblich, wie sie es noch heutzutage in Frankreich und Italien sind; auch in Frankreich singt man do statt ut.

Die Bezeichnung der Noten durch die Buchstaben des Alphabets hat folgenden Ursprung. Seit Gregor dem Großen, vielleicht schon vor dem 6. Jahrhundert, hatte man eine Reihe von fixen Tonleitern angenommen, welche dem Umfange der Stimme und der Musikinstrumente entsprachen; man schrieb dieselben in dieser Weise:

A B C D E F G a b c d e f g aa bb cc . . .

Als später eine tiefe Note zugefügt wurde, bezeichnete man

dieselbe durch ein Gamma oder griechisches g; daher der Name *gamme* für die Tonleiter im Allgemeinen. Guido ersetzte die Buchstaben durch Punkte auf Linien; jede Linie erhielt ihre Bedeutung durch einen Schlüssel, durch einen der sieben Buchstaben. Stand z. B. ein f auf der Linie, so bedeuteten alle Punkte auf derselben die Note f. Später schrieb man die Punkte auch zwischen die Linien (in die Spatia). Die Accorde deutete man dadurch an, daß die Punkte über einander standen; deshalb hieß die Compositionslehre Contrapunkt.

Anfänglich deutete man übrigens in der Notenschrift nur die Höhe, nicht aber die Dauer der Noten an. Erst Johann de Muris (1338) setzte statt der Punkte kleine Quadrate, durch welche die Dauer ausgedrückt wurde, und Petrucci erfand (1502) den Notendruck. Heutzutage schreiben wir die Noten als runde Punkte oder kleine Kreise, mit senkrechten Strichen oder Fähnchen versehen, wodurch sie als ganze, halbe, Viertel-, Achtel-Noten u. s. w. bezeichnet werden; dieser Abstufung entsprechen die ganzen, halben, Viertel-, Achtel-Pausen u. s. w. Die absolute Zeitdauer jeder Note zu fixiren, dient das Metronom, eine Art Pendel, welches man verlängern oder verkürzen kann. Aus dem Buchstaben G ist der G-Schlüssel geworden (𝄞), aus dem F der F- oder Baß-Schlüssel (𝄢), aus dem C der C-Schlüssel (𝄡) u. s. f.

Indem man in der älteren Zeit die Tonleiter mit der einen oder der andern der sieben fixen Noten beginnen ließ (wobei das B mit H vertauscht werden konnte), erhielt man verschiedene Tonarten (die sogenannten Kirchentöne), welche von den heutigen bedeutend abweichen, und die Verwirrung wurde allmälig immer größer, bis man darauf verfiel, durch Einführung der chromatischen Halbtöne die Transposition der Melodien ohne Aenderung der Intervalle zu ermöglichen. Wollte man früher die Leiter z. B. mit E beginnen, so war die nächste Note ein F, also das erste Intervall ein Halbton, während C-D ein ganzer Ton ist; heutzutage ersetzen wir F durch Fis, können also auch E dur mit einem ganzen Ton (E Fis) beginnen. Die Kreuze (♯) dienen dazu, die Noten um einen halben Ton zu erhöhen, die Bee (♭), dieselben um einen halben Ton zu erniedrigen; das erhöhte c heißt cis, das erniedrigte ces u. s. w. Indem man bei der Transposition die Noten so wählt, daß die Intervalle einer Grundtonleiter festgehalten werden, reducirt man Alles auf zwei Tonarten: Dur und Moll*). Die Durtonleitern ähneln alle der Haupleiter C-Dur:

c d e f g a h.

Die Molltonleitern haben zum Typus A-Moll:

a h c d e f gis,

können aber so modificirt werden:

aufsteigend: a h c d e fis gis a;
absteigend: a g f e d c h a.

Der Hauptunterschied zwischen Dur und Moll besteht in der Einführung der kleinen Terz a-c (5 : 6) an Stelle der großen Terz c-e (4 : 5). Jede Tonart hat ihren charakteristischen Grund- oder Stammaccord, welcher die Terz und die Quinte der Tonica enthält: c-e-g für Dur, und c-es-g oder a-c-e für Moll. In dem Dur-

*) Die Namen Dur und Moll beziehen sich nicht auf den Charakter der Tonarten, sondern einfach auf die Form des eckigen b (♮, b durum), welches für unser h, und des runden b (♭, b molle), welches für unser b geschrieben wurde.

dreiklang c-e-g liegt die große Terz tiefer als die kleine, in dem Molldreiklang c-es-g die kleine tiefer als die große.

Wollte man alle durch die Transposition entstehenden Tonleitern in ihrer theoretischen Reinheit auf deu Musikinstrumenten ausführen, so würde sich die Construction derselben sehr compliciren. Die chromatischen Halbtöne werden durch das Verhältniß $\frac{25}{24}$ ausgedrückt; eine leichte Rechnung zeigt, daß man dadurch ein cis erhält, welches nicht mit des zusammenfällt, sondern ein wenig tiefer liegt, (cis = $\frac{25}{24}$, des = $\frac{27}{25}$), u. s. w. Um nun diesen verwickelten Verhältnissen abzuhelfen, läßt man auf dem Piano und den andern Instrumenten mit fixen Tönen die angrenzenden Halbtöne zusammenfallen und erhält dadurch die temperirte Tonleiter. Dieselbe besteht aus 12 gleichen Halbtönen, deren jeder ungefähr $\frac{18}{17}$ beträgt; um sie auszuführen, genügt es, auf dem Piano fünf schwarze Tasten zwischen den sieben weißen einer jeden Octave einzuschalten. Dadurch werden zwar die natürlichen Intervalle etwas verstimmt, aber die Bequemlichkeit, welche durch die Temperatur erreicht wird, ist so groß, daß sie für die geringen Nachtheile der Verstimmung wohl entschädigt. Der temperirte Ganzton ist nur sehr wenig von der großen Secunde 8 : 9 verschieden. Die Quinte und die Quarte werden kaum merklich geändert; nur die Terzen leiden wirklich durch die Temperatur, sie klingen für empfindliche Ohren fast unangenehm.

Als die gleichschwebende Temperatur vor zweihundert Jahren sich einzubürgern begann, fand sie einigen Widerstand; die Intervalle, welche am meisten litten, nannte man Wölfe. „Es ist zum Besten,“ sagt Prätorius, „daß der Wolf mit seinem widrigen Heulen im Walde bleibe.“

Heutzutage sind wir aber an diese leicht verstimmte Musik vollständig gewöhnt, wozu die allgemeine Verbreitung des Piano's viel beigetragen hat. Musiker, welche gewöhnt sind, im Orchester zu spielen, kennen die reinen Accorde gar nicht; wir leben in dem Zeitalter der Dissonanzen!

Damit Musikstücke von einem Orchester ausgeführt werden können, ist natürlich nöthig, daß die Instrumente zusammenstimmen. Dies erreicht man durch die Anwendung einer Stimmgabel. Gewöhnlich giebt dieselbe das A der dritten Violinsaite. In früherer Zeit gab auch wohl eine kleine Pfeife den Ton; man konnte dieselbe bis zu gewissen eingekerbten Marken ausziehen oder zusammenschieben, wodurch man verschiedene fixe Noten erhielt. Für den Kirchengesang hatte man den Chor- oder Kirchenton, für profane Musik den Kapellenton und den Operton. Der letztere scheint willkürlichen Schwankungen unterworfen gewesen zu sein; die Schriftsteller sind über die Rolle dieser Tonbestimmungen nicht einig.

In neuerer Zeit hat man zu wiederholten Malen die Höhe der Stimmgabeln der bekanntesten Orchester untersucht, und es hat sich gezeigt, daß die Stimmung überall mit der Zeit in die Höhe gegangen ist. Sauveur fand, um 1700, ungefähr 202 Schwingungen für das tiefe A des Claviers, und 244 für das tiefe C des Claviers oder der 8füßigen Orgelpfeifen, woraus für die Stimmgabel ein A von 810 Schwingungen folgt. Andere Bestimmungen des vorigen Jahrhunderts ergaben 820 bis 850 Schwingungen. Im Jahre 1833 fand Heinrich Scheibler in Paris Stimmgabeln von 853 bis 881 Schwingungen, in Berlin 883, in Wien 867 bis 890. Im Jahre 1857 endlich fand Lissajous folgende Zahlen:

Paris, große Oper	896
Berlin, Opernhaus	897
Mailand, Scala	903
London, Maximum	910

Diese progressive Erhöhung erkennt man auch durch Untersuchung alter, unberührt gebliebener Orgeln. Worin soll man den Grund dafür suchen? Man glaubt, die Fabrikanten lieben es, die Instrumente hoch zu stimmen, weil sie in der Höhe mehr Effect erzielen. Bekannt ist auch das Drängen nach der Höhe bei den meisten Sängern. Für die Stimmen erwächst daraus der größte Nachtheil, doch kommt derselbe hauptsächlich wohl auf Rechnung der Componisten, die sich leider gewöhnen, ungebührlich hoch zu schreiben. Wie dem auch sei, man hat für nöthig gegehalten, endlich einen Normalton anzunehmen und festzuhalten. Bereits hatte Sauveur diesen Vorschlag gemacht. Er wollte zuerst ein A von 800 Schwingungen, entschied sich aber für ein C von 512 einfachen Schwingungen, dem ein Stimmgabel-A von 853⅓ Schwingungen entspricht. Dieses C adoptirte später auch Chladni; es ist das sogenannte C der Physiker. Man erhält dasselbe, wenn man die aufeinanderfolgenden Octaven der Einheit nimmt: 1, 2, 4, 8, 16, 32, 64, 128, 256, 512; es bietet gewisse Vortheile für die Berechnung der Noten. Im Jahre 1834 entschied sich die Versammlung der deutschen Naturforscher zu Stuttgart für ein Normal-A von 880 Schwingungen, welches dem Gebrauch der Orchester Rechnung tragen sollte. Dies ist das deutsche A. Das französische, durch ein Decret vom 16. Februar 1859 gesetzlich eingeführt, entspricht 870 einfachen Schwingungen. Zur besseren Uebersicht für das Folgende setzen wir die einfachen

Schwingungszahlen für die eingestrichene Octave oder mittlere Octave des Piano's her.

Noten	Natürl. Verhältnißzahlen.	Natürliche Tonleiter.	Temperirte Tonleiter.	
c′	24	528	528 oder	523
d′	27	594	593	587
e′	30	660	665	659
f′	32	704	705	698
g′	36	792	791	784
a′	40	880	888	880
h′	45	990	997	988
c″	48	1056	1056	1046

c′ d′ e′ f′ g′ a′ h′ c″

Wir geben die temperirte Leiter sowohl für c′=528′ als auch für a′=880 berechnet. Durch die Einführung der Normalgabeln ist nun das Steigen der Orchester für die Zukunft abgewehrt. — Gewöhnlich verfährt man beim Stimmen der Instrumente folgendermaßen: Eine Saite wird auf die Gabel unisono gestimmt; nachher werden die übrigen nach dem Ohre gestimmt, durch Octaven und Quinten. Nach Weber's Versuchen kann ein sehr feines Ohr noch einen Unterschied von einer Vibration auf 1000 wahrnehmen; dies ist wohl jedenfalls die Grenze für die Beobachtung mit dem bloßen Ohr. Die Erscheinung der Schwebungen, wovon später, liefert ein genaues Verfahren, welches besonders bei Orgeln angewandt wird. Auch beruhen darauf die König'schen Gabeln für Stimmer, welche mit jeder temperirten Note der

Mitteloctave 4 Schwebungen in der Secunde geben, also auch ein nicht musikalisches Ohr in den Stand setzen, genau zu stimmen. Will man endlich die Genauigkeit auf die Spitze treiben, so kann man sich der optischen Methode von Lissajous bedienen, welche ich nun erklären will.

Ein prismatischer Stab kann Transversalschwingungen machen, bei denen sein freies Ende in derselben Ebene hin und her geht. Trägt dasselbe ein polirtes Knöpfchen, eine Glasperle oder dergl., so glauben wir, des nachdauernden Lichteindrucks wegen, eine helle Linie zu sehen. Bekanntlich dauert im Auge der flüchtigste Lichtblitz ein fünfzehntel Secunde; sieht dasselbe mehr als 15 Blitze in der Secunde, so trennt es dieselben nicht mehr und das Licht erscheint dann continuirlich. Aus diesem Grunde sehen wir eine schnell umgeschwungene glühende Kohle als feurigen Reif. So hat auch der erfinderische Physiolog Dr. Marey in jüngster Zeit den Flug der Insecten studirt, indem er ihre Flügel vergoldete.

Ist der Querschnitt des elastischen Stabes ein Rechteck, so kann man denselben in zwei Richtungen, im Sinne der Breite oder Dicke, schwingen lassen, so daß sein freies Ende eine helle Linie zum Vorschein bringt. Die beiden Linien, welche man auf diese Art abwechselnd erhalten kann, sind auf einander senkrecht. Was geschieht nun, wenn wir den Stab in schräger Richtung anschlagen, weder genau nach der Breite, noch genau nach der Dicke? Er beschreibt dann eine krumme Linie, indem er sozusagen gleichzeitig nach beiden senkrechten Richtungen vibrirt. Die Fig. 80 wird das deutlicher machen. Die Zahl der Schwingungen nach jeder Dimension, einzeln genommen, steht in geradem Verhältniß zu dieser Dimension. Ist der Durchschnitt quadratisch, so ist die Zahl für die Dicke und für die Breite genau dieselbe; das Knöpfchen beschreibt dann, wenn es schräg ausgebogen wird, eine Ellipse, die sich bis zum Kreis abrunden oder bis zur geraden Linie zuspitzen kann, wie Rechnung und Beobachtung ergeben. Man begreift wenigstens die gerade Diagonalbahn, wenn man sich vorstellt, daß der Knopf aus seiner Ruhelage heraus kleine und ganz gleiche Schritte im Zickzack nach vorne, nach rechts, nach vorne, nach rechts u. s. f., dann rückwärts, nach hinten, nach links, nach hinten, nach links u. s. w. macht, wie in der Figur angedeutet ist. Sind die Breite und die Dicke des Stabes im Verhältniß von 1 zu 2, so stehen die entsprechenden Schwingungen im Verhältniß der Octave; das Verhältniß 2 zu 3 entspricht der Quinte, u. s. w. Die Erscheinung gleicht dann den Figuren 85 und 86. Wir können also sagen, die Figuren charakterisiren optisch die Octave, die Quinte u. s. w., obgleich die Schwingungen der Stäbchen nicht schnell genug vor sich gehen, um musikalisch hörbar zu sein.

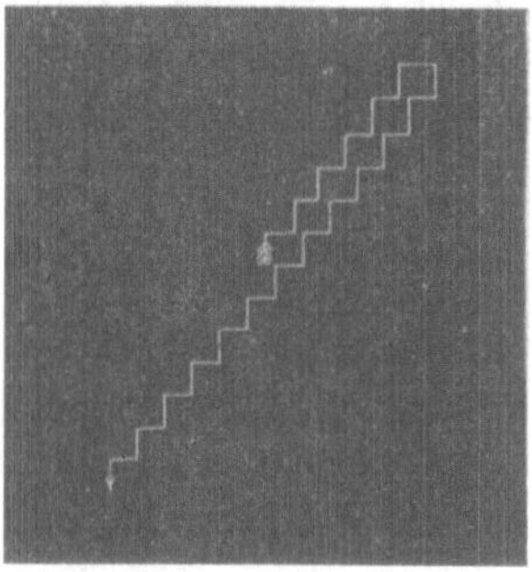

Fig. 80. Vibration der Stäbe.

Hierauf beruht das von Wheatstone im Jahre 1827 erfundene Kaleidophon (Fig. 81). Dasselbe besteht aus einer Reihe von Stäbchen, deren Querdimensionen im Verhältniß der consonanten Intervalle stehen, und deren freie Enden mit blanken Knöpfchen versehen sind.

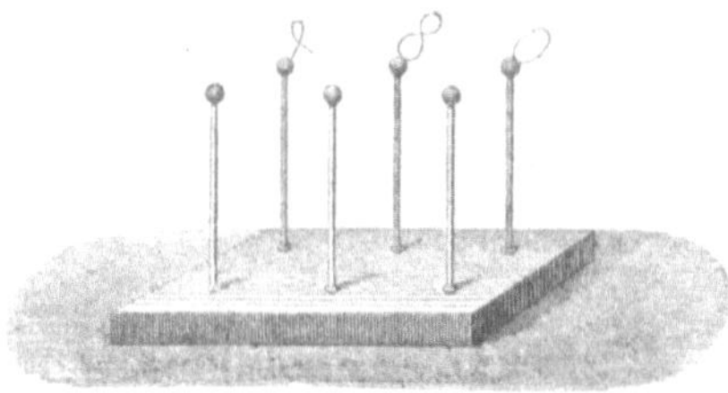

Fig. 81. Das Kaleidophon.

Es läßt sich nun dasselbe Princip folgendermaßen anwenden. Sei Fig. 82 ein kleiner Spiegel, der in senkrechter Stellung am Ende eines horizontalen Stäbchens

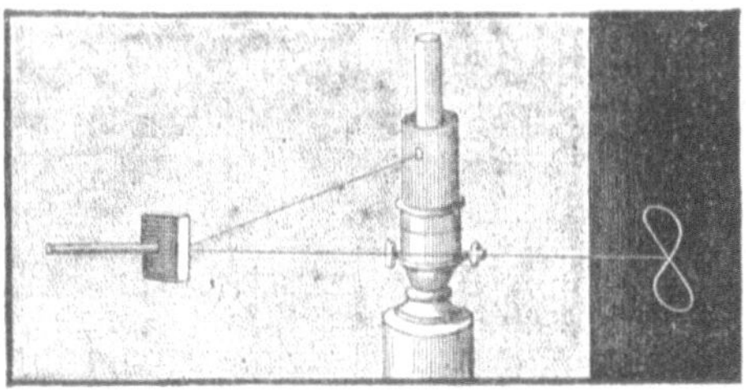

Fig. 82.

befestigt ist, welches nach Belieben vertical oder horizontal vibriren kann. Auf diesen Spiegel lassen wir einen Lichtstrahl fallen, z. B. durch ein feines Loch in einem geschwärzten Lampencylinder. Solange der Spiegel in Ruhe bleibt, bildet der reflectirte Strahl an der Wand einen bloßen Lichtpunkt: sieht man in den Spiegel hinein, so erblickt man das Löchelchen des Lampencylinders als einen unbeweglichen Stern. Schlägt man jetzt mit dem Finger an das Stäbchen, daß es erzittert, so wandert auch das

Bild im Spiegel oder an der Wand hin und her, und der Lichtpunkt beschreibt die verschlungenen Curven des Kaleidophons. Statt der Lampe braucht man übrigens blos irgend einen hellen Gegenstand, einen Stecknadelknopf oder desgl. in dem bewegten Spiegel zu betrachten; das Bild wird immer die erwähnten Figuren beschreiben. Vibrirt der Spiegel blos in einer Richtung, so beschreibt das Bild eine gerade Linie; vibrirt er nach zwei Richtungen zugleich, so erhalten wir Kreise, Ellipsen u. desgl. Diese letzteren erhält man endlich auch durch doppelte Reflexion an zwei Spiegeln, von denen der eine blos in einer Richtung, der andere blos in einer darauf senkrechten Richtung vibrirt. Der bloße Anblick der Curven läßt immer das Verhältniß der Schwingungszahlen der beiden Spiegel erkennen. Eine gerade Linie

Fig. 83. Optische Methode von Lissajous.

oder ein Kreis oder eine Ellipse bedeuten den Einklang; eine Acht bedeutet die Octave u. s. f.

Auf dieser höchst wichtigen Bemerkung beruht die optische Methode, welche Lissajous im Jahre 1855 bekannt gemacht hat. Er fixirt die Spiegel an zwei Stimmgabeln, die man einander gegenüberstellt, wie Fig. 83

zeigt, und läßt das Licht von der einen auf die andere fallen; die beobachtete Figur läßt dann die Genauigkeit der Stimmung der Gabel beurtheilen.

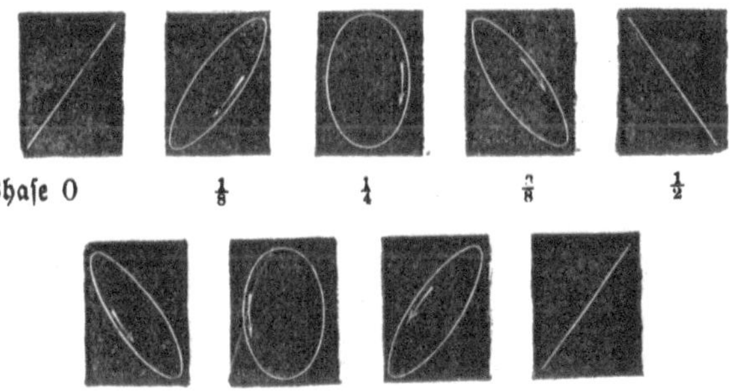

Fig. 84. Einklang. 1 : 1.

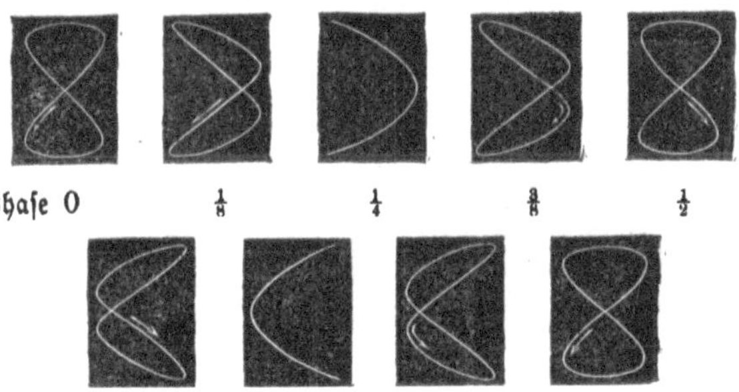

Fig. 85. Octave. 1 : 2.

Die Figuren 84 bis 87 stellen die so beobachteten Curven dar. Man sieht, daß dieselbe Consonanz verschiedene Figuren giebt. Der Unterschied dieser Figuren beruht aber blos auf der sogenannten Phase, d. h. auf dem Voreilen der einen Gabel gegen die andere, wenn sie nicht genau gleichzeitig in Schwingung gesetzt worden sind. So geben z. B. zwei Stimmgabeln, die im Einklang

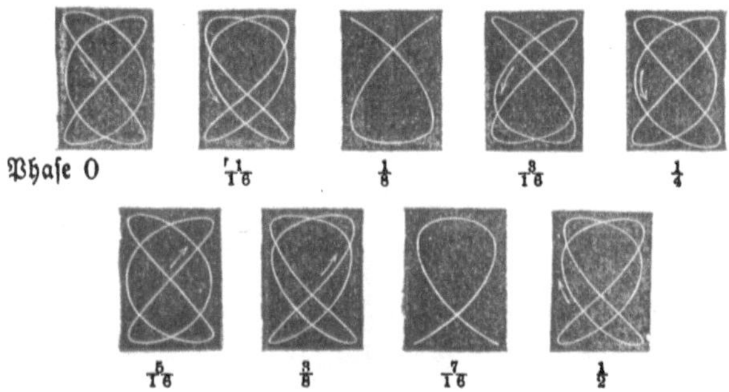

Fig. 86. Quinte. 2 : 3.

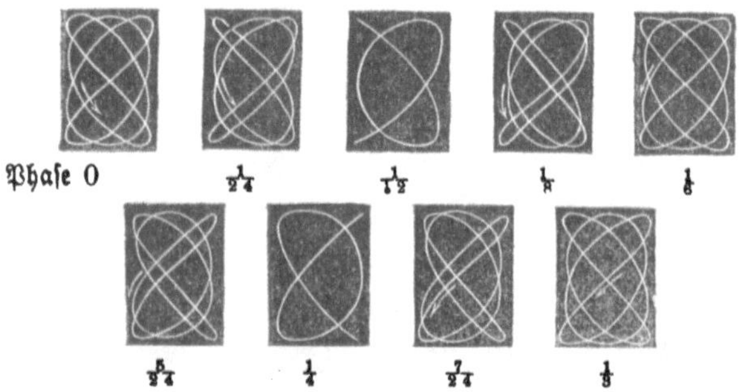

Fig. 87. Quarte. 3 : 4.

stehen, eine gerade Linie nur bei zufällig gleichzeitigem Anschlag. Wir haben neben jede Figur die Phase gesetzt, sie ist als Bruch einer ganzen Schwingung ausgedrückt.

Die wirkliche Figur hängt also, außer von der relativen Schwingungszahl, auch noch von der relativen Phase ab. Stehen die Schwingungen genau im Verhältniß zweier ganzen Zahlen, d. h. sind die Gabeln genau consonirend, so bleibt die einmal erschienene Figur im Verlauf der Bewegung constant, ihre Form ändert sich nicht, sie wird blos allmälig kleiner, bis die Bewegung erlischt. Ist aber das Verhältniß ungenau, so schwankt die Figur allmälig durch alle Formen, welche dem Intervall angehören. Dies liegt daran, daß die Phase sich allmälig ändert, wie sich der Gangunterschied zweier Pendel ändern muß, die nicht genau zusammenstimmen. Das Schwanken ist um so auffälliger, als das Intervall unreiner ist. Die Ellipse balancirt sich dann hin und her, öffnet sich, schließt sich zur Linie und entfaltet sich wieder, und man kann hieraus den Fehler des Intervalls berechnen.*)

Die geistvolle Methode von Lissajous hat für die experimentelle Akustik eine hohe Bedeutung, indem sie die Messung der Töne bis zu einem gewissen Grade vom Ohre unabhängig macht und in den Bereich des viel schärferen und zuverläßigern Gesichtssinnes hinüberzieht, wodurch z. B. eine weit genauere Stimmung der Gabeln möglich gemacht worden ist. Durch dieses Mittel werden auf dem Conservatoire zu Paris die Gabeln nach der großen Normalgabel von 870 Schwingungen abgestimmt und officiell gestempelt. Daher wird natürlich die zu untersuchende Gabel nicht mit einem Spiegel behängt, der

*) Wir bemerken hier, daß die Schwingungszahl einer Stimmgabel sich leicht durch ein Laufgewicht reguliren läßt. Die von König verfertigten Gabeln schwingen über eine Minute, bis 90 Secunden, ohne neuen Anstoß. Man führt einen Violinbogen kräftig über eine Zinke, um sie zu erregen.

ihre Schwingungszahl alteriren würde, sondern man benutzt direct die polirte Oberfläche; es ist nicht einmal nöthig, daß dieselbe polirt sei. Lissajous hat die Methode noch durch die Erfindung eines optischen Comparators erweitert. Derselbe besteht aus einem Mikroskop, dessen Objectiv von der Röhre getrennt und an einer Zinke einer Stimmgabel befestigt ist, welche zu der Röhre senkrecht steht. Setzt man dieselbe in Schwingung, so tanzt das Objectiv vor der Röhre, und die Bilder der Gegenstände, welche im Felde des Mikroskops erscheinen, nehmen an dieser Bewegung Theil. Vibrirt nun ein solcher Gegenstand selber in einer auf dieser Bewegung senkrechten Richtung, so haben wir wieder die Combination zweier rechtwinkligen Schwingungen, der wahren und der scheinbaren, und es entstehen daraus Curven, welche der Beobachtung zugänglich werden und über die Schwingungsart der Körper Aufschluß geben können. Mit einem in ähnlicher Weise vibrirenden Fernrohr könnte man, wie H. Lissajous kürzlich bemerkt hat, die Geschwindigkeit von Geschützkugeln oder Sternschnuppen direct beobachten, durch Zählung der im Gesichtsfelde enthaltenen scheinbaren Zacken der Bahn.

XI. Klangfarbe.

Die Form der Wellen. — Pendelschwingungen. — Einfache und zusammengesetzte Töne. — Harmonische Obertöne. — Der Klang der Stimme und der Musikinstrumente. — Musikalische Töne. — Vocale. — Vielfache Resonanz.

Die Tonhöhe hängt, wie wir gesehen haben, von der Schwingungszahl oder, was dasselbe ist, von der Schnelligkeit der Schwingungen ab. Dies ist aber nicht der einzige Unterschied, der zwischen zwei Tönen bestehen kann; dieselben können erstlich verschiedene Stärke besitzen; und auch dann noch, wenn sie gleich hoch und gleich stark sind, unterscheidet das Ohr deutlich Töne verschiedenen Ursprungs an ihrem Klange oder ihrer Klangfarbe. Die Töne des Horns gleichen nicht denen der Harfe, die Violine klingt anders als eine Orgelpfeife. Dieselbe Note endlich macht einen andern Eindruck, je nachdem man A oder O oder I darauf singt. Die Vocale stellen also die Klangfarbe der Stimme vor; vielleicht könnte man demgemäß die Instrumente nach den Vocalen, denen sie sich nähern, classificiren.

Worin liegt der Grund der Klangfarbe? Diese Frage hat man schon oft aufgeworfen. Seebeck hat sich viel damit beschäftigt. Besonders sind es aber die Untersuchungen von Helmholtz, welche Aufschluß über den Gegenstand gegeben haben.

Mit Recht hatte man immer angenommen, die besondere Form der Schwingungen müsse mit der Klangfarbe im Zusammenhang stehen. Solche Formunterschiede bei gleicher Schwingungszahl sind leicht zu beobachten. Betrachtet man ein bewegtes Wasser, so sieht man Wellen aller Art: zugeschärfte, abgeplattete, gefurchte Wellen, die sich aber doch in gleichen Zeiträumen folgen. Ein Windstoß, der die Oberfläche kräuselt, veranlaßt eine Menge kleiner Wellenringe, die aber ohne Einfluß auf die Gesammtbewegung der Masse sind. Handelt es sich um die Schwingungen einer Saite, so kann man sich ebenfalls leicht vorstellen, wie die Form derselben sich modificirt. Ganz ebenso wie ein Spaziergänger auf tausend verschiedene Weisen zwischen zwei Punkten hin und her gehen kann, indem er doch jedesmal dieselbe Zeit darauf verwendet — denken wir uns z. B., daß er einmal alle fünf Minuten seinen Schritt beschleunigt und dann wieder langsamer geht, ein ander Mal bis zur Mitte immer schneller, von da ab wieder immer langsamer geht — gerade so kann auch eine schwingende Saite verschiedene Theile ihres Weges mit beliebig wechselnder Geschwindigkeit zurücklegen. Dies kann man leicht durch directe Beobachtung mittels des drehenden Spiegels oder der graphischen Methode feststellen. Ein beräuchertes Blatt Papier, welches man unter einem vibrirenden Schreibstift fortbewegt, zeigt die Spur der vollendeten Vibration als weiße Linie, deren Anblick die Form der Schwingung verräth. Der drehende Spiegel zeigt uns eine Flamme oder einen Metallknopf rasch hintereinander in sehr verschiedenen Richtungen, in welchen wir dieselben, wegen des fortdauernden Lichteindrucks, gleichzeitig zu erblicken glauben; sie erscheinen daher zu einer glänzenden Linie ausgezogen.

Vibrirt nun die Flamme oder der Knopf selbstständig von oben nach unten, so verwandelt sich die horizontale Lichtlinie in eine Schlangenlinie oder in ein ausgezacktes Band, wir sehen die Vibration in feuriger Schrift, jetzt aber nicht auf Rußpapier, sondern in der Luft.

Kennt man die mathematische Formel der Bewegung, so kann man dieselbe im Voraus als Curve zeichnen.

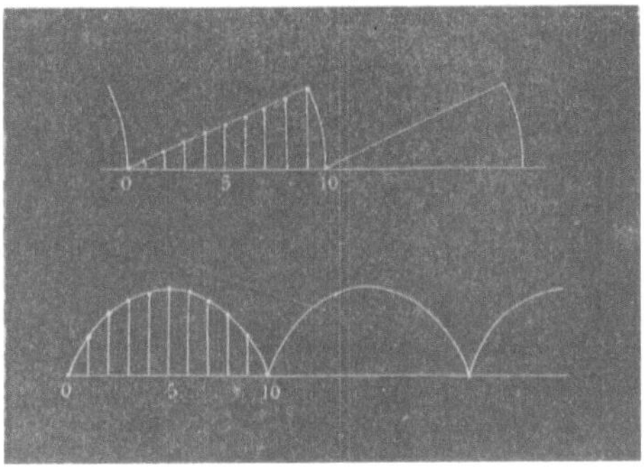

Fig. 88 und 89.

Auf einer geraden Linie markirt man zuerst die aufeinanderfolgenden Zeitsecunden; in jedem Abschnitt errichtet man eine senkrechte Linie, welche die Höhe vorstellt, wo sich der auf und ab schwebende Körper in dem entsprechenden Augenblick befinden soll; verbindet man nun die verschiedenen Positionen durch eine krumme Linie, so ist dies die Form der Schwingung, wie man dieselbe auch direct beobachten kann. So stellt Fig. 88 nach Helmholtz die periodische Bewegung des vom Wasserrade gehobenen Hammers oder des vom Violinbogen angegriffenen Punktes der Saite dar; zuerst langsam ansteigend, dann plötzlich herabspringend; und Fig. 89 die Sprünge eines elastischen Balls, der vertical aufsteigt und niederfällt. Die Zeittheile sind auf den Horizontallinien markirt, von 0 bis 10. So würde die Bewegung im drehenden Spiegel erscheinen; in Wirklichkeit, d. h. mit dem bloßen Auge, sehen wir blos ein Auf- und Absteigen in gerader Linie.

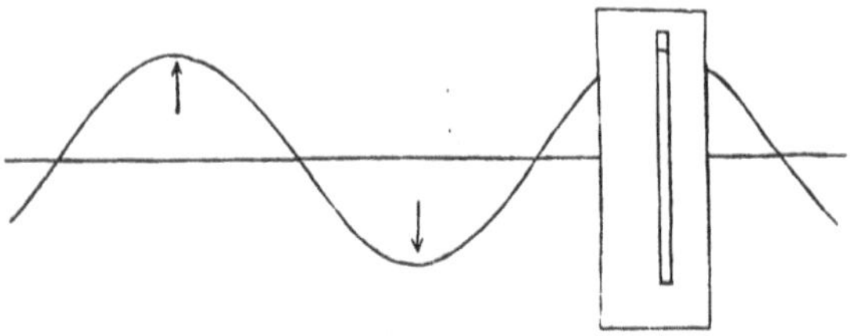

Fig. 90.

Die einfachste periodische Bewegung ist die des Pendels; ihre Form kommt mit der Fig. 90 dargestellten überein. So schreibt ein Pendel seine Schwingungen auf das berußte Papier, wenn man dasselbe in der Richtung der horizontalen Linie fortzieht, während das Pendel quer darüber schwingt, wie die Pfeile andeuten. Man kann daher auch die scheinbare pendelartige Bewegung eines Punktes beobachten, wenn man die Curve der Fig. 90 auf Papier zeichnet und darüber von links nach rechts ein Kartenblatt gleiten läßt, in welches man eine schmale Ritze geschnitten hat. Man sieht dann in der Ritze nur einen Punkt der Curve, und dieser Punkt scheint in derselben auf- und abzusteigen, während die Karte sich weiterbewegt.

Das mathematische Gesetz der Pendelbewegung läßt sich durch einen einfachen Vergleich anschaulich machen. Denken wir uns einen Lichtpunkt, z. B. eine Laterne, am

Rande eines großen Rades befestigt, welches sich gleichmäßig um eine feste Axe dreht. Steht man davor, so sieht man also das Licht einen Kreis beschreiben. Stellt man sich aber in eine große Entfernung seitwärts, so daß man nicht die Fläche, sondern nur die Kante des Rades im Auge hat, wie in Fig. 91 angedeutet ist, so wird das-

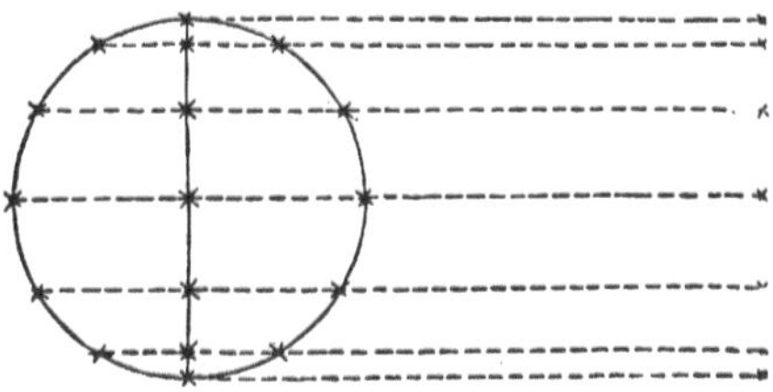

Fig. 91.

selbe wie ein senkrechter Stab erscheinen, an welchem der Lichtpunkt mit veränderter Geschwindigkeit auf und ab pendelt. Ganz oben oder ganz unten wird er einen Augenblick verweilen, und nur langsam den Rückweg antreten, in der Mitte wird er am schnellsten steigen oder fallen. Diese scheinbare Bewegung ist der exacte Ausdruck der Pendelbewegung. Man giebt diesen Namen einer jeden Bewegung, deren Geschwindigkeit nach demselben Gesetz in der Mitte sich steigert und an den Endpunkten der Bahn momentan Null wird. Eine solche Bewegung, wenn sie sich mehr als dreißig Mal in der Secunde wiederholt, bringt einen einfachen Ton hervor. Die Vibrationen der Stimmgabel sind wohl nahezu einfach, ebenso die der Flöte.

Alle einfachen Töne sind außerordentlich weich: sie scheinen uns tiefer als sie in Wirklichkeit sind; ihre Klangfarbe ist dumpf, wie der Vocal U, aber übrigens unabhängig von der Beschaffenheit des tönenden Körpers. In der Natur trifft man sie selten an, man kann sie sich aber künstlich verschaffen. Die natürlichen Klänge sind in der Regel zusammengesetzt aus Tönen verschiedener Höhe. Jeder tönende Körper stellt, so zu sagen, ein Orchester im Kleinen vor; der Grundton führt den Baß, die übrigen begleiten halblaut. So entsteht ein Klang. Eine reiche Klangfarbe ist ein Nest voll zwitschernder Obertöne, deren harmonisches Zusammenklingen uns unbewußt gefällt.

Seit langer Zeit wußte man, daß viele Körper, außer ihrem Grundton, noch andere höhere, sogenannte harmonische Töne, hervorbringen; man begriff aber nicht, welche Rolle dieselben spielen. Man kam nicht darauf, daß sie die Hauptursache, wo nicht die einzige, der Klangfarbe sind. Sauveur*) hat zuerst harmonische Töne eines Grundtons diejenigen Noten genannt, welche 2, 3, 4, . . . mal so viel Vibrationen in der Secunde machen, oder 2, 3, 4 . . . mal so hoch sind. Mit dem Grundton bilden sie also die Reihe der natürlichen Zahlen 1, 2, 3, 4 . . . Nennen wir mit Helmholtz Theiltöne oder Partialtöne eines Klanges alle Töne, die er enthält, so ist der Grundton der erste Theilton, die übrigen sind Obertöne, und zwar der Reihe nach: die Octave; die Duodecime oder Quinte der Octave; die Doppeloctave; die große Terz und die Quinte der Doppeloctave; die angenäherte Septime dieser Octave, die dreifache Octave u. s. w. Um das Verhältniß zum Grundton auch durch die Benennung auszudrücken, wollen wir nicht: der 1ste, 2te . . . Oberton sagen, sondern: der 2te, 3te . . . Theilton, oder der Ton

*) Sauveur, fast taub, hat viel für die Akustik geleistet.

2, 3 . . . Nimmt man c als Grundton, so ist die Reihenfolge der Theiltöne diese:

c	c′	g′	c″	e″	g″	ais″	c‴	d‴	e‴	fis‴
1	2	3	4	5	6	7	8	9	10	11

Man sieht hieraus, daß, trotz ihres Namens, die harmonischen Töne durchaus nicht alle mit dem Grundton Consonanzen bilden. Nur die sechs ersten Theiltöne consoniren; 7 und 11, welche nur annähernd durch ais und fis wiedergegeben sind, gehören gar nicht der Tonleiter an, und bilden Dissonanzen, wie auch 9, welcher Ton ein d ist. Wenn diese Noten in einem Klange fühlbar werden, so machen sie ihn rauh und schrill.

Sauveur kannte die Erscheinung der vielfachen Resonanz oder der harmonischen Obertöne bereits um 1700. Er erklärt sie als Sonderschwingungen der einzelnen Abtheilungen einer Saite, welche durch die Schwingungen des Grundtons entstehen. Rameau nahm Sauveur's Ideen fünfundzwanzig Jahre später wieder auf und machte sie zur Grundlage seines musikalischen Systems.

Jeder Theilton, für sich betrachtet, ist eine einfache Pendelschwingung. Ihr Zusammenwirken bringt complicirtere Bewegungsformen zum Vorschein. Jede große Schwingung umfaßt 1) eine Schwingung des Grundtons; 2) zwei Schwingungen der höheren Octave; 3) drei der Duodecime, u. s. w. Die allgemeinen Züge der resultirenden Form bestimmen sich durch den Grundton, aber die Obertöne modificiren die Contouren dieser Form. In der Fig. 92 ist die Urform, oder Form des Grundtons, punktirt, die wirkliche, oder durch die Octave modificirte Form aber ausgezogen. Solche Curven charakterisiren einen zusammengesetzten Klang. Der Anblick ist verschieden je nach der relativen Stärke der Obertöne, aber die Anzahl der Hauptwindungen bleibt immer dieselbe, so lange sich der Grundton nicht ändert; seine Höhe nehmen wir für die Höhe des Klanges.

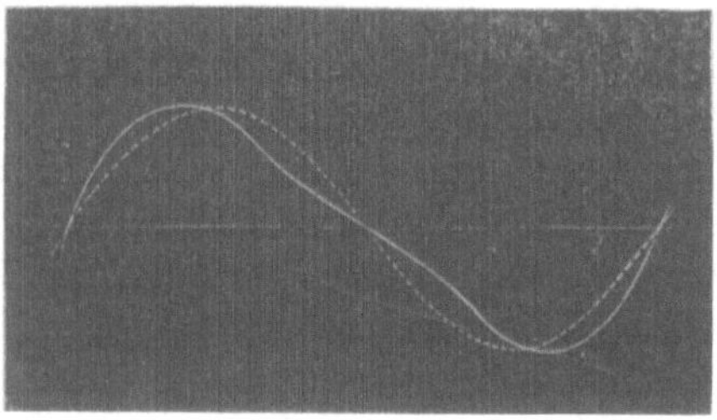

Fig. 92. Grundton und Octave.

Umgekehrt läßt sich eine periodische Bewegung von beliebiger Form immer durch Rechnung in eine Reihe oder Summe von einfachen harmonischen Pendelschwingungen zerlegen. Mit andern Worten, jeder complexe Klang von bestimmter Tonhöhe läßt sich in eine harmonische Folge einfacher Töne auflösen, deren erster die Höhe des Klanges hat. Dies ist der berühmte Satz von Fourier, eine der Grundlagen der mathematischen Physik. Es folgt daraus, daß, wenn die Klangfarbe von der Schwingungsform abhängt, die Schwingungsform selber schließlich doch von den harmonischen Obertönen bestimmt wird; es bleibt also wahr, daß die Klänge durch Zusammensetzung einfacher Töne entstehen. Dies bestätigt nun auch die Erfahrung.

Um uns von der Zusammensetzung der Schwingungen einen Begriff zu machen, betrachten wir wieder eine bewegte Wasserfläche. Werfen wir zwei Steine gleichzeitig hineiu, so haben wir zwei Mittelpunkte der Erschütterung, von denen Wellenringe ausgehen, die sich treffen und durchkreuzen; das hindert aber nicht, daß beide ihren Weg so fortsetzen, als wenn jeder allein existirte. Solche sich kreuzende Wellensysteme entdeckt man leicht auf jeder erregten flüssigen Oberfläche. „Am reichsten“, sagt Helmholtz, „ist daran die Meeresfläche, von einem hohen Ufer aus betrachtet, wenn sie nach heftigerem Winde wieder anfängt, sich zu beruhigen. Man sieht dann einmal die großen Wogen, welche aus weiter, stahlblauer Ferne her in langen gestreckten Linien, die sich hier und da durch ihre weiß aufschäumenden Kämme deutlicher abzeichnen und in regelmäßigen Abständen einander folgen, gegen das Ufer ziehen. Am Ufer werden sie zurückgeworfen, je nach dessen Einbuchtungen in verschiedener Richtung, so daß die ankommenden Wellen von den rückkehrenden schräg durchkreuzt werden. Ein vorüberziehendes Dampfschiff bildet etwa noch seinen gabelähnlichen Wellenschweif, oder ein Vogel, der einen Fisch erschnappt, erregt kleine, kreisförmige Ringe. Dem Auge des Beschauers gelingt es leicht, allen diesen verschiedenen Wellenzügen, großen und kleinen, breiten und schmalen, geraden und gekrümmten, einzeln zu folgen, ihren Ablauf über die Wasserfläche hin zu beobachten, die jeder ganz ungestört verfolgt ...“

„Ein ganz ähnliches Schauspiel muß man sich nun im Innern eines Tanzsaals vorgehend denken. Da haben wir eine Anzahl von Musikinstrumenten, sprechenden Menschen, rauschende Kleider, gleitende Füße, klirrende Gläser u. s. w. Alle diese erregen Wellenzüge, welche durch den Luftraum des Saales hinschießen, an seinen Wänden zurückgeworfen werden, umkehren, dann gegen eine andere Wand treffen, und so fort bis sie erlöschen. Man muß sich denken, daß vom Munde der Männer und von den tieferen Musikinstrumenten langgestreckte Wellen ausgehen, 8 bis 12 Fuß lang, von den Lippen der Frauen kürzere, 2 bis 4 Fuß lang, daß das Rauschen der Kleider ein feines, kleines Wellengekräusel hervorbringt, ein Durcheinander der verschiedenartigsten Bewegungen, welches man sich kaum verwickelt genug vorstellen kann. Und doch ist das Ohr im Stande, alle die einzelnen Bestandtheile eines so verwirrten Ganzen von einander zu sondern, woraus wir dann schließen müssen, daß in der Luftmasse alle diese Wellenzüge nebeneinander bestehen und sich gegenseitig nicht stören."

Was am meisten Wunder nimmt, ist eben, daß dieses Wirrsal sich in dem engen Raume des Ohres entwirrt. Freilich nicht immer; schwache Beitöne entgehen auch dem aufmerksamen Ohre, wenn die andern zu laut sind. Um alle in einem Geräusch durcheinander gemischten Töne zu unterscheiden, muß man sich eines künstlichen Hilfsmittels, wie der Helmholtz'schen Resonatoren, bedienen. Jeder Resonator verstärkt einen speciellen Ton und verhilft uns dazu, diesen zu hören, wenn er irgendwo existirt; besonders nützlich sind Resonatoren, die man wie ein Perspectiv ausziehen kann, die also eine ganze Reihe ersetzen. Durch ihre Anwendung beweist man leicht, daß die harmonischen Obertöne der Klänge in Wirklichkeit stets vorhanden sind. Uebrigens hört man dieselben bei einiger Uebung auch mit dem bloßen Ohr. Man muß sein Ohr eben erziehen, wie das Auge.

Die menschliche Stimme zeichnet sich durch ihren

Reichthum an Obertönen aus; mit den Resonatoren findet man deren bis 16 in einer Baßstimme, die ein A oder ein E auf eine tiefe Note singt. Rameau kannte die Erscheinung; auch Garcia spricht davon. Seiler erzählt, daß er in Leipzig, wenn er in schlaflosen Nächten auf den Gesang des Nachtwächters lauschte, zuweilen anfangs aus der Ferne die Duodecime, und dann erst den Grundton gehört habe. Man kann sich auf folgende Weise von der Existenz dieser Obertöne leicht überzeugen. Man lasse, sagt Helmholtz, eine Baßstimme die Note es aushalten, und zwar auf den Vocal O; man schlage schwach das b' des Claviers, als dritten Partialton der Note es an, und lasse es verklingen, während man aufmerksam darauf hin hört. Scheinbar wird die Note b' des Claviers nicht verklingen, sondern fortdauern, auch wenn man die Taste losläßt, weil das Ohr unvermerkt von dem Tone des Claviers auf den gleichlautenden Oberton der Stimme hinübergleitet. Will man den Versuch für den fünften Theilton von es, nämlich g'', machen, so ist es besser, wenn der Sänger den Vocal A wählt.

Eine auffallende Erscheinnng ist, daß die hohen Töne zwischen e'''' und g'''', welche der letzten Octave des Pianos angehören, das Ohr ganz besonders afficiren. Das menschliche Ohr begünstigt diese Töne selber durch seine Resonanz, der Gehörgang ist für dieselben abgestimmt; empfindlichen Ohren können sie sogar Schmerz erregen. Dadurch bekommen alle Klänge, deren Obertöne in diese Lage hinaufreichen, etwas Schrilles und Durchdringendes. Selbst Hunde sind für diese Töne empfindlich; das hohe e der Violine heulen sie an. Die Existenz der hohen, dissonanten Obertöne erklärt sich aus dem schmetternden Charakter der menschlichen Stimme, wenn sie forcirt wird. Bei kräftigen Männerstimmen, welche forte singen, hört man jene Töne gleichsam wie ein helles Schellengerassel mitklingen, am deutlichsten aber bei Chören, wenn die Stimmen etwas schreien.*)

Die Metallsaiten sind ebenfalls sehr reich an harmonischen Obertönen. Bei einem feinen Stahldraht hat Helmholtz deren achtzehn gezählt. Da nun die Partialtöne 7, 9, 11, 13, 14, 17, 18 mehr oder weniger mit dem Grundton dissoniren, so würden sie einen abscheulichen Effect hervorbringen, wenn sie lauter klängen. Glücklicherweise sind aber nur die ersten Obertöne für das bloße Ohr leicht hörbar, die übrigen sind von verschwindender Intensität.

Aus allem bisher Gesagten scheint hervorzugehen, daß jedes Tongemisch, welches eine bestimmte Klangfarbe besitzt, sich in eine harmonische Reihe einfacher Töne zerlegen läßt, obgleich das Ohr die einzelnen Töne gewöhnlich nicht unterscheidet. Dies ist aber nur Mangel an Gewohnheit; man kann durch Uebung sehr wohl dahin kommen, neben dem Grundton die hauptsächlichsten Obertöne, wie die Duodecime, herauszuhören. Die Schwierigkeit beruht blos auf der Affinität, welche zwischen den harmonischen Tönen besteht und so groß ist, daß dieselben in einander zu verschmelzen scheinen. Bei Dr. König habe ich folgendes Experiment gesehen. Auf den Resonanzkasten einer großen, sehr tiefen Stimmgabel setzt man vier oder fünf kleinere Gabeln mit ihren Kästen, welche für die ersten Obertöne der großen Gabel abgestimmt sind. Führt man nun Bogenstriche über sämmtliche Gabeln, so geht von der Gruppe ein voller, harmonischer Klang aus, der

*) Helmholtz, Tonempfindungen.

ungeübten Ohren den Eindruck eines einfachen Tones macht. Dämpft man aber plötzlich die Hauptgabel, indem man die Hand auf dieselbe legt, so hört man deutlich die kleinen Gabeln, deren Töne sich nun von einander sondern und gleichsam auseinanderfallen, da ihnen das gemeinschaftliche Band, der Grundbaß, fehlt. Es scheint hiernach, daß unser Ohr unter gewöhnlichen Umständen die Trennung der Elemente eines Klanges nicht zu bewerkstelligen im Stande sei; doch ist dem nicht so. Wir müssen nur unterscheiden zwischen dem unmittelbaren Sinneseindruck, der zusammengesetzt ist, und der Empfindung, welche einheitlich ist, weil wir uns nicht gewöhnt haben, sie zu analysiren, sondern im Gegentheil, sie als zusammenhängendes Ganzes aufzufassen. Das Ohr hört in Wirklichkeit mehrere Töne, wenn auf der Violine ein f angegeben wird, aber der Geist ist gewöhnt, diese Töne zusammenzufassen und wahrzunehmen als einen „Violinton". Wir haben eben im gewöhnlichen Leben kein Interesse, die einzelnen Partialtöne des Klanges einer Violine von einander zu sondern. Es kommt aber nun darauf an, unsere Aufmerksamkeit auf diesen Gegenstand zu richten, so dauert es nicht lange, bis uns die Trennung auch durch bewußte Wahrnehmung gelingt. Die Physiologie der Sinnesorgane bietet viele Beispiele ähnlicher Täuschungen. Wir halten eine Menge von Farben für einfach, die das Prisma in eine große Anzahl verschiedener Strahlen zerlegt. Die Theorie des Sehens lehrt uns, daß wir unser Leben lang alle Gegenstände, mit Ausnahme derjenigen, die wir gerade fixiren, doppelt sehen; davon haben wir aber kein Bewußtsein. Wenige Personen wissen ferner, daß es auf der Netzhaut eine unempfindliche Stelle giebt, den sogen. blinden Fleck, wodurch eine Lücke in das

Gesichtsfeld kommt. Diese Lücke umfaßt die Breite von sieben aneinander gereihten Vollmonden, sie ist groß genug, daß ein menschliches Gesicht in einer Entfernung von drei Schritt darin verschwindet. Um derselben bewußt zu werden, muß man ein Auge schließen. Man zeichne z. B. auf ein Blatt Papier ein kleines Kreuz und ungefähr 5 Centim. weiter nach rechts eine kleine schwarze Scheibe, darauf schließe man das linke Auge und betrachte das Kreuz mit dem rechten. Wenn sich das Auge in etwa 20 Centim. Entfernung befindet, so sieht man die Scheibe nicht mehr; sie ist wie ausgelöscht. Sie befindet sich aber im Felde des blinden Flecks. Als Mariotte die Erscheinung des blinden Flecks entdeckt hatte, zeigte er das Experiment am Hofe Carls II. von England; die Hofleute sahen einander zum Spaß ohne Köpfe . . . vielleicht dachten sie dabei an Carl I.

Es ist vorgekommen, daß Leute jahrelang auf einem Auge blind waren, ohne es zu wissen, bis ein Zufall ihnen diesen Umstand verrieth; so gleichgültig macht die Gewohnheit. Es ist gewiß, daß wir unsere Empfindungen nur in so weit zu bewußten Wahrnehmungen verarbeiten, als diese Auflösung der Eindrücke unsern Bedürfnissen entspricht. Diese complexe Natur eines Schalleindrucks kommt uns daher gewöhnlich nicht zum Bewußtsein, ebensowenig als die Doppelbilder, welche das Auge von allen Gegenständen empfängt; und doch beruht der Eindruck der Körperlichkeit, das Relief, auf dem Doppeltsehen; ganz ebenso beruht die Klangfarbe, die man das Relief der Töne nennen könnte, auf der Vielfältigkeit des Tons. Um dieselbe in ihre Elemente zu zerlegen, muß man eben das Ohr darauf einüben.

Man kann übrigens die Klangfarbe nicht nur durch

Analyse zerlegen, sondern dieselbe auch umgekehrt durch Synthese künstlich hervorbringen. Die sehr zusammengesetzten Orgelregister haben ja keinen andern Zweck als den, große Klangfarben durch Mischung nachzuahmen. Ein einfacher Versuch bestätigt diese Anschauungsweise. Man hebe den Dämpfer eines Claviers, so daß alle Saiten frei schwingen können, und singe stark gegen den Resonanzboden den Vocal A oder O; die Resonanz der Saiten giebt dann ein deutliches A oder O. Entfernt man den Dämpfer nur von der Saite, deren Ton man singt, so ist das Echo weit weniger scharf. Dies beruht nun darauf, daß die Vocale nichts anderes als Klangfarben der Stimme sind, welche durch gewisse hohe Obertöne charakterisirt werden; hallen diese Obertöne durch Resonanz wieder, so kommt ein Vocal heraus. So kann man auch die Klangfarbe der Klarinette durch Resonanz der Claviersaiten nachahmen.

Die Höhe eines Klanges ist immer, wie wir gesehen haben, die Höhe des Grundtons. Doch können starke Obertöne das Urtheil irreführen, so daß uns der Ton höher scheint, als er wirklich ist. Deshalb irren sich selbst geübte Musiker zuweilen in der Octave, wenn sie sehr verschiedene Klangfarben vergleichen.

Indem das Ohr Töne verschiedenen Ursprungs unterscheidet, achtet es übrigens nicht blos auf die Klangfarbe, sondern auch auf eine Menge anderer Umstände, z. B. auf gewisse Geräusche, welche den Ton begleiten; auf die Art des Anklingens und des Ausklingens u. s. w. Diese Geräusche sind so charakteristisch, daß sie für die menschliche Stimme durch besondere Buchstaben: die Consonanten, bezeichnet werden. Das Anklingen wird durch die explosiven Consonanten: B, P, D, T, G, K ausgedrückt. Das abgebrochene, schwerfällige Ansetzen der Töne ist ebenso charakteristisch für die Blechinstrumente, und unterscheidet dieselben von den Holzinstrumenten (Flöte, Oboe), ganz abgesehen von ihrer Klangfarbe. Ferner liegt ein wesentlicher Unterschied zwischen Darm- und Metallsaiten in der Schnelligkeit, mit der die Töne erlöschen. Der Ton einer gezupften Darmsaite verliert sich schnell, er erscheint deshalb trocken und klanglos, wie bei der Guitarre; die Metallsaiten schwingen länger, ihr Ton ist voller, aber auch nicht so durchdringend, als derjenige der Darmsaiten. In andern Fällen ist der Ton während seiner ganzen Dauer von gewissen Reibgeräuschen begleitet, so der Violinton vom Knirschen des Bogens, der Flötenton vom Zischen der Luft an der Mündung; wir überhören diese Geräusche zwar bei geschickten Spielern, aber sie kennzeichnen doch den Ton der Instrumente. Geräusche dieser Art drücken die Consonanten F, W, S, Z, J, L, R aus. Die beiden letzteren, besonders das R, entsprechen einem intermittirenden Luftstrom, sie haben etwas eigenthümlich Knarrendes. Selbst die Vocale sind von einem Geräusch begleitet, wodurch sie noch beim Flüstern erkennbar bleiben; am stärksten ist dasselbe beim I, Ü, U; wird es sehr stark, so geht I in J, und das U in das englische W über. Beim Sprechen hört man diese Geräusche viel deutlicher als beim Singen, wo der musikalische Theil der Vocale in den Vordergrund tritt, dagegen Alles weniger deutlich articulirt wird. Dieser musikalische Theil ist am weitesten hörbar; deshalb verlieren sich bei der menschlichen Stimme in der Entfernung zuerst die Consonanten, welche durch Geräusche charakterisirt sind, während die Vocale und die Consonanten M, N, welche, so zu sagen, Nasentöne sind, am längsten gehört werden. Lauscht man bei stillem

Wetter von einem Berge herab auf die Stimmen in der Ebene, so erkennt man höchstens solche Worte, die aus Vocalen und M, N gebildet sind, wie Mama, Nein, ...

Im Allgemeinen sind die Resultate der Helmholtz'schen Untersuchungen über die Klangfarbe folgende.

Einfache Töne kann man erhalten, indem man z. B. den Grundton einer Stimmgabel durch eine Resonanzröhre verstärkt, deren Obertöne nicht mit derjenigen der Stimmgabel zusammenfallen. Weite, gedackte Orgelpfeifen liefern ebenfalls einfache Töne. Dieselben klingen weich und angenehm, ohne alle Rauhigkeit, aber unkräftig, und in der Tiefe dumpf.

Die Töne, welche von nicht harmonischen Obertönen begleitet sind — es giebt deren eine Menge in der Natur — zählen wir nicht zu den musikalischen Klängen. Man darf dieselben in der Musik nur dann anwenden, wenn die dissonanten Obertöne so schnell ausklingen, daß sie nicht wesentlich stören. Solche Töne liefern die Stäbe und Platten, die Stimmgabeln, wenn sie kräftig angeschlagen werden, die Glocken, die Membranen. Die Obertöne der Stimmgabeln liegen sehr hoch, man hört dieselben beim Anschlagen; der erste ist etwa sechs mal so hoch als der Grundton. Diese unharmonischen Beitöne verschmelzen sich nicht im Ohre zu der einheitlichen Empfindung des Klanges, sie bleiben getrennt und schroff nebeneinander.

Fig. 93. Stimmgabel.

Das Material der Stäbe kommt nur in sofern in Betracht, als dasselbe die Dauer der Beitöne bedingt. Im Holz verlöschen sie schnell. Müßte man daher zwischen einer Strohfiedel oder einer Glasharmonika wählen, so wäre die erstere wohl vorzuziehen. Die Holzstäbe der Strohfiedel werden mit Korkhämmern geschlagen. Um 1830 gab Gusikow darauf noch Concerte.

Der Ton der gewöhnlichen Glocken ist musikalisch, man ist aber empirisch dahin gekommen, die Form des Metalls so zu bestimmen, daß man Glocken mit harmonischen Obertönen erhalten kann. Deshalb sind manche Glockenspiele recht angenehm. Sie sind besonders in den Niederlanden verbreitet; in Amsterdam besitzen acht Kirchen dergleichen, eines sogar von 42 Glocken, das 3½ Octaven umfaßt (von c bis f'''). Das berühmteste existirt in Gent. Je schwerer die Glocken, desto tiefer ist ihr Grundton. Die größte Glocke wurde im Jahre 1736 zu Moskau gegossen, sie wog über 254 Tonnen, der Rand zerbrach aber, ehe man sie benutzen konnte. Eine andere Moskauer Glocke, aus dem Jahre 1307, wiegt gegen 112 Tonnen. Das Gewicht der großen Kirchenglocken übersteigt sonst selten 10 Tonnen (10,000 Kilogramm); der „Bourdon" von Notredame, aus dem Jahre 1660, wiegt 13 Tonnen.

Die Glasharmonika von Franklin besteht aus Glasglocken, deren Rand man mit dem nassen Finger streicht, wie man dies übrigens mit jedem Trinkglase machen kann. Die sehr schrillen und durchdringenden Töne haben gewiß sehr hohe Obertöne. Die Percussionsinstrumente, wie Tamtam, Schellen, Rassel (das sistrum der Alten), Triangel, Cymbeln u. s. w. gehören in die Kategorie der Glocken und Stäbe. Das Tamtam oder Gong-gong der

Chinesen ist eine große Scheibe mit erhabenem Rand, aus gehärtetem Glockengut. Man klopft darauf, vom Rande nach der Mitte zu gehend, und hört dann, nach einer kurzen Pause, eine Explosion von ungeheuerlichen Tönen, die wie eine Meute aus dem Erz hervorbrechen. — Die Bleche, mit welchen man hinter den Coulissen den Donner macht, leisten Aehnliches.

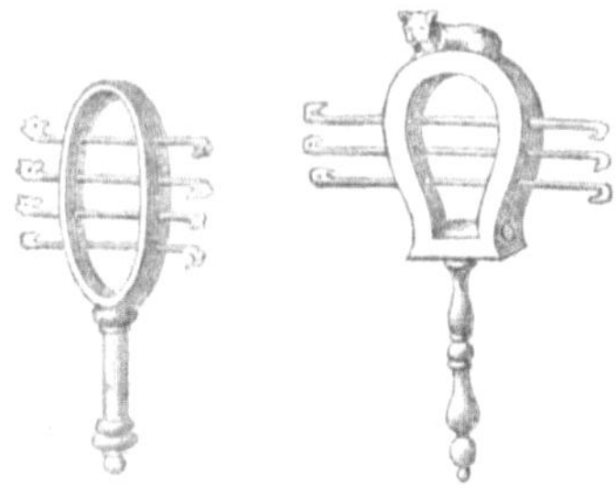

Fig. 94. Sistrum.

Das Fell einer Trommel od. Pauke giebt auch keine musikalischen Klänge, indessen erstickt die Resonanz des Hohlraums bis zu einem gewissen Grade die unharmonischen Obertöne. Die Instrumente dieser Art dienen auch eigentlich nur dazu, den Rhythmus zu unterstützen, den Takt kräftiger zu schlagen; es sind die Lieblingsinstrumente der Wilden. Jedes Volk hat seine Trommel erfunden, vom Eskimo bis zum Neuseeländer. Ein irdener Topf, ein hohler Kürbis, darauf ein Stück Esels-, Krokodilen- oder Haifischhaut, und die Pauke ist fertig, der Tanz kann beginnen. Das Tambourin und die Castagnetten, deren die Südländer sich so geschickt zu bedienen wissen, stammen aus der ältesten Zeit; das Krotalon der Bacchanten erinnert daran.

Das wahre Material zu Musikinstrumenten liefern die Saiten. Ihr Klang besteht aus harmonischen Partialtönen. Eine homogene Saite giebt einen Grundton, der von ihrer Spannung, Länge und Dicke abhängt, und außerdem die Reihe von Tönen, welche durch die Zahlen

2, 3, 4 . . . dargestellt werden. Die Klangfarbe hängt von der Art des Anschlags, von der Anschlagstelle, und außerdem von der Dicke und Steifigkeit der Saite ab. Man erregt sie durch Zupfen, wie bei der Guitarre, durch Hammer-Anschlag, wie beim Clavier, durch Bogenstriche, wie bei der Violine, durch Luftzug, wie bei der Aeolsharfe. In der Fabrikation der Pianos hat die Erfahrung zweier Jahrhunderte zu einer Menge empirischer Regeln geführt, deren theoretischen Grund wir heute einsehen. So ist z. B. die Anschlagstelle des Hammers gewöhnlich in $\frac{1}{7}$ oder $\frac{1}{9}$ der Saitenlänge; die Theorie zeigt nun, in Uebereinstimmung mit der Erfahrung, daß dadurch die unharmonischen Obertöne 7 und 9 fortfallen. Ob der Hammer längere oder kürzere Zeit auf der angeschlagenen Saite bleibt, ist gleichfalls für die Klangfarbe wichtig; danach wird das Material der Hämmer gewählt.

Die Darmsaiten haben zwar hohe, aber schnell verklingende Obertöne, was dieselben weniger störend macht. Bei der Violine ist die Klangfarbe noch durch die Resonanz des Kastens modificirt, welcher gewöhnlich auf den Ton c′ abgestimmt ist, wie man durch Anblasen der Schalllöcher findet. Der Kasten des Violoncells giebt G. In der Klangfarbe der Violine sind die ersten Obertöne weniger stark als beim Piano, dagegen die höheren Obertöne stärker als bei diesem.

Offene Röhren verhalten sich wie die Saiten, sie geben Klänge, die alle harmonischen Töne enthalten. Durch kräftiges Anblasen kann man auch gewisse Obertöne allein, ohne den Grundton, erhalten. Bei den gedackten Röhren fehlen die geraden Theiltöne, sie geben nur die ungeraden: 1, 3, 5, 7. Weite, gedackte Orgelpfeifen geben den Grundton fast rein.

Eine gedackte (geschlossene) Pfeife hat denselben Grundton, wie eine offene Pfeife von doppelter Länge. Dies kann man beweisen, indem man z. B. einen Schieber in die Mitte einer offenen Pfeife bringt (Fig. 95); der Ton wird dadurch nicht geändert.

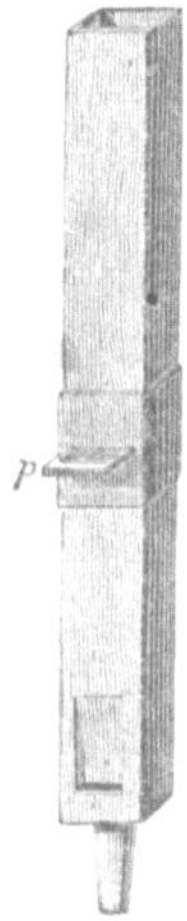

Fig. 95.

Die Benennung der Orgelregister bezieht sich darauf, daß der Grundton im umgekehrten Verhältniß zu der Länge der Pfeife steht. Eine offene Pfeife von 16 Fuß Länge, oder eine gedackte von 8 Fuß, giebt das Contra-C; eine offene Pfeife von 8 Fuß, oder eine gedackte von 4 Fuß, giebt das große C der achtfüßigen Octave u. s. w.

In den Orgelregistern steht jede Pfeife für ihren Grundton; bei den Blasinstrumenten liefert dagegen dasselbe Rohr eine Menge verschiedener Noten. Das Rohr des Waldhorns ist bis 27 Fuß (9 Meter) lang; sein Grundton liegt sehr tief und wird nicht gebraucht, wohl aber die höheren Obertöne. Die Töne 8, 9, 10 . . . bilden eine Tonleiter, wenn man sie leicht modificirt, dadurch daß man die Faust in den Schallbecher bringt. Bei der Posaune kann das Rohr ausgezogen werden, bei dem Klapphorn schaltet man Nebenröhren ein; bei der Flöte, Clarinette, Oboe ändert man die Länge der tönenden Luftsäule durch Oeffnen und Schließen der Seitenlöcher. Da die Luftsäule so schwingen muß, daß an den offenen Stellen Schwingungsbäuche existiren, so bringen die Löcher dieselbe Wirkung hervor, als ob das Rohr abgeschnitten würde. So hat der Musiker in seiner Hand eine vollständige Auswahl von Röhren verschiedener Länge, deren er sich zum Genuß oder Verdruß der Zuhörer bedienen mag.

Bei allen Blasinstrumenten ist ein höchst wichtiger Theil das Mundstück. Am einfachsten ist dasselbe bei den Flötenpfeifen, wozu die meisten Orgelpfeifen gehören; dies Mundstück mit sehr kurzem Rohr bildet das gewöhnliche Pfeifchen (Fig. 96). Der Luftstrom bricht sich an dem scharfen Rand der Oeffnung und erregt ein zischendes Geräusch, welches man als eine Mischung vieler unharmonischer Töne betrachten kann. Der Hohlraum der Pfeife verstärkt nun durch Resonanz einige derselben, nämlich diejenigen, welche den Eigentönen der Pfeife entsprechen.

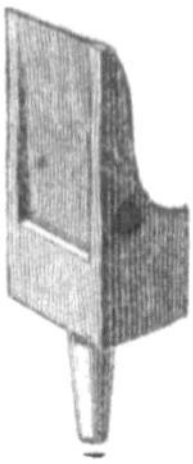
Fig. 96. Pfeife.

Bei den Zungenpfeifen setzt der Luftstrom zuerst eine elastische Zunge in Vibration, welche ihn periodisch unterbricht. Dieses Tremolo der Zunge bringt wieder einen ganzen Strauß von Tönen hervor, unter denen die Resonanz des Rohres ihre Auswahl trifft. Der Ton ist übrigens nicht derselbe, wenn man ein Flöten- oder Zungen-Mundstück mit dem Ansatzrohr verbindet. Zu den Zungenpfeifen gehören gewisse Orgelregister, die Physharmonica, Clarinette, Oboe, Fagott u. s. w. Die menschlichen Lippen müssen ebenfalls als schwach elastische, membranöse Zungen betrachtet werden, welche beim Anblasen des Horns, der Trompete, der Posaune als solche wirken. Beim Gesange spielen die Stimmbänder des Kehlkopfs die Rolle membranöser Zungen; sie wirken aber anders als die Lippen, denn ihre wechselnde Spannung bestimmt eben die Höhe des Tons, während die Lippen bei den Blasinstrumenten den Ton nicht hervorrufen, sondern nur das Ansprechen der verschiedenen Eigentöne des Rohrs mehr oder weniger begünstigen. Es hängt also die Tonhöhe der Blasinstrumente wesentlich von der Länge der schwingenden Luftsäule ab, dagegen die Höhe der Stimme beim Singen oder Sprechen lediglich von der Spannung der Stimmritze; die Luftmasse in der Mundhöhle kommt nur für die Klangfarbe der Stimme in Betracht. Hierauf beruht der Unterschied der Vocale.

Ein Vocal ist eben die Klangfarbe, welche dadurch erhalten wird, daß ein Oberton, nicht von bestimmter Ordnung, sondern von gegebener Höhe, durch Resonanz verstärkt wird. So entsteht z. B. der Vocal A durch Verstärkung desjenigen Obertons einer beliebigen Note, welcher in die Gegend von b'' fällt. Um ein A hervorzubringen, öffnet sich der Mund so, daß die darin enthaltene Luftmasse auf b'' abgestimmt wird, wie man sich durch Anblasen der Lippen vermittelst eines Blasebalgs überzeugen kann. Es wird deshalb von jedem Grundton der dem b'' naheliegende Oberton verstärkt. Bringt man vor den zum Sprechen geöffneten Mund eine Reihe von Stimmgabeln, so findet man bald eine heraus, die durch Resonanz stärker erklingt; ihr Ton ist dann derjenige, welcher den Vocal, den man artikuliren wollte, charakterisirt. Helmholtz hat auf diese Weise für jeden Vocal einen oder zwei charakteristische Töne je nach dem Dialekt des Sprechenden; die Angaben von Donders, für die holländische Aussprache, weichen sehr von denen des Professors Helmholtz, die für die norddeutsche Aussprache gelten, ab. Die Definition der Vocale durch fünf Buchstaben ist übrigens ganz ungenügend; man müßte wenigstens folgende sieben Hauptgruppen unterscheiden:

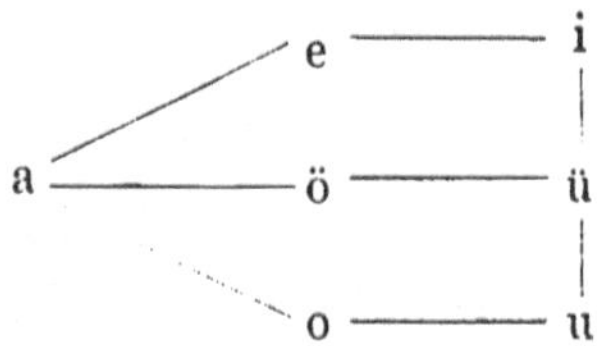

Dazu kommen dann noch eine Menge Nüancen. Die Vocale A, O, U scheinen nur einen specifischen Ton zu haben; für die übrigen giebt es deren zwei, was wohl daher kommt, daß die Mundhöhle im Ganzen eine Flasche mit engem Halse vorstellt, d. h. zwei Räume, deren jeder seinen Eigenton hat. Der Bauch der Flasche liegt im Schlunde, der Hals ist zwischen der obern Fläche der Zunge und dem harten Gaumen. Nachstehende Noten schreibt Helmholtz den Hauptvocalen zu.

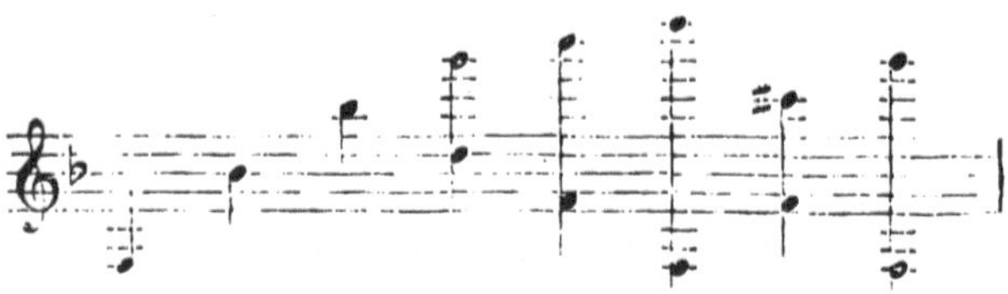

U	O	A	Ä	E	I	Ö	Ü
f	b′	b″	g‴	b‴	d⁗	cis‴	g‴—as‴
			d″	f′	f	f′	f

Nach Dr. König sind indessen die Eigentöne der fünf Vocale U, O, A, E, I, einfach die Octaven von b:

U	O	A	E	I
b	b′	b″	b‴	b⁗

Es hängt also die relative Stärke der Obertöne in den Vocalen nicht, wie in der Klangfarbe der meisten Musikinstrumente, von ihrer Rangordnung ab, sondern von ihrer absoluten Höhe. Bei einer offenen Pfeife klingt z. B. die Octave oder Duodecime des Grundtons mit. Wird der Vocal A auf irgend eine Note gesungen, so klingt, je nach der Lage dieser Note, ein anderer Oberton derselben mit. Ist die Note z. B. das b', so wird ihre Octave verstärkt, weil diese Octave auf den Ton b'' fällt, welcher dem Vocale A zugehört; singt man aber das große fis, so wird dessen 9. Theilton, nämlich ais'', verstärkt, weil dieser nahe bei b'' liegt. Eine gewisse Analogie findet man in der Klangfarbe der Violine, wo auch eine fixe Note, das c', durch die Luftmasse des Kastens verstärkt wird. Der Violinklang ist gleichsam das O (dessen Eigenton nach Donders d' ist).

Ein schönes Mittel, die Klangfarbe der Vocale sichtbar zu machen, hat König erdacht. Er läßt die Stimme durch ein Kautschukrohr mit Mundstück direct auf eine Membran wirken, welche in die Wand einer Glasröhre eingefügt ist (Fig. 97). Die Membran erzittert unter der Wirkung der tönenden Luft, und wirkt ihrerseits auf den Gasstrom wie ein Blasebalg, sie treibt die Flamme abwechselnd empor oder saugt sie herunter. Ist die Erschütterung zu heftig, so wird die Flamme wohl ganz ausgeblasen; ist die Flamme aber kräftig genug, so spitzt sie sich blos zu und wird blau. Im drehenden Spiegel löst sich das Bild einer solchen Flamme in ein zackiges Band auf, dessen Anblick die Anzahl und Stärke der Obertöne errathen läßt. Die Fig. 98 stellt eine Probe aus König's reicher Sammlung dar: den Klang der Vocale U, O, A für die drei Noten C, G, c.

Nachdem Helmholtz die Analyse der Vocale vollbracht, versuchte er dieselben auch künstlich aus einfachen Tönen zu bilden. Er ließ eine harmonische Reihe von acht

Stimmgabeln so zwischen gabelförmigen Elektromagneten aufstellen, daß dieselben durch einen intermittirenden Strom in beständiger Schwingung erhalten wurden. (Der Strom

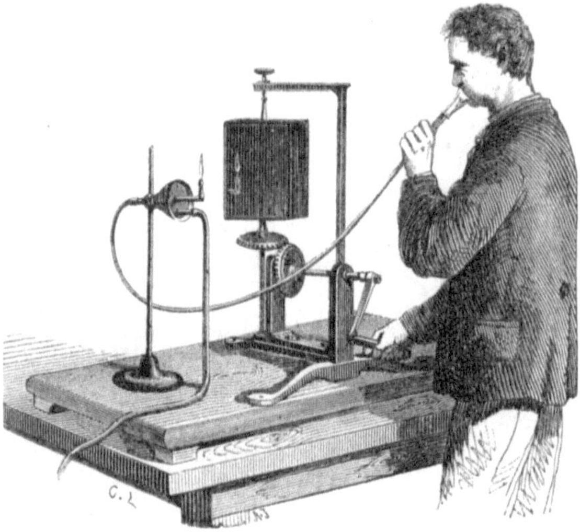

Fig. 97. Beobachtung der Vocale mit Hilfe der König'schen Flammenzeiger.

wurde durch eine mit der Grundgabel gleich gestimmte Gabel 120 mal in der Secunde unterbrochen.) Vor jeder Gabel stand ein cylinderförmiger Resonator, dessen Oeffnung durch einen beweglichen Schieber mehr oder weniger verdeckt wurde, wenn man auf eine Taste drückte, wodurch die Intensität jeder Gabel beliebig regulirt werden konnte. Mit diesem Apparat erhielt Helmholtz ein U, wenn die Grundgabel B allein erklang; ein schönes O, wenn b' stark, daneben schwächer b, f' und d'' angegeben wurden. Später wurde b zum Grundton genommen und die Reihe der

Gabeln nach der Höhe ausgedehnt. Hier gab das b allein wieder ein U, und wenn es stark von b', schwächer von f'' begleitet war, ein O. Man erhielt ein A, wenn man

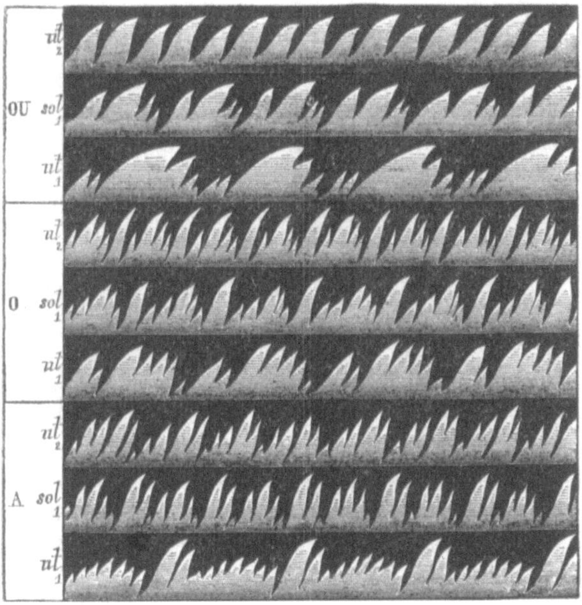

Fig. 98. Der Klang der Vocale.

z. B. zunächst b' und f'' mäßig stark, dagegen b'' und d''' kräftig mittönen ließ. Die Versuche sind übrigens sehr schwierig, und gelingen selten; es ist dabei viel Illusion im Spiele. Höchstens unterscheidet man die dumpferen Vocale, wenn man schnell von einem zum andern überspringt, um den Contrast wirken zu lassen.

Wie sollen wir uns nun die wunderbare Fähigkeit des Ohres erklären, so complicirte Tongemische in einfache Elemente zu zerlegen? Wir sahen oben, daß die Saiten eines Claviers diese Trennung der Theiltöne bewirken können, da sie auf die einzelnen Noten eines zusammengesetzten Klanges antworten, zu welchen ihr Eigenton Wahlverwandtschaft besitzt. Denken wir uns nun unendlich viele Saiten, die allen möglichen Tönen entsprechen, so können wir damit offenbar alle Klänge reproduciren. Helmholtz nimmt daher an, im Ohre existire ein solches System von Saiten, denn die Enden des Gehörnerven stehen in der Schnecke mit elastischen Gebilden im Zusammenhang, deren Eigentöne wahrscheinlich eine regelmäßige Stufenleiter bilden und die in Folge dessen hinreichen, alle in der Natur vorkommenden Töne wiederzugeben. Wir kommen auf diese Gebilde weiter unten (Kap. XIV) zurück.

Man könnte in derselben Art die Farbenempfindungen durch die Existenz einer großen Anzahl zum Sehnerven gehöriger Fasern erklären, die für die Lichtstrahlen verschiedener Brechbarkeit abgestimmt sind. Dies ist die von Thomas Young aufgestellte Hypothese. Jedenfalls wird auf diesem Wege die Mannigfaltigkeit der Farben- und Tonempfindungen leicht verständlich. Das Gehörorgan wirkt demnach wie ein eigentliches Prisma, welches den Schall in seine einfachsten Elemente zerlegt, obgleich der Geist, der die Empfindung gewöhnlich nur als ein Ganzes auffaßt, sich dieser Scheidung nicht bewußt wird. —

Die angenehmsten Klangfarben sind diejenigen, welche die niederen Partialtöne bis etwa zum sechsten enthalten. Mit den einfachen Tönen verglichen, haben sie etwas Reicheres, Volleres, Prächtigeres; sie sind weich und wohllautend, so lange die höheren Obertöne fort bleiben. In diese Kategorie gehören die Klänge der

Pianoforte, der offenen Orgelpfeifen, sowie auch derjenigen des Horns und der menschlichen Stimme, wenn sie piano erklingen. Die Flöten nähern sich den einfachen Tönen, die zwar sehr weich, aber farblos sind, und daher von andern Tönen unterstützt werden müssen. Dies gilt auch von den weiten, gedackten Orgelpfeifen.

Wenn nur die ungeraden Theiltöne (Grundton, Duodecime u. s. w.) vorhanden sind, wie bei den engen gedackten Pfeifen, der Clarinette, den Metallsaiten, die in der Mitte angeschlagen werden, so erscheint der Klang hohl, und bei größerer Anzahl der Obertöne näselnd. Wenn der Grundton vorherrscht, ist der Klang voll; leer, wenn der Grundton zurücktritt. Eine Saite klingt voller unter dem Hammer des Pianos, als wenn sie gezupft wird. Sind die Partialtöne über den sechsten hinaus hörbar, so wird der Klang scharf und rauh, weil die hohen Obertöne unter sich dissoniren. Ist ihre Stärke indessen nicht bedeutend, so schaden sie nicht, sondern begünstigen eher die Ausdrucksfähigkeit der Musik und bringen eine gewisse Lebendigkeit hinein. Dies merkt man deutlich an den Streichinstrumenten, den Zungenpfeifen, der menschlichen Stimme. Die schmetternden Klänge der Blechinstrumente sind deshalb im Orchester von so großer Wirkung.

Der Klang der menschlichen Stimme ist auch gewissermaßen ein psychisches Element. Er macht die Stimme angenehm, hinreißend, einschmeichelnd, oder herausfordernd, abstoßend, widerlich. Er drückt, wie der Blick des Auges, den Charakter aus.

XII. Interferenz.

Stöße oder Schwebungen. — Beobachtung mit Hülfe der König'schen Flammen. — Interferenz-Apparat. — Combinationstöne. — Scheibler's und König's Tonometer. — Einfluß der Bewegung der Schallquelle.

So paradox dies auch scheinen mag, im Folgenden werden wir den Kampf sich befehdender Töne sehen, und finden, daß gleich starke Töne sich aufheben und gänzliche Stille verursachen können. Die Erscheinungen der Resonanz enthüllten uns gewisse Wahlverwandtschaften, die das Tonreich beherrschen. Die Saiten einer Violine, die an der Wand hängt, fangen gleich zu klingen an, wenn man eine andere Violine im selben Zimmer versucht. In jedem elastischen Körper wohnt gleichsam eine Familie von Tönen, die auf verwandte Töne antworten können. Jetzt werden wir dagegen die Feindschaft der Töne studiren, ihren Antagonismus, ihre Fehden. Wenn zwei Grundtöne sich gegenüberstehen, so thun es auch ihre Obertöne; das ganze Gefolge nimmt an dem Handel theil oder rauft sogar für eigene Rechnung, wie die Vasallen der Capuletti und Montagu.

Man sagt, zwei Töne schlagen oder geben S t ö ß e, wenn ihr Zusammenklingen periodische Aenderungen ihrer Stärke veranlaßt. Bei den Orgelpfeifen ist die Erscheinung leicht zu beobachten, ebenso bei guten Stimmgabeln, die den Ton halten. Zwei Orgelpfeifen, die fast denselben

Ton, aber nicht genau denselben geben, stören einander: man hört ihren Ton regelmäßig auf und ab schweben, und wenn die Stöße sehr schnell erfolgen, so wird's ein Geknarr und Gerumpel, wie wenn ein Wagen über einen Mühlendamm fährt.

Sauveur muß wieder als der Erste bezeichnet werden, der diese merkwürdige Erscheinung näher untersucht hat*). Er hat davon sofort eine Nutzanwendung gemacht. Seine Versuche hatten ergeben, daß die Anzahl der Stöße immer gleich der Höhendifferenz der Noten ist; für jede ganze Schwingung, welche die eine mehr macht, als die andere, hat man eine Schwebung. Dadurch wird es möglich, die absolute Tonhöhe zu messen, indem man Schwebungen zählt. Gesetzt, zwei Pfeifen seien auf ein C und ein D abgestimmt. Ihr Intervall beträgt einen ganzen Ton, die Schwingungszahlen verhalten sich folglich wie 8 : 9. Die Differenz dieser Zahlen ist 1, also haben wir einen Stoß für je 8 Schwingungen der einen und 9 der andern Pfeife. Zählen wir nun 4 Stöße in der Secunde, so schließen wir daraus, daß die erste Pfeife in einer Secunde 4×8, oder 32 Schwingungen macht, die andere aber 4×9 oder 36. Also macht unser C 32, unser D 36 ganze (doppelte) Schwingungen in der Secunde.

Sauveur bestimmte auf diesem Wege seinen Normalton von 100 Schwingungen. Heute noch stimmen die Orgelbauer ihre Pfeifen mit Hülfe der Schwebungen, die sie untereinander geben.

Den Grund der Erscheinung deutete Sauveur auch schon ganz richtig an. Nach ihm müssen sich die Schwing-

*) Freilich sagt schon Mersenne: „Wenn man je die Stöße ohne das Ohr erkennen kann, so wird dasselbe für das Stimmen der Orgel entbehrlich."

ungen verstärken, wenn sie zusammenfallen, und sich schwächen, wenn sie sich kreuzen. Dies wird deutlicher werden, wenn wir die Schwingungsform betrachten. Alle Vibrationsbewegungen, wie die des Lichts oder des Schalls, sind der Interferenz unterworfen, d. h. sie können zusammenwirken oder sich entgegen wirken, je nach ihrer relativen Phase. Da die Vibration ein Hin- und Hergang ist, so kann ein Impuls, der von einer Seite kommt, einem andern, der von anderswo kommt, gerade entgegengesetzt sein; so wird das bewegliche Theilchen nach zwei entgegengesetzten Richtungen gezogen, und bleibt deshalb in Ruhe. Zwei Töne können sich daher zum Schwingen bringen, zwei Lichtstrahlen sich auslöschen und Dunkelheit erzeugen. Wir sahen bereits, wie Schwingungsbewegungen sich zusammensetzen, und wie man dies durch eine Curve veranschaulichen kann. Denken wir uns also zwei identische Vibrationen, die gleichzeitig auf denselben Punkt wirken, wie in der Fig. 99 (linker Hand) zu sehen ist. Sie bleiben immer gleich gerichtet, addiren sich und bringen eine sehr verstärkte Schwingung hervor. Stehen sich zwei Schwingungsbewegungen aber gegenüber, wie in der Fig. 100 (rechter Hand), so daß z. B. die eine den beweglichen Punkt zu heben sucht, während die andere ihn niederdrückt, so neutralisiren sie sich und können sich völlig aufheben. Treffen zwei Töne von gleicher Stärke auf diese Art zusammen, so bringen sie sich zum Schweigen.

Die Erscheinung läßt sich freilich nicht leicht in ihrer ganzen Reinheit beobachten, weil die Töne sich in der Luft nach allen Seiten ausbreiten; doch kann man wenigstens die Schwächung der zusammenklingenden Töne constatiren. Nimmt man z. B. zwei geschlossene Orgelpfeifen, die genau unisono sind, und setzt dieselben neben einander auf einen Windkasten, so bemerkt man, daß sie zusammen weit weniger Ton geben, als eine allein. Beide zusammen klingen ganz schwach, obgleich ihre Luftsäulen kräftig

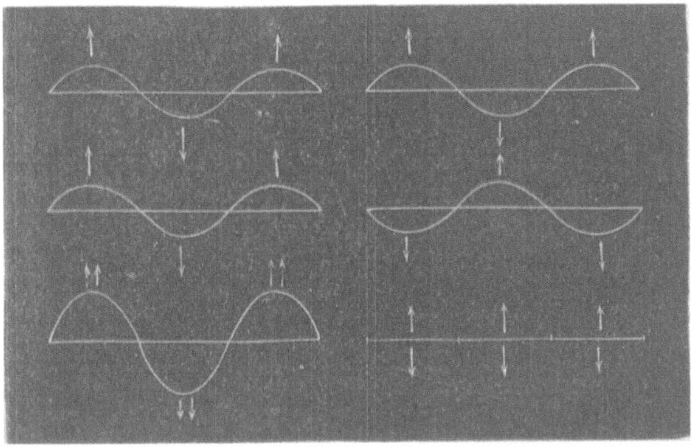

Fig. 99. Uebereinstimmung. Fig. 100. Gegensatz der Schwingungen.

schwingen, wie man an einer darüber gehaltenen Flaumfeder sehen kann. Der Grund der Erscheinung liegt darin, daß die Schwingungen im Gegensatz stehen; während der Luftstrom in die erste Pfeife dringt und die innere Säule comprimirt, fährt er aus der zweiten heraus und bringt in dieser eine Verdünnung hervor; so wechselt der Zustand fortwährend, und die umgebende Luft erfährt gleichzeitig Compressionen und Dilatationen, die sich neutralisiren. So kommt aber kein Ton zu Stande. Man kann diese Gegenwirkung der beiden Röhren leicht mit Hülfe der König'schen Flammen beobachten. Jede Röhre communicirt mit einer Flamme; die eine dieser Flammen sieht man zur Hälfte hinter einem kleinen Spiegel hervorragen, welcher die untere Hälfte der anderen Flammen reflectirt; diese reflectirte Hälfte setzt sich mit der direct sichtbaren Spitze zu einem vollständigen Bilde zusammen. Betrachtet man das Ganze im drehenden Spiegel, während die Pfeifen tönen, so trennt sich die Spitze des Bildes von dem Fuß (Fig. 101), woraus ersichtlich ist, daß die beiden Flammen abwechselnd aufflackern, daß die eine tief steht, während sich die andere hebt. Wirken beide Pfeifen auf dieselbe Flamme, so hebt ihre Wirkung sich auf. Die Flamme bleibt ganz ruhig. Diese Anordnung des Versuchs hat Herr Zoch angegeben.

Fig. 101. Interferenzbild.

Läßt man einen Ton durch einen verzweigten Kanal gehen, so daß die Tonwellen, wenn sie wieder zusammentreffen, verschiedene Wege durchlaufen haben, so findet im Allgemeinen ein Phasenunterschied, und folglich Interferenz statt. Ist der eine Zweig um eine halbe Wellenlänge des Tones kürzer als der andere Zweig, so ist der Phasenunterschied $1/2$, und die Bewegung in Opposition, wie in der Figur 101; dann neutralisiren sich also die aus den beiden Zweigen kommenden Wellen, und der Ton verschwindet fast. Dies Experiment ist zuerst von Kane gemacht worden. Man kann durch die König'schen Flammen die Beobachtung sehr erleichtern, und dann, mit Anwendung einer Zweigröhre von veränderlicher Länge, Messungen über die Wellenlänge der Töne in Gasen anstellen*).

*) Versuche dieser Art sind von Quincke, Zoch u. A. angestellt worden.

Herr Dr. König hat dazu einen besonderen, sehr sinnreichen Apparat construirt.

Wir sehen aus dem Vorhergehenden, daß zwei Vibrationen von gleicher Periode sich verstärken oder schwächen, je nach der Art ihres Zusammentreffens. Die Wirkung bleibt dieselbe während des ganzen Verlaufs der Bewegung. Dies ist aber nicht mehr der Fall, wenn die Perioden nicht genau gleich sind; in diesem Fall ändert sich die Wirkung jeden Augenblick. Ist der eine Wellenzug anfangs gegen den andern ein wenig zurück, so hat er ihn doch bald eingeholt; in diesem Moment verstärken sich beide. Kurz darauf aber ist wieder der eine voran, der

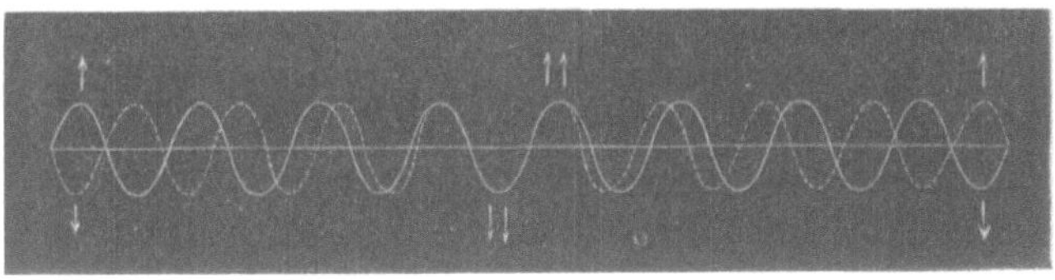

Fig. 102. Schwebungen.

andere zurück, und sie stören sich. So entstehen die periodischen Schwebungen, von denen oben die Rede war. Macht der eine Ton z. B. 8 Vibrationen in derselben Zeit, wo der andere deren 9 vollendet, so giebt es einen Stoß in dieser Zeit. Wenn die beiden Bewegungen zuerst in Opposition sind, so haben sie sich nach 8 einfachen (halben) Schwingungen accordirt, sie verstärken sich, man hört einen Stoß; nach wieder 8 einfachen Schwingungen sind sie von Neuem im Gegensatz, der Ton schwindet für einen Augenblick; dann wiederholt sich dieselbe Reihenfolge von Erscheinungen in derselben Art (Fig. 102). Auf acht ganze oder Doppelschwingungen kommt also hier ein Stoß; oder allgemeiner, eine Schwebung findet statt, so oft ein Ton dem anderen um eine Doppelschwingung voraus geeilt ist.

Die Erscheinung der Stöße läßt sich auf verschiedene Weise sichtbar machen. Der Phonautograph zeigt dieselben deutlich in der auf berußtem Papier erhaltenen Abbildung der Luftvibrationen. Man kann eine ähnliche Schriftprobe mit zwei Stimmgabeln erhalten, deren eine einen elastischen Stift, die andere einen berußten Glasstreifen trägt. Man hält beide horizontal über einander, so daß die Zinken sich decken; dann fährt man mit der Spitze des Stifts über das Glas, nachdem man jeder Gabel einen Bogenstrich gegeben hat. So erhält man weiße Curven auf schwarzem Grunde, wie die Fig. 103 abgebildeten. Die eine zeigt die Schwebungen eines Halbtons (24 : 25), die andere diejenigen eines Commas (80 : 81). Die König'schen Flammen liefern gleichfalls ein bequemes Mittel, die Stöße verschiedener Tonintervalle dem Auge sichtbar zu machen*).

Die physiologische Wahrnehmung der Schwebungen scheint auf den ersten Anblick mit der Hypothese unvereinbar, derzufolge das Ohr die Töne verschiedener Höhe trennt. Wenn zwei Töne nicht auf dieselbe Nervenfaser wirken, so können sie sich auch im Ohre nicht stören. Diese Schwierigkeit ist aber leicht zu beseitigen. Die Nervenfasern, wie alle elastischen Körper, werden noch von

*) Näheren Aufschluß über diese Beobachtungsmethoden findet man in dem vortrefflichen Werk von Prof. Pisko: Die neueren Apparate der Akustik. Mit 96 Holzschnitten. Wien, 1865, bei Gerold.

solchen Vibrationen afficirt, die in der Nähe ihres Eigentons liegen, ohne gerade mit ihm zusammenzufallen; nur ist die Wirkung geringer, als wenn der Eigenton erklingt. Daraus folgt, daß die Wirkungssphäre zweier naheliegender Töne sich über ein ganzes Bündel von Fasern erstreckt. Eine Note, die um einen Halbton von der specifischen Note einer Nervenfaser abweicht, erregt dieselbe ungefähr 10 mal weniger, als die richtige Note es thun würde; diese Resonanz ist aber noch merklich. Man begreift daher, daß die gegenseitige Störung zweier wenig verschiedener Noten, oder ihre Stöße, für ein breites Nervenbündel fühlbar werden.

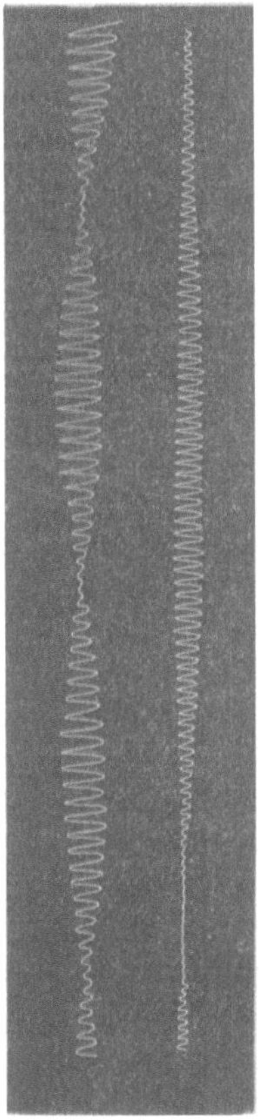

24 : 25 80 : 81

Fig. 103.

Wenn die Stöße sich rasch folgen, so ist der Effect sehr unangenehm; der Ton wird schnarrend, knarrend, wie das Geräusch einer Säge über Holz. Die Rauhigkeit scheint ihren Gipfel zu erreichen, wenn die Anzahl der Stöße 30 bis 40 in der Secunde beträgt. Darüber hinaus wird es dem Ohre schwer, sie zu unterscheiden, und der Eindruck ist deshalb nicht mehr so lebhaft. Helmholtz versichert indessen, daß es ihm möglich gewesen ist, bis 132 Stöße in der Secunde (zwischen den Noten h''' und c'''') mit dem Gehör zu trennen, d. h. als getrennte Impulse zu empfinden, natürlich ohne dieselben zu zählen. Da nun der tiefste hörbare Ton etwa 30 ganzen Schwingungen entspricht, so würde hieraus hervorgehen, daß sich Schwebungen beobachten lassen, die bis 4 mal schneller erfolgen, als die Vibrationen der tiefsten Töne. Dieses Resultat ist im Widerspruch mit der sehr verbreiteten Meinung, daß die Schwebungen, wenn ihre Anzahl sehr groß ist, als Töne empfunden werden. Diese Meinung rührt daher, daß zwei Töne, die kräftig zusammen erklingen, oft einen dritten, einen sogenannten Combinationston, erzeugen, dessen Schwingungszahl der Anzahl ihrer Schwebungen gleich ist.

Man kannte die Combinationstöne lange, bevor man sie zu erklären suchte. Der deutsche Organist Sorge spricht von ihnen in einem Werke, welches um 1740 erschien. Der Violinist Tartini wollte neun Jahre später dieselben zur Grundlage einer Theorie der Musik machen. Ueber den Ursprung dieser Töne sind noch heute die Ansichten getheilt. Man hört gewöhnlich am besten den Combinationston, dessen Schwingungszahl der Differenz der Schwingungszahlen der primitiven Töne gleich ist; die große Terz (4 : 5) giebt deutlich den Differenzton 1. Die Quinte (2 : 3) giebt ebenfalls den Ton 1, u. s. w. Da nun die Differenz der Schwingungszahlen zugleich der Anzahl der Schwebungen der Grundtöne entspricht, so stellte Th. Young die Ansicht auf, daß die Combinationstöne nichts weiter als Schwebungen seien, die als Töne empfunden werden, indem jede Schwebung eine Doppelschwingung vorstellt. Man bemerkte bald, daß außer dem ersten Differenzton noch andere, allerdings schwächere, zum Vorschein kommen, welche durch Kreuzungen zwischen den

Haupttönen, ihren Obertönen, und dem ersten Differenzton entstehen; die große Terz (4 : 5) mit ihren ersten Obertönen (8 und 10) giebt außer dem ersten Differenzton (1) noch die Combinationstöne 2, 3, 6, u. s. w. Diese Erscheinungen stehen mit der Ansicht von Young nicht im Widerspruch; wohl aber ist dieselbe schwer zu vereinigen mit der Existenz der von Helmholtz entdeckten Summationstöne. Diese Art von Combinationstönen, die sich übrigens nur unter günstigen Umständen beobachten lassen, sind immer höher als die primären Töne, und zwar ist ihre Höhe gleich der Summe der Höhen der Grundtöne. Wir haben bereits einen andern Einwurf gegen die Young'sche Theorie erwähnt: die Schwebungen, welche auf das Gebiet der höheren Töne hinüber greifen. Helmholtz glaubt daher, die Combinationstöne auf anderem Wege erklären zu müssen. Er betrachtet die Erscheinung als eine Störung der gewöhnlichen Vibrationsbewegung, welche daher rührt, daß die elastischen Kräfte bei heftigen Schwingungen nicht mehr einfach den Ausschlägen proportional sind, sondern auch von dem Quadrat der Ausschläge abhängen. Ganz aus demselben Grunde hört man bei Stimmgabeln oder Glocken, wenn sie in heftige Schwingung versetzt werden, die Octave ihres Grundtons, welche kein normaler Oberton dieser Körper ist*). Die Frage ist indessen wohl noch nicht spruchreif.

*) Es giebt endlich noch eine besondere Art von resultirenden Tönen, die Variationstöne, welche dadurch entstehen, daß ein einziger Ton periodisch stärker und schwächer wird. Sie sind gewissermaßen die umgekehrte Erscheinung der Schwebungen; der intermittirende Ton zerlegt sich in zwei constante Töne. Eine Scheibe, die ein f von 340 Vibrationen giebt und 19½ Umdrehungen in der Secunde macht, läßt ein g von 380 und ein es von 300 Vibrationen erscheinen.

Die Combinationstöne und die Stöße sind für das Stimmen der musikalischen Instrumente von großer Wichtigkeit, weil sie die Höhendifferenz zweier Töne mit Sicherheit erkennen lassen. Dr. König hat auf diese Weise eine Stimmgabel für das c^{VII} von 32,000 einfachen Schwingungen und eine andere für das d^{VII} von 36,000 Schwingungen mit Hilfe ihres Differenztons, des c'''' von 4000 Schwingungen, abgestimmt. Er hofft sogar, Stimmgabeln für Töne, die über die Grenze der Hörbarkeit hinausgehen, durch ihre noch hörbaren Differenztöne herzustellen.

Den Gebrauch der Schwebungen als Mittel zum Stimmen hat besonders ein Seidenfabrikant aus Crefeld, Heinrich Scheibler, populär gemacht. Derselbe verwandte 25 Jahre darauf, seine Methode zu vervollkommnen. Mit den rohen Hilfsmitteln, die man damals besaß, construirte er sich eine Reihe von 56 Stimmgabeln, welche die Octave von a bis a' (von 440 bis 880 einfache Schwingungen) umfaßten, und immer um 8 einfache Schwingungen verschieden waren. Diese Sammlung nannte er sein Tonometer (Tonmesser). Zwei aufeinander folgende Gabeln ließen immer 4 Schwebungen in der Secunde hören, die leicht mit Hülfe einer Uhr zu zählen waren. Beobachtet man auf diese Weise die Schwebungen von der ersten Gabel bis zur letzten, so muß man einen Totalunterschied von 220 Schwebungen oder 440 einfache Schwingungen finden, und wenn nun die letzte Gabel genau die höhere Octave der ersten giebt, also die doppelte Schwingungszahl, so muß die erste 440, die letzte 880 Schwingungen in der Secunde machen. Durch Ausfeilen und Abfeilen der Gabeln kommt man dahin, dies Resultat genau zu realisiren. Hat man nun 56 solche genau abgestimmte

Gabeln, so kann man eine beliebige Note, die in dieselbe Octave fällt, durch Zählen der Schwebungen mit einer der Gabeln exact herstellen. Fällt die zu bestimmende Note außerhalb der Octave des Tonometers, so stimmt man sie durch Procuratur, mittelst einer Hülfsgabel, die ihre Octave giebt.

Scheibler machte seine Methode um 1834 bekannt. Er kam auch nach Paris, wo nur ein geschickter Pianofabrikant, Wölfel, den Nutzen des Scheibler'schen Verfahrens begriff und sich ein Tonometer zu eigenem Gebrauch construirte. Dank dem Fortschritt der Akustik, ist diese Methode jetzt allgemein zugänglich geworden, da König in Paris Tonometer von 65 Gabeln für die mittlere oder eingestrichene Octave (c' = 512 bis c' = 1024 einfache Schwingungen) auf Bestellung liefert. Derselbe hat übrigens ein vollständiges Tonometer für alle Octaven ausgeführt. In den tieferen Octaven kürzt man die Reihe durch Anwendung großer Stimmgabeln mit Laufgewichten ab, deren Stellung auf den Zinken markirt ist. In den höchsten Octaven werden die Gabeln durch cylindrische Stäbe ersetzt. Das Tonometer, welches 1867 auf der Pariser Ausstellung war, bestand 1) aus acht großen Gabeln für die vier Octaven zwischen dem C von 32 einf. Schw. und dem von 512 Schw. Jede Gabel kann 32 Noten geben, zusammen also 256 Noten; 2) aus einer Octave von 64 Gabeln (512 bis 1024), einer anderen von 86 Gabeln (1024 bis 2048) und einer dritten von 172 Gabeln (2048 bis 4096), im Ganzen 330 Gabeln; 3) für die letzten vier Octaven (c^{IV} = 4096 bis c^{VIII} = 64,000 einf. Schw.) gebraucht König 96 gerade Stahlstäbe, deren Länge der Theorie gemäß sich umgekehrt verhält, wie die Höhe ihres Longitudinaltons. Die letzte Octave liegt bereits über die Grenzen der Hörbarkeit hinaus; nur wenige Personen hören noch das g^{VII} von ungefähr 48,000 einf. Schw. König erhält diese Note auch durch die Transversalschwingungen eines Stahlstäbchens von ungefähr 8 Centimeter Länge.

Zwei Stimmgabeln, welche genau um 2 einf. Schw. verschieden sind, schlagen die Secunde wie ein Pendel; ist ihr Unterschied größer, so geben ihre Stöße einen Secundenbruch. Durch Beobachtung der Stöße kann man auch eine sehr merkwürdige Erscheinung constatiren, den Einfluß der Bewegung der Tonquelle auf die scheinbare Tonhöhe. Dr. König nimmt z. B. zwei Stimmgabeln für c'', welche um 4 Schwebungen differiren, wenn sie an ihrem Platze bleiben. Er stellt nun die höhere (mit ihrem Resonanzkasten) auf den Tisch und entfernt sich mit der tieferen um etwa 60 Centimeter (dies ist die Wellenlänge des Tones c''). Wird nun die tiefere Gabel zwischen dem Ohre und der anderen Gabel hin und her bewegt, so ändert sich die Anzahl der Stöße. Bewegt sich der Arm in demselben Rhythmus wie ein Secundenpendel, welches man vor sich hat, so hört man nur 3 Stöße in der Secunde, während welcher die Gabel zum Ohre zurückkehrt, dagegen 5 in der Secunde, während welcher sie sich entfernt. Daraus folgt offenbar, daß ihre scheinbare Höhe in der ersten Secunde um eine ganze Schwingung zu groß, in der zweiten um eine ganze Schwingung zu klein ist*). Dies rührt daher, daß die Gabel, wenn sie kommt, eine Wellenlänge überspringt oder gewinnt, dagegen, wenn sie

*) Die Beobachtung wird von König auch mit einer Gabel gemacht, die man zwischen dem Ohre und einer nahen Wand hin und her führt; die den Schall reflectirende Wand wirkt hier wie eine zweite Tonquelle.

sich entfernt, eine Wellenlänge oder Schwingung scheinbar verliert, gerade wie die Weltumsegler einen Tag verlieren oder gewinnen, je nachdem sie mit der Sonne oder gegen die Sonne fahren (von Osten nach Westen oder von Westen nach Osten).

Auf Eisenbahnen hat man oft Gelegenheit, Aehnliches zu beobachten. Der Pfiff der Locomotive scheint uns höher, wenn der Zug kommt, als wenn er geht. Nehmen wir etwa 50 Kilometer in der Stunde für die Geschwindigkeit

Fig. 104. Bewegung der Schallquelle.

des Zuges, so giebt dies 14 Meter in der Secunde, also $^1/_{24}$ von der Geschwindigkeit des Schalls. Daraus folgt dann, daß der Ton für einen Beobachter, der an der Bahn steht, im Verhältniß von 24 : 25, d. h. um einen Halbton steigen oder fallen muß, je nach der Richtung der Bewegung. Hört der Heizer ein a, so wird der Bahnwärter ais hören, wenn der Zug kommt, und as, wenn er abfährt. Für die Passagiere würde eine unbewegliche Schallquelle dieselbe Wirkung hervorbringen. Begegnen sich zwei Züge, so ist der Effect doppelt; die Pfeife des einen Zuges erscheint einem Beobachter, der mit dem andern Zuge fährt, um einen ganzen Ton zu hoch oder zu tief; im Augenblick der Bewegung macht sie daher einen scheinbaren Sprung von einer Terz.

Buys-Ballot hat im Jahre 1845 auf der Eisenbahn von Utrecht nach Maarsen Versuche hierüber angestellt. Es hatten sich drei Gruppen von Beobachtern dicht an der Bahn in Entfernungen von 1 Kilometer aufgestellt; ein Trompeter saß auf der Locomotive, und blies zuerst bei der Abfahrt von Utrecht, dann zwischen den drei Stationen der Beobachter, endlich auch, wenn der Zug vorbei war. Die Hörer schätzten nun die Höhe des Tons; das Resultat bestätigte die Theorie. Scott Russel hat darauf aufmerksam gemacht, daß die Reflexion des Schalls von Brückenpfeilern denselben Effect hervorbringen muß, als die Begegnung der Züge, und daß die zurückgellenden, um einen Ganzton verstimmten Noten mit den ursprünglichen dissoniren müssen. Um durch die Reflexion eine große Terz zu erhalten, müßte man mit einer Geschwindigkeit von 120 Kilometer in der Stunde fahren. Bekanntlich hat der verstorbene Bergrath Doppler solche Betrachtungen auf die Lichtvibration angewandt, und aus der Bewegung der Sterne ihre Farben zu erklären gesucht. Diese Farben erklären sich aber einfach durch die chemische Beschaffenheit der Atmosphäre.

XIII. Die Stimme.

Das Stimmorgan. — Baß, Tenor, Alt, Sopran. — Berühmte Stimmen. — Gesang und Rede. — Vocale und Consonanten. — Sprechmaschinen. — Bauchredner.

Die wunderbaren Effecte der menschlichen Stimme bringt ein unscheinbares, aus einigen Knorpeln und Sehnen zusammengesetztes Organ hervor. Der Stimmapparat ist ein Zungenwerk. Dasselbe sitzt im Kehlkopf, am oberen Ende der Luftröhre. Der Kehlkopf besteht aus Knorpeln, zwischen denen die Stimmbänder ausgespannt sind, welche die Luftröhre bis auf eine schmale Spalte, die Stimmritze, absperren. Die Lungen liefern den Luftstrom, die Mundhöhle ist der Resonanzkasten, wo sich die Vocale und Consonanten bilden. Gewisse Muskeln dienen dazu, die Stimmbänder zu schließen oder zu öffnen, zu spannen oder zu erschlaffen: der Luftstrom von der Lunge setzt sie in Vibration, und so entsteht der Ton. Der Kehlkopfspiegel macht es möglich, den Schlund zu beleuchten und die Vorgänge darin zu beobachten; so kennt man heute alle Bedingungen der Stimmbildung.

Die Bruststimme erfordert ein straffes Anziehen der Stimmbänder, die sich dann berühren und in ihrer ganzen Ausdehnung erzittern. Nur die Ränder vibriren bei der

Fistelstimme, und die Stimmritze zeigt dann eine elliptische Oeffnung. Geübte Sänger können dieselbe Note abwechselnd in der Brust- und in der Fistelstimme geben, ohne dazwischen Athem zu holen. Was aber Garcia von russischen Bauern erzählt, welche eine Melodie zu gleicher Zeit in beiden Registern sangen, scheint nicht recht glaublich.

Die Frauenstimmen sind deßhalb höher, als die Männerstimmen, weil der Kehlkopf bei dem Weibe kleiner ist; die Stimmritze ist beim Mann doppelt so groß als bei Weibern und Kindern. Um die Zeit der Pubertät bricht sich die Stimme beim Manne, sie wird um eine Octave tiefer durch eine rasche Entwickelung des Organs. Die Stimme der Castraten ändert sich nicht, sie bleibt Kinderstimme, eine abstracte, geschlechtlose Stimme. Zuweilen trifft man eine solche Stimme jedoch auch bei Männern, wie bei dem noch lebenden Kirchensänger Dupart.

Die Männerstimmen theilt man in Baß, Baryton und Tenor, die Frauenstimmen in Alt, Mezzosopran und Sopran ein. Ihre Ausdehnung ist gewöhnlich die folgende.

Bass. Baryton. Tenor. Contralto. (I^ter Tenor.) Mezzo-Soprano. Soprano.

Gewöhnliche Stimmen umfassen also etwa 2 Octaven. Von dem tiefen f des Basses bis zum hohen g des Soprans (176 bis 1584 einf. Schw.) sind etwas mehr als 3 Octaven. Diese Grenzen werden aber von einzelnen Stimmen überschritten. Einige Bässe haben das Contra-F von 88 einf. Schw. erreicht; andrerseits steigen Castraten-, Kinder- oder

Frauenstimmen wohl ausnahmsweise bis zum hohen f''' von 2814 Schw., oder gar darüber hinaus. Die Stimme

des dänischen Capellmeisters Caspar Forster ging vom Contra-A bis zum eingestrichenen a, durch drei Octaven; die der Schwestern Sessi umfaßte $3^{1}/_{2}$ Octaven (von c

Forster. Sessi. Farinelli.

bis f'''). Die Catalani beherrschte ebenfalls $3^{1}/_{2}$ Octaven, so wie auch der bekannte Castrat Farinelli, dessen Stimme von A bis d''' ging. Am bayerischen Hofe lebten im 16ten Jahrhundert, zur Zeit des Orlando di Lasso, drei Bassisten, die Gebrüder Fischer und einer mit Namen Grasser, welche das dreizehnfüßige Contra-F erreichten, wie Prätorius angiebt.

Christine Nilsson und Carlotta Patti erreichen ebenfalls eine ungewöhnliche Höhe. In der Zauberflöte singt Christine Nilsson mit Leichtigkeit das hohe f'''. Die höchste bekannte Stimme scheint diejenige der Lucrezia Ajugari, Bastardella genannt, gewesen zu sein, welche Mozart um 1770 in Parma hörte. In einem Brief an seine Schwester Marianne notirt er mehrere Passagen, die sie in seiner Gegenwart gesungen; wir setzen eine davon her, die auf c'''' schließt, mit Trillern auf d''' und dergl. mehr. Mozart's Vater setzt hinzu, daß

die Bastardella diese Noten etwas schwächer sang, aber ihre Stimme blieb so rein wie eine Flöte. Sie erreichte in der Tiefe das g, hatte also $3^{1}/_{2}$ Octaven; war übrigens weder schön, noch häßlich.

Ulibischeff citirt als Seitenstück eine Madame Becker, die im Jahre 1823 in Petersburg Furore machte. Kuhlau schrieb für diese Sängerin die Rolle der Adelaïde in seiner Oper „das Räuberschloß"; im dritten Act geht sie bis zum dreigestrichenen a. Bei einer Vorstellung sah der Musikdirector die Sängerin im Augenblick, als sie die gefährliche Note geben sollte, unverwandt an, was dieselbe so sehr verwirrte, daß sie das viergestrichene c gab.

Der Klang der menschlichen Stimme hängt, wie wir sahen, von der Zahl und relativen Stärke der Obertöne ab. Man nennt eine Stimme sicher, wenn sie ohne Anstoß von einer Note zur andern übergeht. Uebung thut viel dazu, es ist aber auch das musikalische Gedächtniß dazu nöthig. Die absolute Höhe der Noten prägt sich nur schwer dem Gedächtniß ein; doch wissen viele Musiker das a ihrer Stimmgabel auswendig; ich habe auch Sänger gekannt, die ohne Zögern eine beliebige Note richtig angeben konnten.

Der Unterschied zwischen Gesang und Rede besteht hauptsächlich darin, daß man beim Singen gewisse Tonstufen festhält, und von einer zur andern springt, während die Stimme beim Sprechen fast continuirlich steigt und fällt. Die Singstimme ruht auf einem Ton, auf einer

Note, wie auf einem untheilbaren Punkt, während die Höhe der Sprechstimme beständig schwankt.

Die tragische Declamation der Alten näherte sich sehr dem Gesange und wurde auch mit der Lyra begleitet. Der singende Ton italienischer Declamatoren und das monotone Recitiren der Liturgie in den katholischen Kirchen sind Nachklänge dieser Zeit. Das moderne Recitativ bildet den Uebergang von der Rede zur Musik. In gewissem Grade ist auch der Gesang überhaupt eine idealisirte Nachahmung der Rede. Geschrei und Weinen ist kein Gesang, aber der Gesang drückt den Schrei und die Thränen der Leidenschaft künstlerisch aus.

Bei einiger Aufmerksamkeit entdeckt man auch in der gewöhnlichen Rede musikalische Tonfälle. Die betonten Worte und Satzabschnitte werden durch einen Wechsel der Höhe accentuirt. Nach Helmholtz pflegt das Ende eines bejahenden Satzes vor einem Punkt dadurch bezeichnet zu werden, daß man von der mittleren Tonhöhe um eine Quinte fällt; der fragende Schluß steigt oft um eine Quinte. Im Gregorianischen Kirchengesang finden wir Formeln für die Lectionen, Collecten, u. s. w. festgestellt, die den Tonfall der Rede nachahmen, z. B. für die Lectionen nach Münster'schem Gebrauch:

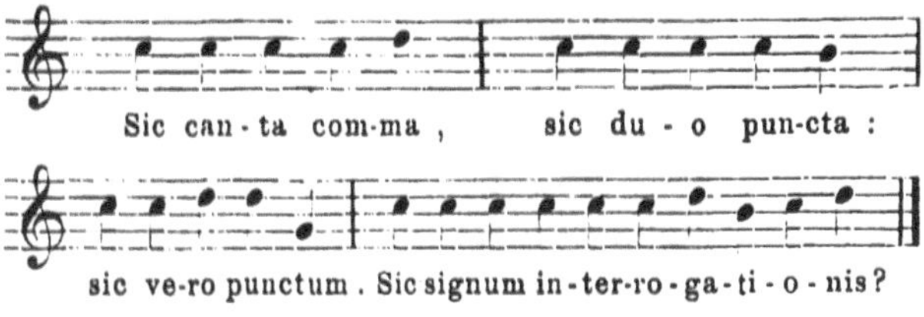

Im Chinesischen ist der Tonfall sogar ein Sprachelement, er bestimmt den Sinn der Worte.

Die articulirte Sprache besteht aus Vocalen und Consonanten. Wir wissen bereits, daß die Vocale nichts anderes als Klangfarben der Stimme sind, die Consonanten aber Geräusche. Die Lippen, die Zunge, der Gaumen, die Zähne spielen eine ziemlich complicirte Rolle bei der Entstehung dieser Geräusche, die gleichsam das Gerüst der Sprache bilden, und von den Orientalen mit Auslassung der Vocale allein geschrieben werden. Das Kind spricht im Gegentheil erst nur die Vocale, seine Stimme wird menschlicher, wenn es die Consonanten articuliren lernt.

Mehrere Schriftsteller haben die Buchstaben psychologisch zu classificiren versucht. Nach Mersenne macht A den Eindruck des Großen, Mächtigen, Offenen, Anfangenden; deshalb beginnt Virgil die Aeneïde mit dem Wort Arma. Das E paßt für feine, zarte Dinge, drückt auch den Schmerz aus; I für kleine, winzige, durchdringende Gegenstände (Minima). Das O gehört der Leidenschaft: o tempora, o mores! Das U und N bezeichnen dunkle, versteckte Dinge; das R, der Hundsbuchstabe, heftige, rauhe Gesinnung oder Handlung, u. s. w. In dieser Charakteristik ist einiges Wahre; daher haben auch die Dichter von jeher aus der onomatopoetischen Nachahmung der Geräusche Vortheil gezogen; so Virgil in dem bekannten Verse, welcher den Hufschlag durch kräftige Dactylen malt:

Quadrupedante putrem sonitu quatit ungula campum.

Eine merkwürdige Thatsache ist, daß jeder Vocal seinen bevorzugten Platz in der musikalischen Tonreihe hat. Nach Helmholtz sprechen zunächst immer diejenigen Vocale am besten an, deren charakteristischer Ton ein wenig höher liegt, als die gesungene Note, demnächst diejenigen, deren charakteristischer Ton der zweite oder dritte Theilton dieser Note ist. Bei Männern spricht das U, dessen Ton f ist, am besten auf d, e, f, demnächst auf F an; das E, dessen Ton f' ist, spricht besonders in den hohen Noten des Basses d', e', f' an, demnächst in den harmonischen Untertönen des f', nämlich f und B.

Diese Wahlverwandtschaft der Vocale zu gewissen Noten wird besonders an der Grenze der Stimme fühlbar. Die weiblichen Stimmen haben unterhalb des c' die Neigung, nach einem O oder U überzugehen; in ihren hohen Tönen oberhalb e'' spricht A am besten an, dessen Ton bei b'' liegt; oberhalb b'' gerathen sie in den Bereich des I. Thatsachen dieser Art sind gewiß für Componisten äußerst wichtig.

Johann Müller und andere Physiologen haben den Mechanismus der Stimme auch mit Hülfe künstlicher Kehlköpfe studirt, die aus Membranen verfertigt waren, welche nach Belieben gespannt werden konnten. Man bringt auf diese Art leicht Töne zu Stande, die der menschlichen Stimme ähneln. Um die Vocale nachzubilden, muß man die charakteristischen Vocaltöne verstärken. So hat Willis die Vocale vermittelst einer Zungenpfeife mit veränderlichem Ansatzrohr hervorgebracht. Statt des Ansatzrohrs könnte man Resonatoren gebrauchen. Fügt man dazu noch Federn, welche verschiedene Geräusche erzeugen, so kann man auch die Consonanten herausbringen, also ganze Worte künstlich hervorbringen. Es giebt bekanntlich Kinderpuppen, die deutlich Papa, Mama! sprechen. Bei

Wheatstone in London sah ich auch eine Art Dudelsack, der eine kurze Phrase articulirte. Mersenne erwähnt eine Orgel, die Vocale und Consonanten gab. Im Jahre 1791 reiste von Kempelen mit seiner Sprechmaschine in Europa herum, einem Automaten, der reden konnte; doch scheint es, daß die Nachahmung sehr unvollkommen war*).

Die etwa um 1844 von Faber in Wien erfundene Sprechmaschine giebt weit bessere Resultate. Sie wird jetzt wieder in Europa öffentlich gezeigt.

Das Orgelregister, welches Vox humana heißt, besteht aus kurzen Zinnpfeifen und hat einen ziemlich schrillen, wenig angenehmen Klang.

Bei den Vögeln liegt der Stimmapparat sehr tief im Halse. Cuvier hörte einen Vogel noch schreien, nachdem er ihm den Hals abgeschnitten hatte. Beim Menschen macht eine Oeffnung in der Luftröhre die Stimmbildung unmöglich. So erzählt Magendie von einem Manne, der beständig eine Cravatte mit einem Klappdeckel trug, um ein Loch in seinem Halse zu stopfen.

Die Bauchredner sprechen wie Jedermann, sie vermeiden nur den Mund zu öffnen, damit man ihnen nicht ansieht, daß sie reden; sie bewegen auch die Lippen nur unmerklich, und athmen so wenig als möglich aus. Ihre Stimme erscheint dadurch dumpfer, verändert, und wie aus der Ferne kommend. Freilich wird dabei die Lunge angestrengt, so daß der Bauchredner von Zeit zu Zeit genöthigt ist, mit natürlicher Stimme zu reden, um sich zu erholen. Durch diesen Wechsel wird die Täuschung erleichtert. Die Bauchredner sprechen ferner auch,

*) Empfehlenswerth ist sein Buch: Mechanismus der menschlichen Sprache. Wien. 1791.

indem sie einathmen; der Ton, der so entsteht, scheint aus der Mauer oder aus dem Fußboden zu kommen. Um die Illusion zu vervollständigen, ahmen sie die Betonung eines aus großer Ferne Rufenden nach und suchen zugleich durch irgend eine geschickte Wendung die Gegend, aus der der Ruf kommen soll, den Zuhörern zu bezeichnen. Kennt man aber einmal die Stimme eines Bauchredners, so täuscht sie nicht mehr. Robertson erfuhr dies mit seinem Bedienten, der ein geschickter Bauchredner war. Am leichtesten scheint es, auf diese Weise Kinderstimmen nachzuahmen, sehr schwer aber, mit verstellter Stimme zu singen; dies gelingt nur wenigen.

Die Bauchrednerei war wohl schon im hohen Alterthum bekannt; die Hexen und Zauberer legten sich auf solche Künste. Zu den bekanntesten Bauchrednern gehören: der Kammerdiener Franz des Ersten von Frankreich, Louis Brabant; Saint-Gille; der Baron von Mengen; Charles. Comte, u. A. m. Von dem letztern werden viele Schwänke erzählt. So verursachte er einmal in Tours einen Volksauflauf vor einem geschlossenen Kaufladen, in welchem ein Verhungernder wimmerte, so daß man zuletzt die Thüre einbrach. In Rheims ließ er die Todten reden. In Nevers erklärte ein Esel, er wolle den Bauern nicht weiter tragen, und befahl ihm abzusteigen. Anderswo exorcisirt Comte einen Besessenen, dessen Teufel schimpfend ausfährt. In einer Kirche, die von Bilderstürmern heimgesucht wird, läßt er die Statuen reden und verjagt die Vandalen. Seine Kunst rettete ihn auch aus den Händen der Freiburger Bauern, die ihn als Zauberer verbrennen wollten und nach einem Kalkofen schleppten; er ließ aus dem Ofen eine Donnerstimme erschallen, welche die Bauern in die Flucht trieb.

XIV. Das Ohr.

Der Gehörgang — Die Ohrknöchel. — Mechanismus des Hörens. — Cortische Fasern. — Ungleichheit der beiden Ohren. — Urtheil über die Richtung des Schalls.

Zu beiden Seiten des Kopfes stehen die Ohren, die Pforten, durch welche die Töne dringen, wie unsichtbare Boten aus der umgebenden Natur. Zwar können sie auch auf anderem Wege zum Bewußtsein gelangen. Wir können durch die Zähne hören; es hat Taube gegeben, die durch die Herzgrube hörten; so jene Frau, die ihre Magd verstand, wenn diese ihr die Hand auf den Magen legte. Aber der gewöhnliche Weg, den die Töne nehmen, ist doch der Gehörgang.

Beim Menschen und allen Säugethieren zerfällt das Gehörorgan in drei Abtheilungen: das äußere Ohr, das mittlere und das innere Ohr (Fig. 106). Das äußere Ohr besteht aus der Ohrmuschel und dem Gehörgang C, der wie eine Art Höhrrohr wirkt. Fehlt die Ohrmuschel oder ist sie stark abgeplattet, so verliert das Gehör an Schärfe. Bei vielen Thieren sind die Ohren beweglich, wie bei Pferden, Hunden; sie s p i t z e n dieselben, um besser zu hören. Manche Personen besitzen auch die Fähigkeit, ihre Ohren nach Belieben zu bewegen.

Das mittlere Ohr ist vom äußeren durch das Trommelfell T getrennt, welches die Paukenhöhle schließt;

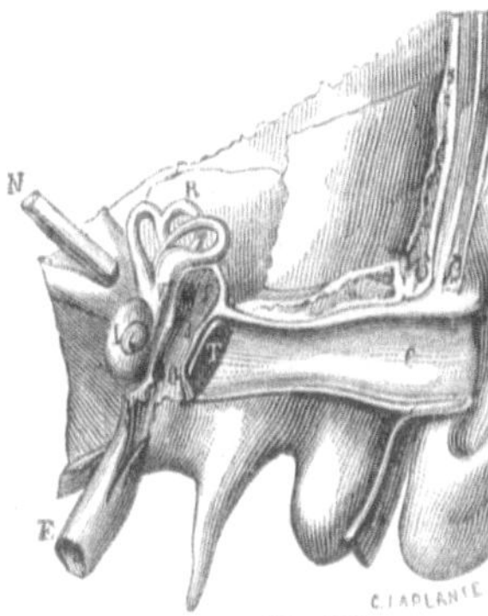

Fig. 105.

das Trommelfell empfängt die Schallbewegung von außen her und theilt sie dem inneren Ohre mit. Bei den Vögeln und Reptilien liegt dasselbe hart an der Oberfläche des Kopfes. Die Paukenhöhle steht durch die Ohrtrompete E mit der Nasenhöhle in Verbindung, wodurch die in ihr befindliche Luft mit der Atmosphäre im Gleichgewicht bleibt. Bläst man, indem man den Mund und die Nase zuhält, so fühlt man, daß sich das Trommelfell durch den von Innen kommenden Druck aufbläht, athmet man dagegen unter denselben Umständen ein, so wird das Trommelfell nach Innen gezogen. Aus diesem Grunde ist es auch gut, wenn man neben einer Kanone steht, die abgeschossen wird, den Mund aufzuthun, damit das Trommelfell nicht blos einseitig durch den Gehörgang den Luftdruck erfährt.

Die dem Paukenfell gegenüberliegende Knochenwand hat zwei Oeffnungen, o, o', das runde und das ovale

Fenster genannt, beide durch dünne Membranen geschlossen. Das ovale Fenster, welches über dem andern liegt, steht mit dem Trommelfell durch die Ohrknöchelchen in Verbindung. Diese sind der Reihe nach: der Hammer m (Fig. 106), dessen Stiel am Trommelfell t sitzt; der Ambos n, welcher wie ein Backzahn aussieht und den Kopf des Hammers trägt; das kleine Linsenbein l, und der Steigbügel e, welcher mit seiner Platte an dem Häutchen des ovalen Fensters haftet. Kleine Muskeln, die an der Wand des Knochens befestigt sind, wirken auf Hammer und Ambos, und drehen beide um eine horizontale Axe, wobei der Stiel des Hammers das Paukenfell spannt, und der lange Fortsatz des Ambosses auf den Steigbügel drückt.

Fig. 106. Ohrknöchelchen.

Das innere Ohr oder Labyrinth besteht aus dem Vorhof V (Fig. 105), den drei Bogengängen R und der spiralförmig gewordenen Schnecke L. Der Vorhof liegt an dem ovalen Fenster; er communicirt mit den Bogengängen und der Schnecke. Letztere ist durch eine Scheidewand in zwei gesonderte Gänge getheilt, von denen der eine in den Vorhof mündet, der andere aber durch die häutige Scheidewand vom Vorhof abgesperrt ist, und durch das runde Fenster mit der Paukenhöhle in Verbindung steht. Das knöcherne Labyrinth enthält noch das häutige Labyrinth, eine Art Sack, der dieselbe Form hat und gleichsam als Futter des knöchernen Baues dient; er schwimmt in dem Wasser des Labyrinths und empfängt die Enden des Hörnerven N.

Der Schall wirkt nun zunächst auf das Trommelfell, von hier durch die Knöchelchen auf das ovale Fenster und durch die Luft der Paukenhöhle auf das runde Fenster;

die Häutchen, welche die Fenster bedecken, theilen die Schwingungen dem Gehörwasser mit, und, durch dieses den Membranen auf welchen die Nervenfasern ausgebreitet sind. So kommt die Schallempfindung zu Stande. Der Hammer dient vielleicht dazu, das Trommelfell zu spannen, wenn man horcht. Manche Personen können ihn beliebig bewegen, so Fabriz von Aquapendente und J. Müller, der seine Ohrknöchelchen so knacken ließ, daß ein Anderer es hören konnte. Das Trommelfell ist übrigens zum Hören nicht durchaus nothwendig; ist dasselbe zerstört, so hört man noch, obgleich weniger gut, durch die beiden Fenster.

Unter den Membranen der Schnecke ist besonders die Membrana basilaris beachtenswerth, die aus einer Menge elastischer, straff gespannter Fasern besteht und an der mehrere tausend Stäbchen, die sogenannten Corti'schen Bögen, haften, welche die Enden der Hörnerven aufnehmen. Diese Gebilde sind nach Helmholtz wahrscheinlich so abgestimmt, daß mit jedem denkbaren Ton eine bestimmte Membranfaser mitschwingt, wodurch jedes complicirte Tongemisch in seine Elemente zerlegt wird. Wir haben bereits gesehen, wie diese Hypothese die Klangempfindung erklärt. Es muß übrigens erwähnt werden, daß dieselbe auf unerwartete Weise durch die Untersuchungen von Victor Hensen über das Gehör der Krebse bestätigt worden ist. Hensen brachte Exemplare von Mysis und Palaemon in Meerwasser, worin etwas Strychnin enthalten war, um die Reflexthätigkeit der Nervencentra zu reizen. Er sah die Thiere beim leisesten Geräusch in Zuckungen verfallen. Es zeigte sich nun, daß bei denselben die Gehörempfindung hauptsächlich durch eine große Anzahl steifer Härchen vermittelt wird, deren jedes auf eine gewisse Note abgestimmt zu sein scheint. Wurden die Hörhaare unter dem Mikroskop betrachtet, während Jemand auf dem Klapphorn blies, so setzten gewisse Töne einzelne Härchen in starke Vibration, andere Töne andere Härchen.

Im Vorhof und in den Kanälen treffen wir kleine Krystalle, die Hörsteinchen, und feine Härchen, die vielleicht dazu dienen, die Schwingungen der Nervenfasern mechanisch zu unterstützen. Scarpa und Treviranus waren der Ansicht, daß die so verschiedenartigen Bedingungen, in denen sich die Enden des Hörnerven befinden, dazu gemacht wären, die Empfindung der Tonhöhe und der Klangfarbe zu ermitteln. Es ist aber heutzutage noch gar Vieles im Bau des Ohres nicht erklärt.

Die Lähmung des akustischen Nerven zieht unheilbare Taubheit nach sich. Die Verhärtung einzelner Theile des Corti'schen Systems könnte die partielle Taubheit erklären, bei der man nur gewisse Töne vernimmt. Sehr hohe Töne sind übrigens für die meisten Ohren unhörbar. Nach Wollaston können Viele das feine Gezirp der Feldgrille nicht mehr unterscheiden, manche Personen selbst nicht einmal das Zwitschern der Sperlinge. Vielleicht giebt es Thiere, welche noch Töne hören, die für menschliche Ohren zu hoch sind; so scheinen gewisse Heuschrecken eine Musik zu machen, die sie allein hören.

Man trifft zuweilen Musiker, die im Orchester spielen und jede falsche Note hören, die aber keine Unterhaltung ohne Hörrohr führen können. Einen andern merkwürdigen Gehörfehler nennt Willis die Paracusis. Er besteht darin, daß Harthörige auch leise Gesprochenes verstehen, wenn dabei ein großes Geräusch gemacht wird. So kannte Willis eine Dame, die sich immer von ihrer Magd mit einer Trommel begleiten ließ, um sich unterhalten zu können. Eine andere Person hörte nur, wenn die Glocken geläutet wurden. Holder erzählt ebenfalls von einem Manne, der nur neben dem Getöse einer Trommel hörte, und von einem anderen, der in einem rasselnden Wagen fahrend sich am leichtesten unterhielt. Ein Schuhmacherlehrling verstand nur dann, was man ihm sagte, wenn das Sohlleder auf dem Steine gehämmert wurde. Die Ursache dieser Erscheinung liegt vielleicht in einer Erschlaffung der Muskeln, welche das Trommelfell spannen; dieselben wirken dann nur noch in Folge einer sehr kräftigen Erregung.

Bei vielen Personen sind die beiden Ohren ungleich empfindlich. Nach Fechner's Versuchen hört man gewöhnlich besser links; vielleicht ist daran die Gewohnheit, auf der rechten Seite zu schlafen, schuld. Ittard spricht sogar von einer Person, deren Ohren denselben Ton verschieden hoch wahrnahmen. Die nämliche Beobachtung hat neuerdings Fessel in Cöln an sich selber und an vielen andern Personen gemacht; mit dem rechten Ohr fand er die Töne stets höher als mit dem linken. Er behauptet sogar, der Unterschied sei objectiv und beruhe auf der Resonanz des Gehörganges, könne also auch von einem Beobachter an den Ohren eines andern wahrgenommen werden.

So wie die Augen durch doppelte Bilder uns die Schätzung des Reliefs der Gegenstände und ihrer Entfernung ermöglichen, dienen die beiden Ohren uns dazu, die Richtung des Schalls zu beurtheilen. Mit verbundenen Augen und einem verstopften Ohr verliert man das Urtheil über die Richtung, alle Töne scheinen dann aus der Richtung des freien Ohres zu kommen. Es ist besonders die Ohrmuschel, die uns hier leitet; durch Vorhalten der flachen Hände kann man die scheinbare Richtung der Schallstrahlen ganz verändern.

Die Blinden haben gewöhnlich ein sehr feines Gehör,

welches ihnen das Gesicht in gewissem Maße ersetzt. Um die Schärfe des Gehörs zu messen, hatte Ittard ein besonderes Instrument erdacht, das Acumeter. Es bestand aus einem kupfernen Ring, an den ein kleines Pendel immer aus derselben Höhe schlug; man beobachtete die Entfernung, in welcher der Ton nicht mehr gehört wurde. Freycinet hat damit das Gehör der Wilden studirt.

Eine der merkwürdigsten Nervenaffectionen besteht darin, daß der Kranke beständig gewisse Töne zu hören glaubt. So erzählt der bekannte Botaniker Naudin, daß er, bevor er ganz taub wurde, tagelang dieselbe Phrase hinter sich hörte; später hörte er beständig Geräusch fallender Tropfen. Ermüdete Reisende hören in der Wüste Glockengeläute. Die Araber nennen diese Hallucination den Ragl.

Bei den Nachtvögeln und bei furchtsamen Thieren, z. B. den Hasen, ist das äußere Ohr sehr entwickelt. Das Gehörorgan der niederen Thiere ist unvollkommen; bei den Fischen fehlt die Paukenhöhle, die beiden Fenster sind dicht an der Oberfläche des Kopfes. Die Gliederthiere haben kein erkennbares Gehörorgan; nur bei den Cephalopoden hat man eine Spur davon gefunden: den Vorhof und den Hörnerven.

XV. Musik und Wissenschaft.

Das Princip der Musik. — Sauveur. — Euler. — Rameau. — Helmholtz. — Consonanz und Dissonanz durch die Schwebungen erklärt. — Accorde. — Dur und Moll.

Die Geringschätzung, mit welcher die meisten Musiker jeden Einbruch der exacten Wissenschaft in ihre Kunst zurückweisen, ist in gewissem Grade gerechtfertigt. Bisher ist der Nutzen, welchen die Mathematik der musikalischen Theorie geleistet hat, äußerst gering gewesen; kaum wurden einige vage Analogien aufgefunden, die doch nichts erklärten. Man drehte immer in demselben Kreise herum: das sinnliche Wohlgefallen war das Princip, auf dem alle Systeme beruhten; es war Ziel und Ausgangspunkt.

Eines war bekannt: daß die Consonanzen den Verhältnissen ganzer Zahlen entsprechen. Die Pythagoräer erschöpften dieses Thema, ohne daraus etwas Anderes, als räthselhafte Andeutungen über die Harmonie der Sphären und die geheime Kraft der Zahlen zu ziehen, und solche Ideen finden wir im Mittelalter, ja selbst noch bei Kepler wieder. Sauveur sprach sich um 1700 in klarerer Weise aus. „Es gefallen der Seele," sagt er, „sowohl die einfachsten Empfindungen, die keine Anstrengung erfordern, als auch die mannigfaltigen, die eine langweilige Einförmigkeit unterbrechen .... Alle Mannigfaltigkeit, die gefallen soll, ist in gewisse Grenzen eingeschlossen, über welche hinaus die Empfindung verworren und complicirt wird, also nicht mehr befriedigt ..." Er zeigt nun, wie die Accorde durch das öftere Zusammenfallen der Schwingungen mehrerer Töne angenehm werden. Bei der Terz findet die Uebereinstimmung nur für jede fünfte oder sechste Vibration statt, die Empfindung ist hier schon etwas complicirt, aber doch noch angenehm durch den Contrast; über das Verhältniß 5 : 6 hinaus wird die Empfindung schon unklar. Sauveur bemerkt auch, daß die Dissonanzen Schwebungen geben, die Consonanzen aber nicht. Folgende Stelle aus der Geschichte der Pariser Akademie, wo Fontenelle über eine Mittheilung von Sauveur berichtet, verdient hier angeführt zu werden *). „Die Schwebungen," heißt es daselbst, „mißfallen dem Ohr wegen der Ungleichheit des Tons, und wir dürfen wohl annehmen, daß die Ursache des Wohlgefallens, welches die Octaven erregen, in der Abwesenheit der Stöße liegt. Wenn man diese Idee weiter verfolgt, so findet man, daß die Accorde, welche keine Stöße hören lassen, gerade diejenigen sind, welche die Musiker als Consonanzen behandeln, und daß diejenigen, deren Stöße fühlbar sind, die Dissonanzen bilden; daß ferner, wenn ein Intervall in einer Octave dissonant und in einer andern consonant erscheint, dies daran liegt, daß es in der ersten Schwebungen hören läßt, und in der anderen nicht; man nennt dasselbe dann eine unvollkommene Consonanz. Wenn diese Ansicht richtig ist, so wird sie zu der wahren Quelle aller Regeln der musikalischen Composition führen, welche die Philosophie bis heute noch nicht erkannt hat, da sie sich fast ausschließlich

*) Histoire de l'Académie, 1700, p. 143.

auf das Urtheil des Ohres verlassen hat. Diese Art instinctiven Urtheils, wie sonderbar sie oft auch scheinen mag, ist es eigentlich doch nicht, sondern hat immer einen natürlichen Grund, dessen Erkenntniß der Philosophie angehört, wenn sie dazu gelangen kann.“ Später fügte Sauveur noch hinzu, daß die Grenze der Annehmlichkeit der Accorde von der Natur vielleicht gar nicht gesteckt ist, und daß ein „musikalisches Ohr“ vielleicht ebensowohl das Product einer langen Gewöhnung und willkührlicher Vorurtheile, als eine Naturanlage sein könnte, wodurch sich die große Verschiedenheit im musikalischen Geschmack der Völker erklären dürfte. Wir werden bald sehen, wie nahe Sauveur bereits der Wahrheit kam.

Um 1740 bemühte sich der große Mathematiker Leonhard Euler seinerseits, die Zahlenverhältnisse der consonanten Accorde durch psychologische Betrachtungen zu erklären. Für ihn ist der wahre Grund des Wohlgefallens die Gesetzmäßigkeit; deshalb gefällt uns die Musik einerseits durch die Ordnung in der Dauer, d. h. durch den Rhythmus oder Takt, andrerseits durch die Ordnung in der Höhe, d. h. durch ein einfaches, leicht faßbares Verhältniß der Schwingungszahlen. Die Annehmlichkeit der Intervalle beruht auf der Einfachheit ihrer Verhältnißzahlen, oder auf der Leichtigkeit des Verständnisses. Hierauf baut Euler seine Theorie der Musik. Es fehlt derselben aber jede erfahrungsmäßige Grundlage, denn wie soll das Ohr Verhältnisse von Schwingungen beurtheilen, die nur Tausendtheile einer Secunde dauern? Die astronomischen Beobachtungen zeigen, daß unser Ohr höchstens Pendelschläge trennt, die um 1/50 Secunde auseinander liegen. Hienach scheint es nicht möglich, daß dasselbe direct das Verhältniß z. B. von 5000 und 5050 Schwingungen in der Secunde erkennt, wo 100 und 101 Schwingungen auf 1/50 Secunde kommen; und doch wird dies Verhältniß als musikalisches Intervall sehr wohl geschätzt, denn es ist nur sehr wenig von einem Comma verschieden.

Der Musiker Rameau gab um 1726 eine andere Theorie, welche d'Alembert selber in Schutz nahm und ausbildete. Dieses System beruht auf der Existenz der harmonischen Obertöne. Rameau fand, daß, wenn er frei aus sich heraus sang, die Quinte und Terz am leichtesten ansprachen. Dann bemerkte er, daß die Saiten neben ihrem Grundton noch die Duodecime oder Quint der Octav und die große Terz der Doppeloctave hören lassen. Da sich nun die Octaven als bloße Repliken oder Wiederholungen desselben Tones ansehen lassen, so scheint es Rameau ganz einfach, daß dem Sänger statt der, gewissermaßen von der Natur vorgeschriebenen, harmonischen Töne die näherliegende Terz und Quinte einfallen. Dies sind also die natürlichen musikalischen Intervalle, und auf ihre Betrachtung gründet nun Rameau die Tonleiter und die Regeln der Composition, indem er die wirklich gebrauchten Noten als Obertöne eines sogenannten Fundamentalbasses ansieht. Das Princip, von dem er ausgeht, ist allerdings nicht haltbar, denn in der Natur kommen ebenso häufig unharmonische, als harmonische Obertöne vor, und nicht alles Natürliche ist schön. Die Octave eine „Wiederholung“ zu nennen, ist ferner keine Erklärung, sondern eine bloße Periphrase. Aber es ist doch der Bewunderung werth, daß Rameau auf einer so ungenügenden Grunlage ein vollständiges Musiksystem aufbauen konnte, welches zum ersten Mal Klarheit in die Principien brachte.

Der Violinist Tartini schrieb um 1754 ein Lehrbuch der Harmonie, in welchem er ein anderes System bekannt machte. Die Töne, welche der natürlichen Zahlenreihe 1, 2, 3, 4, . . . entsprechen, nennt er die harmonischen Einheiten oder Monaden, aus deren Vereinigung der Klang entsteht. Die Harmonie ist begriffen in der Monade, oder dem einfachen Theil, und in dem Klange, oder dem einfachen Ganzen. Jeder natürliche Klang enthält außer dem Grundton die Töne 2, 3, 4 . . Läßt man ferner zwei kräftige Töne zusammenklingen, so entsteht aus ihrem Zusammentreffen ein dritter Ton. Tartini giebt die Combinationstöne der verschiedenen Intervalle, aber immer um eine Octave zu hoch. Er findet auf diese Weise, daß die Intervalle 2—3, 3—4, 4—5, 5—6, ... alle denselben Combinationston 2 liefern, welcher daher als ihre gemeinsame Grundlage zu betrachten ist. Tartini entwickelt weiterhin eine confuse Theorie der arithmetischen, harmonischen und geometrischen Eigenschaften des Kreises, und leitet die Durtonart aus der harmonischen, die Molltonart aus der arithmetischen Theilung des Durchmessers ab. Er findet aber die Molltonleiter weniger natürlich, weil die Combinationstöne der Mollaccorde Duraccorde bilden, indem z. B. der Accord d-g-b die Töne Es, G liefert.

Hundert Jahre später finden wir die musikalische Theorie noch immer auf einem fast ausschließlich ästhetischen Standpunkt; oft werden sogar mystische Speculationen hineingemischt. Bei dem Philosophen Herbart ist von Liebe und Haß, von bewaffneter Neutralität, u. s. w. zwischen den Tönen der verschiedenen Intervalle die Rede. Die eigentlichen Musiker sprechen beständig von Verwandtschaft, von Attraction und Repulsion der Accorde; aber an eine Erklärung der physischen Ursache solcher dunkel gefühlten Thatsachen wird nicht gedacht. Im Jahre 1863 versuchte der berühmte Physiker und Physiolog Helmholtz die räthselhaften Erscheinungen der Tonverwandtschaft auf meßbare und, so zu sagen, greifbare Phänomene zurückzuführen *).

Der unangenehme Eindruck, den die Stöße oder Schwebungen auf das Ohr machen, ist leicht zu begreifen. Jeder intermittirende Reiz ermüdet die Nerven. Man weiß, wie sehr ein flackerndes Licht das Auge angreift. Eine starke, aber anhaltende Beleuchtung blendet, d. h. sie vermindert die Empfindlichkeit des Sehnerven, wie ein starker fortdauernder Druck die Tastnerven abstumpft, während ein intermittirendes Licht oder ein oft wiederholter Druck (wie beim Reiben, Kratzen) die Empfindlichkeit steigern oder wenigstens nicht vermindern. Ganz in derselben Weise erregen die Schwebungen oder Stöße im Ohr einen unangenehmen Reiz oder Kitzel; sie sind der wahre Grund der Dissonanz, wie dies bereits Sauveur ahnte. Indem nun Helmholtz an ein tieferes Studium dieser Erscheinungen ging, fand er, daß der Grad der Rauhigkeit, welchen die Schwebungen einem musikalischen Intervall verleihen, nicht allein von ihrer Anzahl abhängig ist. In den tieferen Octaven sind sie weniger unangenehm, weil hier dieselbe Anzahl von Schwebungen einem größeren Intervall entspricht, also wahrscheinlich nicht so viele Nervenfasern berührt. So ist z. B. die kleine Secunde h′ c″ eine Dissonanz, dagegen die Quinte C G eine Consonanz, und doch geben beide 33 Schwebungen in der Secunde. Es wirkt aber auch der Ton C nicht mehr auf die Faser, die für G abgestimmt ist, und der Ton G nicht auf die zu C gehörige Faser, während die Töne h′ und c″ auf eine gewisse Anzahl von Fasern zugleich wirken und in denselben Stöße erregen.

*) Die Lehre von den Tonempfindungen, von H. Helmholtz. Braunschweig, 1863. — 3. Auflage, 1870.

Wenn man Schwebungen zwischen sehr entfernten Tönen beobachtet, so kommen sie von den Obertönen oder auch von den Combinationstönen. So kann z. B. das c, als Oberton von C, mit dem H oder dem d Stöße geben, wenn diese Noten als Theiltöne eines Klanges vorkommen; e' kann als fünfter Theilton des C mit es' Schwebungen geben, wenn dieser Ton als dritter Theilton des A existirt. Oft wird sogar der Hausfriede gestört und es giebt Streit im Gefolge desselben Grundtons, wenn die höheren Obertöne, wie 8, 9, 10, 11, .. laut werden. Dies ist der Grund, warum die Töne der Blasinstrumente und der menschlichen Stimme so scharf und durchdringend klingen, wenn sie forcirt werden.

Das Intervall der Octave giebt *als solches* keine Schwebungen (wenn diese nicht in den einzelnen Klängen existiren). Hier fallen nämlich die Theiltöne des höheren Tones mit denen des tiefern genau zusammen, wie folgendes Schema zeigt:

C	1	2	3	4	5	6	7	8	9	10	. . .
c		2		4		6		8		10	. . .
	C	c	g	c'	e'	g'	ais'	c''	d''	e''	. . .

Wenn aber einer der beiden Grundtöne auch nur leicht verstimmt wird, so entsteht sofort ein großer Lärm durch die Stöße der nun entzweiten Theiltöne 2, 4, 6, 8, 10, . . . Das richtige c ist in Fehde mit dem falschen c, das richtige c' mit dem verstimmten c', u. s. f. Es berühren sich die Extreme; die Octave ist die reinste Consonanz und wird, verstimmt, die heftigste Dissonanz. Deshalb ist dies Intervall auch so leicht nach dem Ohre zu stimmen. Die Octave ist die am besten charakterisirte Consonanz wegen der Energie der virtuellen oder eventuellen Schwebungen der Obertöne. Die mehrfachen Octaven sind etwas weniger charakterisirt, weil die eventuell schwebenden Obertöne höher liegen, also schwächer sind. Dasselbe läßt sich von den übrigen genau harmonischen Intervallen sagen, d. h. von Intervallen, wo eine Note ein ganzes Vielfaches der andern ist. Nehmen wir z. B. die Duodecime (1 : 3), so haben wir folgendes Schema:

```
C   1   2   3   4   5   6   7   8   9  . . .
|           |           |           |
g           3           6           9
    C   c   g   c'  e'  g'  ais' c'' d'' . . .
```

Zwar fallen auch hier die Theiltöne von g auf solche von C, aber da sie höher liegen, ist die Consonanz nicht so scharf begrenzt als die der Octave. Die übrigen Consonanzen, wie Quinte, Quarte und Terzen, enthalten schon dissonante Elemente. Nehmen wir zum Beispiel die Quinte:

```
C   2       4   6   8       10  12  . . .
|               |               |
G       3       6       9       12  . . .
    C   G   c   g   c'  d'  e'  g'  . . .
```

so finden wir die gemeinsamen Theiltöne 6 und 12 (g und g'), dagegen das d', welches die Duodecime des Grundtons G ist, dissonirt mit c' und e', der Doppeloctave und Quinte der Doppeloctave des Grundtons C. Hieraus folgt, daß die Quinte weniger consonant ist, als die Octave oder Duodecime; die Consonanz ist nicht nur weniger rein, sondern auch weniger scharf begrenzt, denn in einer verstimmten Quinte erfolgen erst Schwebungen zwischen dem dritten, resp. zweiten Theilton, dieselben sind jedenfalls weniger deutlich als bei der Octave. Je mehr niedrige Theiltöne zusammenfallen, desto reiner und desto schärfer begrenzt ist die Consonanz.

Hiemit ist es freilich nicht abgemacht. Um die Rauhigkeit eines Intervalls zu beurtheilen, müssen wir auch die gegenseitige Lage der schwebenden Partialtöne beachten, denn die Anzahl der Schwebungen ändert sich je nach der Entfernung der schwebenden Töne. Wir sahen bereits, daß etwa 33 Schwebungen in der Secunde das Maximum der Rauhigkeit vorstellen. Sind die Schwebungen in weit größerer Zahl vorhanden, so werden sie schon überhört; sehr langsame Schwebungen geben der Musik etwas Feierliches, einen bewegteren Ausdruck, wie der einer zitternden Stimme ist *). Hieraus folgt, daß die Rauhigkeit eines Intervalls zunimmt, wenn die Schwebungen der niedrigsten Obertöne sich einer gewissen Zahl nähern. Man kann daher nach diesen Grundsätzen die Dissonanz messen, den Grad der Rauhigkeit der Intervalle in Zahlen ausdrücken; es ist ferner klar, daß die Klangfarbe hier von großer Bedeutung ist.

Helmholtz nennt absolute Consonanzen diejenigen Intervalle, bei denen ein Klang in dem andern aufgeht, indem die Theiltöne des einen mit Obertönen das andern zusammenfallen; dahin gehören die Octaven, die Duodecime ꝛc. Demnächst folgen als vollkommene Consonanzen die Quinte und Quarte; die große Sexte und große Terz sind mittlere, die kleine Terz und kleine Sexte unvollkommene Consonanzen. Bei den Terzen ist die Störung des Wohlklangs in tiefen Lagen schon sehr merklich, weshalb sie auch erst seit dem Ende des 12. Jahrh. als unvollkommene Consonanzen zugelassen wurden: ebenso sind auch die Sexten erst moderne

*) Die modernen Orgeln haben ein Register von gekoppelten Pfeifen, die Schwebungen hervorbringen. Das Register Unda maris bezweckt ebenfalls Effecte dieser Art.

Consonanzen. Die verminderte Septime 4 : 7 ist der kleinen Sexte oft an Wohlklang überlegen, aber die Accordbildung erheischt den Gebrauch der kleinen Terz und Sexte als Ergänzungen der großen Sexte oder Terz zur Octave oder Quinte.

Fig. 108. Dissonanzcurve.

Bei der Erweiterung der Intervalle um eine Octave verbessern sich die Quinte und große Terz als Duodecime und große Decime; dagegen verschlechtern sich die Quarte, die kleine Terz und die Sexten. Diese Vorgänge hat Helmholtz an einem Beispiel erläutert indem er die Dissonanz der Noten durch zwei Octaven für die Klangfarbe der Violine berechnet und durch eine Curve (Fig. 108) dargestellt hat. Auf der geraden Linie sind die Noten der Tonleiter von c′ (ut_3) bis c‴ (ut_5) angeschrieben. Für jede dieser Noten (sowie auch für die dazwischen liegenden Töne) ist die Dissonanz berechnet, welche der Zusammenklang dieser Note mit der Tonica c′ erzeugt, wenn man die Obertöne berücksichtigt und die denselben entsprechenden Dissonanzen übereinander thürmt. Dabei ist vorausgesetzt, daß in der Klangfarbe der Violine die Intensität des zweiten Tons ½ von der des Grundtons ist, die des dritten Tons ⅓, u. s. w., endlich auch, daß 33 Schwebungen in der Secunde das Maximum der Rauhigkeit bezeichnen. An den Stellen des Einklangs, der Octaven, der Quinte und Duodecime, zeigt die Figur tiefe Thäler; der Gipfel der Dissonanz befindet sich in der Nähe des Einklangs, wo die leichteste Verstimmung heftige Stöße erzeugt. Die Hügel entsprechen überall den schärferen Dissonanzen, die Thäler den besserer Consonanzen.

Die Wirkung der Combinationstöne ist durchaus derjenigen der Obertöne zu vergleichen. Beim Zusammentreffen zweier Klänge geben die ersten Combinationstöne dieselben Schwebungen wie die Obertöne, und da sie gewöhnlich schwächer sind als die letzteren, haben sie wenig Bedeutung für das Intervall. Sie werden erst wichtig, wenn es sich um einfache Töne ohne Obertöne handelt; hier treten die Combinationstöne für die Theiltöne ein. So fällt z. B. der erste Differenzton der Octave mit dem tieferen Grundton zusammen, giebt also mit demselben Schwebungen, wenn die Octave verstimmt ist; dies allein charakterisirt noch die Octave für einfache Töne. Quinte und Quarte werden ebenfalls einigermaßen durch die Differenztöne charakterisirt, aber die übrigen Intervalle werden schon ganz unbestimmt, wenn sie aus einfachen Tönen bestehen. Dies ist der wahre Grund der Unbrauchbarkeit der einfachen Töne für die harmonische Musik. „Wenn man polyphone Compositionen mit den herbsten und kühnsten Dissonanzen auf dem gedachten Register der Orgel spielt," sagt Helmholtz, „so klingt Alles fast gleichmäßig weich und wohlklingend, aber deshalb auch unbestimmt langweilig, schwächlich, charakterlos und energielos." Bei der Flöte tritt schon die Octave, auch wohl die Duodecime zum Grundton, deshalb sind hier die Consonanzen schon schärfer begrenzt; doch ist ein Flötensolo nur ausnahmsweise erträglich.

Jedenfalls hängt die Verwendbarkeit der musikalischen Intervalle sehr von der Klangfarbe der Instrumente ab. Die Untersuchung hat ergeben, daß unser Ohr besonders die Klänge liebt, in denen die beiden ersten Obertöne (Octave und Duodecime) stark hervortreten, die beiden folgenden mäßig, die übrigen immer weniger. Indem man hievon ausgeht, ist es leicht, den Eindruck jedes besonderen Instrumentes zu erklären und eine Menge praktischer Regeln aufzustellen.

Die Betrachtung der Schwebungen setzt uns also in den Stand, die Rolle, welche die ganzen Zahlen in der Bildung der Accorde spielen, zu begreifen. Der Fourier'sche Lehrsatz über die Darstellung periodischer Functionen, demzufolge jeder Klang sich in eine Reihe einfacher Töne auflöst, erscheint uns als die wahre Grundlage des Contrapunktes, denn die Consonanzen beruhen auf der Coïncidenz der Theiltöne, die Dissonanzen entstehen aus ihrer Entzweiung.

Es bleibt uns nun noch übrig, die Töne hinsichtlich ihrer melodischen und harmonischen Gruppirung zu betrachten. Dieser Gegenstand greift schon auf das Gebiet der Aesthetik hinüber, wir finden hier nicht mehr die festen Principien, die uns auf rein wissenschaftlichem Boden leiten. Die verschiedenen Tonleitern und Tongeschlechter haben sich im Lauf der Jahrhunderte allmählig entwickelt, und die mannigfachen Umgestaltungen, die sie bei verschiedenen Völkern erfuhren, beweisen hinlänglich, daß sie auf keiner unwandelbaren Grundlage ruhen. Die theo=

retische Musik stellt Gesetze auf, aber diese Gesetze sind zum großen Theil veränderlich, perfectibel. Niemand kann sagen, daß wir am Ziele sind. Dennoch erkennt man auch hier gewisse allgemeine Grundsätze, welche die Künstler unbewußt geleitet zu haben scheinen und nach denen sich die empirisch gefundenen Regeln nachträglich rechtfertigen lassen. So zeigt sich z. B., daß die Bildung der Accorde auf demselben Princip beruht, wie die der consonanten Intervalle. Soll der Accord consonant sein, so müssen es auch die drei Intervalle zwischen den drei Noten sein. Die Betrachtung dieser Intervalle erlaubt uns, die Accorde nach dem Grade ihrer Consonanz zu classificiren. Die Accorde vertreten Klänge.

Der Unterschied zwischen Moll und Dur beruht vielleicht, wie Helmholtz annimmt, auf den Combinationstönen. In den Duraccorden sind diese nur Wiederholungen der Hauptnoten in den tieferen Octaven, während die Combinationstöne der Mollaccorde ihrerseits Duraccorde bilden, die leise mitklingen und dadurch der Molltonart etwas Verschleiertes, Unklares geben. Wir lassen hier die Combinationstöne der Dur- und Mollaccorde folgen; die Haupttöne sind in Halbnoten, die Combinationstöne erster Ordnung in Viertel-, die zweiter Ordnung in Achtel- und Sechzehntelnoten angesetzt. Die Pausen bedeuten, daß der Ton in Wirklichkeit etwas tiefer ist als die Note.

Die *Melodie* beruht, wie die Harmonie, auf der Erscheinung der Obertöne, in sofern als diese eben die *Verwandtschaft* der Töne unter einander bestimmt, ganz wie die Verwandtschaft der Accorde auf den ihnen gemeinsamen Noten beruht. Man nennt *Melodie* eine dem Ohre angenehme Folge von Tönen. Nach der Ansicht vieler Musiker entspringt sie direct aus der Harmonie, d. h. aller melodische Effect beruht auf einer Harmonie, die man sich hinzudenkt, etwa auf dem Fundamentalbaß, wie ihn Rameau definirt hat. Dies ist aber wohl übertrieben, denn einstimmiger Gesang existirte lange vor der polyphonen Musik, wir sind also historisch darauf hingewiesen, die Melodie für sich allein zu erklären. Nur soviel scheint ausgemacht, daß dieselben physiologischen Beziehungen der Töne, welche sich in den Zusammenklängen geltend machen, ebenfalls, wenn auch in etwas anderer Art, bei der Construction der Tonleiter maßgebend waren.

Melodie ist *Bewegung* innerhalb der wechselnden Tonhöhe. Sie ahmt geschmeidig alle Nuancen mechanischer Bewegungen nach. Daß diese dem Hörer fühlbar werden, ist eine Folge des Fortschritts in Tonstufen. Der Takt dient uns dazu, die Zeit zu theilen, die Tonleiter hilft uns den Wechsel der Höhe messen; so begreifen wir die Bewegung durch den Rhythmus und durch die Melodie.

Das Schauspiel einer bewegten Wasserfläche, wo sich die Wellen in regelmäßigen Zeitabschnitten folgen, erregt in uns Eindrücke ganz ähnlicher Art. Dagegen macht das Geheul des Windes einen wirren, peinlichen Eindruck, weil hier der Ton ohne Absatz steigt und fällt, weil uns hier jedes Maß, jeder Anhaltspunkt fehlt. In der Musik haben wir einen Maßstab, an dem wir die Tonleiter messen, den Fortschritt schätzen können, und dieser Maßstab ist eben die Tonleiter. Aus welchem Grunde hat man dieselbe gerade aus den Noten zusammengesetzt, die sie heute umfaßt? Warum treffen wir darin die Quinte, die Quarte, die Terzen? Hierauf läßt sich die Antwort nach dem Vorigen leicht geben. Stellen wir zuerst die Obertöne der consonanten Intervalle zusammen, welche auf Theiltöne der Tonica fallen.

Tonica (1)	1	2	3	4	5	6	7	8	9
Octave (2)	—	2	—	4	—	6	—	8	—
Duodecime (3)	—	—	3	—	—	6	—	—	9
Quinte ($\frac{3}{2}$)	—	—	3	—	—	6	—	—	9
Quarte ($\frac{4}{3}$)	—	—	—	4	—	—	—	8	—
Gr. Terz ($\frac{5}{4}$)	—	—	—	—	5	—	—	—	—
Kl. Terz ($\frac{6}{5}$)	—	—	—	—	—	6	—	—	—

Da die Octave mit ihrem Gefolge in der Tonica aufgeht, so ist klar, daß man, wenn man octavirt, gewissermaßen blos die Tonica wiederholt. Die höhere Octave ist, so zu sagen, ein Echo, eine Replik der Tonica. Die Duodecime ist der dritte Partialton der Tonica, und ihr Klang geht ebenfalls in demjenigen der Tonica auf; hier ist aber die Wiederholung nicht so vollständig, die Aehnlichkeit nicht so frappant. Gehen wir um eine Octave herunter, so haben wir die Quinte, deren zweiter Theilton den dritten der Tonica reproducirt, deren vierter den sechsten, deren sechster den neunten der Tonica wiederholt. Also ist auch die Quinte noch zum Theil ein Wiederhall der Tonica, aber neben den bekannten Tönen finden sich hier schon fremde Elemente ein, nämlich die Noten, welche den Zahlen $\frac{3}{2}$, $\frac{9}{2}$, . . . entsprechen. Die Verwandtschaft der Quinte zur Tonica ist daher geringer als diejenige der Octave oder der Duodecime. Die Affinität der Quarte ist wieder entfernter, denn hier coïncidirt erst der dritte Theilton mit dem vierten der Tonica. Deshalb war auch im Mittelalter zuerst die Begleitung in Quinten und Octaven gebräuchlich. Die Terzen und Sexten erinnern noch weit weniger an die Tonica; ihre Einführung datirt erst von der Entwickelung der mehrstimmigen oder harmonischen Musik.

Helmholtz nennt Verwandtschaft ersten Grades diejenige zweier Töne, die wenigstens einen Theilton gemeinschaftlich haben; Verwandtschaft zweiten Grades diejenige zweier Töne, von denen jeder im ersten Grade mit einem dritten verwandt ist. Es läßt sich dann die Tonleiter aus lauter Verwandten der Tonica zusammensetzen. Wenn wir nur die sechs ersten Partialtöne berücksichtigen, so sind der Tonica c im ersten Grade verwandt die Noten:

c c′ g f a e es.

So erhalten wir die Tonleitern

c — — e — f — g — a — — c′,

oder:

c — — es — f — g — a — — c′,

denn e und es liegen sich zu nahe, um in derselben Leiter zu figuriren. Um nun die beiden offenbar zu großen Intervalle am Anfang und am Ende dieser Leitern zu fractioniren, müssen wir zu der Verwandtschaft des g unsere Zuflucht nehmen. Dieselbe begreift die Noten c, d, es, g, h, c′. Verbinden wir sie mit der Verwandtschaft des c, so erhalten wir die diatonische Durleiter

c — d — e — f — g — a — h — c′

oder die aufsteigende Molltonleiter, wenn wir es statt e nehmen; ferner können wir durch die Verwandtschaft von c′ noch as statt a erhalten. Das d, welches die Verwandtschaft des f liefert, weicht von dem durch das g bestimmten um ein Comma ab. Diese Beispiele werden genügen, um von dem Verfahren einen Begriff zu geben.

Eine weitere Untersuchung zeigt nun, daß die Accorde, als Vertreter von Klängen betrachtet, unter sich dieselben Verwandtschaftsgrade aufweisen, die wir bei den Noten der Tonleiter vorgefunden haben; es beruhen ihre Verwandschaften auf der Coïncidenz gemeinsamer Noten. Die bedeutende Rolle der Tonica in der modernen Musik, oder was Fetis das Princip der Tonalität nennt, erklärt sich ebenfalls durch die Beschaffenheit der Obertöne der Tonica. So ist es Helmholtz gelungen, Hauptregeln der Composition durch rein physische und physiologische Betrachtungen zu begründen. Freilich sind durchaus nicht alle Deductionen aus dieser Theorie endgültig bewiesen und zweifellos festgestellt. Namentlich sind gegen die Ansicht von Helmholtz über die Molltonart gewichtige Einwürfe von A. von Oettingen erhoben worden*).

*) Harmoniesystem in dualer Entwickelung. Dorpat, 1866. Herr von Oettingen bestreitet besonders die Erklärung des Unterschiedes zwischen Dur und Moll, und giebt dafür eine Erklärung, die auf ganz anderen Principien beruht.

Sollte es nun gelingen, auf diesem Wege alle Gesetze der Musik zu beweisen, so würde zwar das Resultat, philosophisch genommen, von großer Wichtigkeit sein, aber Musiker würden wir dadurch nicht gewinnen. Wie schon d'Alembert in der Vorrede zu seinen Elementen sagt: die Natur muß das Uebrige thun. Ohne sie kann die Wissenschaft keinen Componisten erzeugen, wie das Reimlexikon keinen Dichter macht. In allen wahren Kunstwerken fühlen wir ein geheimes Gesetz, dem der Künstler unbewußt gehorcht. So auch in der Musik, die nach Leibnitz eine unbewußte Uebung in der Arithmetik ist:

Musica est exercitium arithmeticae occultum nescientis se numerare animi.

Liegt das Gesetz aber so zu Tage, daß es in die Augen fällt, so merken wir die Absicht und bleiben kalt; denn Bewunderung erfordert vor Allem, daß man nicht ganz begreift. Man darf sich dem Künstler nicht gleich fühlen. Was eben das Kunstwerk von berechneter Arbeit unterscheidet, ist die Inspiration, die unbewußte Gesetzmäßigkeit. Deshalb dürfen wir auch nicht verlangen, daß die Wissenschaft alle geheimen Triebfedern des schaffenden Geistes jemals aufdecken soll.

www.ingramcontent.com/pod-product-compliance
Lightning Source LLC
La Vergne TN
LVHW092108300926
849161LV00002B/79
* 9 7 8 3 4 8 6 7 2 2 9 0 1 *